自 然 文 库

N a t u r e

S e r i e s

# The Forest Unseen:

## A Year's Watch in Nature

# 看不见的森林

## 林中自然笔记

［美］戴维·乔治·哈斯凯尔 著

熊姣 译

献给萨拉

目录

# 序

两名西藏喇嘛手握铜质漏斗，俯身朝向一张桌子。彩色的沙子从漏斗顶端泻出，洒落在桌子上。每条细流都为逐渐扩大的坛城[1]增绘了一根线条。喇嘛们从环形模型的中心开始，先沿着粉笔标出的印记描绘出基础轮廓，而后依靠记忆，对成百上千处细节进行填充。

佛教的象征物——一朵莲花，位于正中心。外围是一座华丽的宫殿。宫殿的四扇门朝向绘着各种符号的彩色同心环打开，这代表着通向菩提之路。坛城要花费好多天才能完成。然后，人们将沙画扫除掉，混成一团的沙堆被倒进水中，顺水流走。因此，坛城具有多层意义：首先，创作过程中需要全神贯注；其次，要留意一种混杂与融合的平衡关系，坛城的设计中还包含着象征意义；此外，坛城本身的无常也发人深省。然而，这些性质都不足以定义建构坛城的终极目的。坛城是对生命之路、宇宙以及佛教菩提的重构。人们从这幅小小的圆形沙画中，看到整个宇宙。

一群来自北美的大学生簇拥在近旁一根绳子后面，像苍鹭一样伸长

1 —— Mandala，梵文音译为“曼荼罗”。藏语称作“吉廓”。——本书中脚注无特殊说明，均为译者注。

了脖子，观看着坛城的诞生。他们显得异乎寻常的安静，大概是被画作吸引住了，抑或是沉醉于喇嘛们生活中的异域性。这些学生参观沙画，是他们第一堂生态学实验课的开班仪式。接下来，课程将在附近的森林里展开。学生们往地上扔一个铁环，创建自己的坛城。整个午后，他们都要研究那块圆形的土地，观察森林群落的运行。梵语 *mandala* 的一种译法就是“社群”或“群落”（community）。因此，喇嘛与学生从事的是同样的工作：凝视一座坛城，提升自己的心灵。这种相似性并不止于语言与象征意义上的重合，而是更有深远的内涵。我相信，森林里的生态学故事，在一片坛城大小的区域里便已显露无遗。事实上，步行十里格[1]路程，进行数据采集，看似覆盖了整片大陆，实际却发现寥寥。相比之下，凝视一小片区域，或许能更鲜明、生动地揭示出森林的真谛。

从无限小的事物中寻找整个宇宙，是大多数文化中贯穿始终的一个悠远主题。尽管我们的隐喻是由西藏的坛城引入，但是在西方文化中，同样能找到类似语境。布莱克的诗歌《纯真预言》（*Auguries of Innocence*）更甚一步，将坛城缩小到一粒尘土，或是一朵花中：“一粒沙中见世界，一朵野花中见天国。”布莱克的诉求，是建立在西方的神秘主义传统之上。这种传统在基督徒的冥思中体现得尤为明显。对于克洛斯的圣约翰，阿西尼的圣弗朗西斯，或是诺维奇的朱利安女士[2]而言，地牢、洞穴，抑或一颗微小的榛子，都可以用作透镜，从中窥见终极实在。

1 —— 里格，长度单位，1 里格约等于 4.8 公里。

2 —— 这名女士一生大部分时间都在诺维奇一个教堂中度过。她的《神圣之爱的启示》，是世界上已知的第一部由女性撰写的英语书籍。

本书是一名生物学家面对西藏喇嘛、布莱克的诗歌以及朱利安女士的榛子提出的挑战而做出的回应。我们能否通过凝视叶子、岩石和水珠打开的一扇小窗口，窥见整个森林？在田纳西州山丘上一座由老龄林构成的坛城中，我试图寻找问题的答案，或者说，只是寻求答案的开头。这座林中的坛城，是一个直径一米多的圆。大小与喇嘛们绘制出来而后又抹去的坛城相当。我在森林里随意穿行，找到一块适合蹲坐的岩石，就算选定了坛城的地址。岩石前面的区域，就是一座坛城，我此前从未见过的一个地方。它未来的景象，目前大体上还掩盖在冬天严酷的桎梏下。

坛城坐落在田纳西州东南部一片森林的陡坡之上。坡上一百米处，一座高耸的砂石悬崖标定出坎伯兰高原（Cumberland Plateau）的西部边界。从悬崖往下，地面渐次低缓下去，平地与峭壁相交替，直坠入一千英尺[1]深的谷底。这座坛城依偎在最高处平地上的岩石间。坡地的郁闭度极高，上面长满各种成熟的落叶树：橡树、枫树、椴树、山核桃树、美国鹅掌楸，还有十来种其他的树木。林地上崎岖难行，四处散落着从风蚀悬崖上滚落的乱石。很多地方全然见不到地面，只有皴裂的大石块，沉重的石块上覆盖着一层落叶。

这种陡峭险峻的地势保护了这片森林。在山脚下，峡谷里肥沃、平坦的土地相对而言没有那么多岩石，如今已经被开垦出来，变成了牧场和庄稼地。最初的垦荒者是美洲土著，随后又有从旧大陆过来的殖民者。19 世纪末 20 世纪初，有些厂房经营者曾试图在山麓上建农场。然

1 —— 1 英尺 =0.3048 米。

而，这项工作不仅艰苦异常，而且收益寥寥。私自酿造的烈酒，倒是给那些收入仅够糊口的农民带来了额外资金。这片山麓因此而得名，被称为“晃布谷”（Shakerag Hollow）。因为镇上的人总喜欢挥舞着碎布来召唤酿私酒的人，然后把碎布连同一些钱搁在那里。几个小时后，一罐烈酒便会取代钱的位置。如今，森林已经收复了被小块农田和酿酒作坊征用的土地，尽管旧址上赫然散落着乱石堆、旧管道、生锈的洗脸盆，还有零星几片水仙花丛。森林里其他地方的树木，多数被人砍去当木材和燃料。这种现象在20世纪与21世纪之交尤其明显。只有稀稀拉拉几小块森林幸免于难，要么是因为林密难行，要么是因为侥幸，再要么是因为土地所有者的一念之差。坛城正坐落在这样一片幸存的区域内。十多英亩[1]的老龄林，镶嵌在数千英亩的森林中。这片森林虽然一度被砍伐，但如今已足够成熟，足以维持田纳西州高山森林中典型的丰富生态与生物多样性。

老龄树林是凌乱混杂的。在距离坛城不到一箭之地的范围内，我看到五六棵横躺的大树。这些树木分别处于分解过程的不同阶段。腐烂的树干是成千上万种动物、真菌和微生物的食粮。倒下的树木使森林冠层中出现空隙，由此形成老龄树林的第二个特征：树龄交错，幼树群挨着枝干粗粝的老树群生长。一株基部粗一米的光叶山核桃（pignut hickory）长在坛城西边，紧挨着一簇从一棵大山核桃树倒下后留下的空隙中冒出的枫树幼苗。我所坐的这块岩石，被一棵中等树龄的糖枫挡在后面。这棵糖枫的树干和我的腰一般粗。这片森林里各种年龄的树木

1 —— 1英亩 =40.4686公亩 =4046.86平方米。

都有，标志着整个植物群落的历史延续性。

我就坐在坛城旁边一块平坦的砂岩上。在坛城上，我的规则非常简单：频繁到访，观察一年中的变化；保持安静，尽量减少惊扰；不杀生，不随意移动生物，也不在坛城上挖土或是在上面鬼鬼祟祟地爬行。间或的思想触动足矣。我并未制订访问安排，不过我每周都会来观察好几次。本书讲述的坛城上发生的事件，全都是如实的记录。

# 1月1日

## 伙伴关系

新年始于一场融雪。树林里潮湿、浓郁的气味扑鼻而来。覆盖在森林大地上的一层厚厚的落叶，在潮气作用下膨胀起来。空气中弥漫着氤氲的枝叶芬芳。我离开森林陡坡上逶迤而下的小径，翻过一块房屋般大小的岩石。岩石已经风化，上面苔迹苍苍。再越过山麓上一处浅浅的洼地，我便看到了我的路标：一块从落叶丛中兀出的长条卵石，就像是一只冒出海面的小鲸。这块砂岩界定出坛城的疆域。

翻过乱石堆，走到卵石前，只需要几分钟的时间。我双手贴在一棵高大的山胡桃树灰色的条状树皮上，从树旁跳过来，坛城便踩在我脚下了。我绕到对面，在一块平坦的岩石上坐下来。停下来呼吸了一阵宜人的新鲜空气，我开始着手观察。

落叶堆上斑斑驳驳。几根光秃秃的山胡椒茎和一株齐腰高的幼小白蜡树，伫立在坛城中央。从坛城边沿岩石上射过来的光芒，使腐烂的叶子与沉睡的植物那种沉闷的革质色彩显得分外暗淡。这些石头是峭壁被侵蚀后留下的残余物，经过数千年的风吹雨打，被打磨成了疙疙瘩瘩的不规则形状。岩石大小不等，小者如土拨鼠，大者如大象；大多数估计有抱成一团的成年人那么大。它们的光芒不是来自石头本身，而是来自石头上覆盖的地衣。在潮湿空气中，地衣的光彩令珠宝翡翠也相形见绌。

地衣依靠阳光和水气多样化的“碎片”，在砂崖峭壁的微小生境中构建出了“山峦”:“冰砾”最高处的石脊上洒落着表面粗粝的灰白碎片；岩石间幽暗的峡谷呈现出一派紫色的光影；“绿松石”在垂直岩墙上熠熠闪光；绿黄色的同心圆沿着缓坡流泻而下。地衣的色调，无不如浓墨重彩勾绘般的鲜亮。这种夺目的色彩，与森林其他地方冬气阴郁的沉闷景象形成鲜明对照。

“补充生理学”（supple physiology）使地衣得以在大多数生物遭到封禁的冬日焕发出生机。地衣通过“投降者悖论”来主宰寒冬腊月。它们并不燃烧养分以求得温暖，而是让自己的生命节奏随着温度变化而涨落。地衣并不像动植物一样依赖于水。地衣体在潮湿天气里膨发，在空气干燥时瘪缩。植物在寒气来临时闭门不出，紧紧裹住细胞，直到春天逐渐哄诱它们出来。地衣细胞却睡得不沉，冬季只要天气稍稍放暖，它们就能快速恢复生机。

这种生命进路也曾被他人独立发现。据公元前4世纪的中国道家哲学家庄子记述，一名老者没入大瀑布下面的旋涡中，惊恐万状的旁观者想要冲过去营救他，谁知老者竟毫发无损，镇定自若地从水中冒出来。有人问他何以幸免于难，他答道："吾始乎故，长乎性，成乎命。与齐俱入，与汩偕出，从水之道而不为私焉。"地衣早于道家4亿年发现了这种智慧。真正借助庄子隐喻中顺天知命的思想成为大赢家的，是依附于瀑布周围岩墙之上的那些地衣。

地衣表面的宁静与单调，掩盖了其生命内在的复杂性。地衣是两类生物的复合体：其一是真菌，其二是藻类或细菌。真菌丝丝缕缕地遍布于地衣体的地上部分中，构建出一个理想的温床。藻类或细菌驻扎在这些丝缕的里面，利用阳光的能量，积聚糖分及其他营养分子。正如任何联姻一样，双方都因这场联盟而改变。真菌体向外延伸，变成一种类似于树叶的结构：一个保护性的上皮层，供捕捉阳光的藻类栖身光合生物层，还有供呼吸的小气孔。藻类这方，则丧失了细胞壁，转而向真菌寻求保护；为了更快速、但从生殖上来说并不那么令人激动地进行自我克隆，它还牺牲了性活动。在实验室里，地衣真菌无需它们的伴侣也能生长出来。但是这些"寡妇"是畸形的、病态的。同样，地衣上的藻类和细菌离开了真菌伴侣，通常也能存活，但是只能在有限的范围内生长。通过摆脱个体性的束缚，地衣制造出一个征服全球的联盟。它们覆盖陆地表面近10%的疆域，在更北边那些冬季占据了全年大部分时间的树木稀少地带尤其繁盛。即便是此地，在田纳西州一座树木葱茏的坛城里，每块岩石、每段树干和每节枝条外面也都包裹着一层地衣。

有些生物学家声称，真菌是压迫者，它们诱捕它们的藻类受害者。这种解读未能看到，地衣上的伴生者们已经不再是个体，它们让渡了在压迫者与被压迫者之间划界的可能性。正如农妇要侍弄她的苹果树与玉米地一样，一块地衣也是多种生命的混合体。一旦个体性消解，再分发好人卡与坏人卡就没什么意义了。玉米是受压迫的吗？农民对玉米的依赖，是否使之成为受害者呢？这类问题的前提，是基于一个根本不存在的划分。人类的心跳，与栽培植物的花开花落，是同一个生命。"单独"是没有的事：农民的生理机能，是在以植物为食料的依赖关系中塑造而成的。这种依赖关系，可以追溯到成千上万年前的第一批蠕虫类动物。栽培植物对于人类来说，不过一万年的历史，但是同样存在依赖关系。地衣使这种依赖关系在物理上更加亲密，它们融为一体，细胞膜相互缠结，就像玉米棒子与农民融合一样，被演化之手牢牢束缚着。

坛城里地衣的光怪陆离，显示出地衣体中涉及多种藻类、细菌和真菌。蓝色或紫色的地衣中包含"蓝—绿细菌"，即蓝菌（cyanobacteria）。绿色的地衣含有藻类。真菌通过掩盖黄色或银色的遮光色素，将自身的颜色混合进去。细菌、藻类、真菌：生命之树上这三根脆弱的枝干，将它们颜色各异的茎干缠绕在一起。

藻类的繁盛揭示了一种更古老的联合。藻类细胞内部的色素颗粒吸取阳光的能量。经过大量的化学反应，这种能量被转化，并与空气分子结合形成糖和其他养分。这种糖同时为藻类细胞及其真菌伴侣提供能量。捕捉太阳的色素被保存在微小的"宝石箱"（即叶绿体）内部。每个叶绿体都被裹在一层膜里，并且具有自身的遗传物质。这些深绿色的叶绿体，是一亿五千万年前入驻藻类细胞内部的细菌们的后裔。细菌房客放弃了它们厚实的外皮，它们的性能力，还有它们的独立地位，恰如藻类细胞在与真菌联合构成地衣时做出的牺牲一样。叶绿体并非唯一一种生活在其他生物体内的"细菌"。所有植物、动物以及真菌细胞，体内都寄居着鱼雷形的线粒体。线粒体充当微型的能量工厂，燃烧细胞内的养分，释放出能量。这些线粒体曾经也是自由生活的细菌，如今像叶绿体一样，为了与同伴融合而牺牲了性与自由。

生命的化学螺旋DNA，承载着更古老联盟的标记。我们的细菌祖先混在其他物种中间，打乱并交换自己的基因，就像厨子互抄菜谱一样，调和了遗传指令。偶或有两个大厨彻底合二为一，两个物种便会融合为一体。现代生物，包括我们自身的DNA，都留存着这类合并的痕迹。虽然我们的基因作为整体发挥作用，但是它们带有两种或多种微妙的、截然不同的书写方式，这是数亿年前结成联盟的不同物种留下的痕迹。生命之“树”，是个拙劣的隐喻。我们系谱中最深远的部分，类似于网络或河口三角洲，处处丝缕缠结、支流横溢。我们是俄罗斯套娃，我们的生命之所以可能，是缘于内部的其他生命。然而套娃可以拆分，我们体内的细胞和基因助手却无法与我们分离，反之亦然。我们是大尺度的地衣。

联盟、融合，坛城的居民们结成有利的伙伴关系。然而，在森林里，合作并非唯一的关系。劫掠和压榨行为同样存在。这类痛苦关系的暗示者正蜷缩在坛城中央的落叶堆上，周遭是长满了地衣的岩石。

这位暗示者慢慢地展开身体，我的观察能力一时麻痹，未曾觉察它。起初我的注意力被湿漉漉的落叶堆上匆匆爬过的两只琥珀蚁吸引住了。我看着它们仓皇奔忙了半个小时，然后才注意到，蚂蚁对落叶堆里面扭结成一团的细线特别感兴趣。这团细线差不多有我的手那么长，颜色跟它下面的山胡桃树叶子一样，呈现出一种被雨水浸渍过的深褐色。一开始，我忽视了这团线，以为只是枯葡萄藤上的卷须或是叶柄之类。然而，正当我打算挪开目光去观看更振奋人心的东西时，一只蚂蚁用触角拍拍这根卷须，那蜷缩成一团的家伙便直起身子，蠕动起来。我这才意识到：它是一条铁线虫（horsehair worms），一种奇异的生物，生来就有着剥削他人的癖好。

这条蠕虫蜿蜒爬动的方式表露了它的身份。铁线虫是从内部开始使劲，通过肌肉的牵引拽动鼓胀胀的身体。这使蠕虫具有一种独有的伸缩姿势。这条蠕虫不需要什么复杂或优雅的行动。到了这个阶段，它生命中只剩下两件任务：勾搭一个配偶，然后产卵。在生命的早期阶段，当蠕虫还蜷成一团躺在蟋蟀体内时，它也不需要进行高难度运动。蟋蟀替它行走，替它觅食。铁线虫干着家贼的营生，抢劫蟋蟀，而后杀死蟋蟀。

当蠕虫从产在水坑或溪流里的卵中孵化出来时，它的生命周期便开始了。肉眼难以觉察的幼虫在河床上爬来爬去，直到被一只蜗牛或者小昆虫吃到肚子里。一旦住进新家，幼虫就为自己裹上一层保护衣，形成一个囊泡，然后耐心等待。在这个时节，大多数幼虫的生命都会就此终结，再也无法完成生命周期中剩余的步骤。坛城里这条蠕虫，是极少数能闯进下一阶段的胜利者之一。它的寄主爬上岸，呜呼哀哉，被一只杂食性的蟋蟀吞咽下去。这一系列事件几乎很难完成，因此铁线虫父母需要产下数千万颗卵，才能保证生命周期的完成。平均来说，一大批幼虫中只有一两条能存活下来，顺利进入成年期。一旦进入蟋蟀体内，头上带刺的幼虫“海盗”就在寄主肠壁上钻孔，进驻入内。在那里，它从小逗号般的幼虫，长成一条同我的手一样长的成虫。它蜷成一团，以便适应蟋蟀体内的空间。当蠕虫无法再长大时，它就释放出一些化学物质，控制蟋蟀的大脑。这些化学物质使怕水的蟋蟀变成自杀式的潜水员，四处寻找水坑或溪流。只要蟋蟀一头扎进水里，铁线虫就绷直强劲有力的肌肉，从蟋蟀体内破壁而出，自由自在地扭动着身子爬走。只留下惨遭浩劫的“小皮艇”慢慢淹没，消亡。

一旦获得自由，铁线虫便急切地渴求伴侣。它们在数千万蠕虫裹成一团的混乱状况中交配。这种习性使它们获得了另一个名字：戈尔迪乌斯虫（Gordian worms）。这个名字源自于传说中18世纪的戈尔迪乌斯国王那个无比复杂的结。神谕说，谁能解开这个结，谁就能继承王位。所有王位候选人都失败了。另一位劫掠者，亚历山大大帝，解开了这个结。像蠕虫一样，他欺骗了他的主人们，用剑劈开这个结，获取了这个国家的王冠。

在戈尔迪乌斯式的交配活动达到巅峰后，蠕虫们四散开来，各自爬走。它们将卵产在湿漉漉的池塘边缘和潮湿的林地上。一旦孵化出来，幼虫就会高扬亚历山大式的劫掠者精神，首先侵入蜗牛体内，而后浮上水面，劫杀蟋蟀。

铁线虫与寄主的关系，是赤裸裸的压榨。受害者没有从中得到任何潜在收益，也不可能因受难而得到补偿。然而，即便是这种寄生虫，也要靠着内部一大堆线粒体来维持生命。协作活动为劫掠行动提供动力。

道家的融合思想、农民的依赖性、亚历山大式的掠夺，坛城内的关系，呈现出多面的、混合的调子。盗匪与良民之间的界限，并不像初看起来那般易于划分。事实上，演化过程并未划出任何界限，一切生命都兼具劫掠与团结的性质。寄生度日的土匪要靠体内共同生活的线粒体来提供营养。藻类中充盈着来自古老细菌的“祖母绿”，转而又在灰白的真菌壁内卸下武装。就连生命的化学基础DNA，也是一根色彩缤纷的五月柱[1]，一个错综复杂的戈尔迪乌斯结。

1 —— 欧洲许多国家都有立五月柱的传统。通常要从森林中挑选合适的木柱，然后在柱上挂上五颜六色的装饰物。

# 1月17日

## 开普勒的礼物

没过脚踝的积雪抚平森林狰狞崎岖的地面，使之变得凹凸有致。大雪掩盖了岩石之间深深的罅隙，走路很容易踏空。我缓慢前行，抱着树干连滚带爬地走到了坛城。扫除我那块石头上的积雪，坐下来，整个人缩在大衣里。巨大的碎裂声从谷底传来，如同炮火一般，每隔十多分钟响一次。声音出自光秃秃的灰色大树上冰封的枝条纤维的突然断裂。温度已经降到零下十度，还不算十分凛冽，但却是一年中首次真正的寒潮，足以冻折树木了。

太阳出来了，雪地从一片柔和的白，变作成千上万个明亮刺眼的光点。我用指尖从坛城表面挑了一小块闪亮的雪花。仔细看看，这堆雪是由无数反光的小星星攒聚而成。当每颗小星星的表面正好对上太阳和我的眼睛，就会闪出熠熠的光芒。太阳光捕捉到了每片雪花上细微的装饰物，揭示出那些完美对称的臂形、针状，还有六边形的结构。成百上千朵精巧绝伦的冰花堆积在小小的指尖。

如此美景，是如何诞生的呢?

1611年，约翰尼斯·开普勒（Johannes Kepler）在解释行星运行之余，抽出时间来思考雪花的奥秘。令他尤为不解的是雪花六条边的规整性。他说:“必定有某个确定无疑的原因，要不然，为什么无论何时雪花降落，其初始结构都无不呈现为六边形小星体形态。”开普勒试图寻找一个既遵循数学规则又符合博物学模式的答案。他注意到，蜜蜂的蜂巢与石榴种子的排列方式，都是六边形。这或许反映出几何效率。然而，水汽既不是像石榴籽那样被挤成一圈，也不是像昆虫巢穴那样被搭建而成。因此开普勒认为，这些生物界的例子无法揭开雪花构成的成因。花朵和很多矿物并不符合六边形规则，这进一步冲击了开普勒的研究。三角形、四边形和五边形也能组合成精妙的几何图形，如此一来就排除了纯粹几何的可能性。

开普勒写道，雪花向我们展示了地球和上帝的精神，亦即，植根于一切生物之中的“形成性的灵魂”(formative soul)。然而这种中世纪的解答方式并未令他满足。他所寻求的，是一种物质的解释，而不是一根指向神秘的手指。开普勒沮丧地结束了他那篇论文，未能瞥见知识冰宫大门外面的景象。

如果他认真考虑原子的观念，或许就能从沮丧中摆脱出来。原子观念源自古代希腊的哲学家。在开普勒那个时代，17世纪早期的科学家大多已经对这种观念失去了兴趣。不过，两千年的放逐正在接近尾声。到17世纪末，原子论重新流行起来，教科书和黑板上四处舞动着小球与小棍的美妙组合。现在，我们用X射线轰击冰块来寻找原子，从中发散出的射线类型，揭示出一个比人类日常生活尺度微小一千万亿倍的世界。我们发现，氧原子呈锯齿状分布，每个氧原子与两个氢原子拴在一起。氢原子一刻不停地运动，同时放射出电子。当我们深入分子层面，从各个角度观摩分子的规整性，我们发现，太不可思议了，原子的排列方式正如开普勒的石榴籽一样！雪花的对称结构，正是从这里开始。水分子的六边环一个叠一个，始终呈现为六边形结构。氧原子的排列不断扩展，达到人眼可见的尺度。

冰晶形成过程中，又会给雪花基本的六边形结构增添各种不同的装饰。温度和空气湿度决定着最终的形态。极寒冷干燥的空气下，将会形成六棱柱形雪花。南极覆盖的雪花就是这类简单的形态。随着温度上升，冰晶笔直的六边形大厦开始动摇。我们现在依然没有完全弄清这种不稳定性的肇因。看起来，冰晶边缘某些地方的水汽似乎比其他地方凝结得更快。空气状况的细微变化，对冰晶的增长速度带来极大的影响。在极其潮湿的空气中，雪花的六个角将会延伸出宽臂，这些宽臂随即转变为新的六边形平面。若是空气足够暖和，则会长出更多的附属物——星体上又多出几条臂。其他温度与湿度的组合，会促使形成中空柱状雪花、针状雪花，或是表面凹凸不平的片状雪花。随着雪花的降落，风卷着雪花漫天飞舞，这时空气中温度与湿度会发生无数细微的变化。没有任何两片雪花经历的是完全一样的过程。这些各不一样的历史事件，独特性就体现在每片雪花独一无二的结晶形式上。由此，历史事件的偶然性叠加于冰晶形成规律之上，构成秩序与变化之间的张力。正是这种多样性令我们赏心悦目。

如果开普勒能拜访我们，我们对美丽雪花之谜的解释或许会令他心满意足。他敏锐地觉察到石榴籽与蜂巢的结构，这种思路是正确的。堆叠球体的几何学，是促成雪花形态的终极原因。开普勒对物质世界的原子基础一无所知，因此他无法想象，冰雪的几何形状如何能由微小的氧原子构成。不过，他以一种迂回的方式对解谜做出了贡献。他对雪花的热情，促使其他数学家去探究堆叠球体的几何学，这些研究推动了现代原子知识的发展。如今，开普勒的论文被视为现代原子论的奠基性著作之一。但开普勒本人曾明确拒斥原子论世界观，他对一位同事说，他无法想象“原子和虚空”（*ad atmomos et vacua*）。然而开普勒的洞察力，却帮助其他人看到了他本人所未能见到的。

我再次看了看指尖亮晶晶的雪花。多亏开普勒和他的追随者们，我看到的不仅是雪花，还有原子构成的雕刻品。在坛城上，再没有什么地方能如此简单地呈现出无限小的原子世界与更宏大的感官领域之间的关系。此间其他的事物——岩石、树皮，我的皮肤和衣服，表面全都是由多分子的复杂组合构成。我使劲盯着它们看，也看不出它们内在的微小结构。六边形的冰晶却直观地呈现出原本不可见的景象，那就是原子的几何学。我听任雪花从手中飘落，重新没入了皑皑的白雪中。

# 1月21日

## 实验

一阵极地风猛烈地刮过坛城。风钻进我的围巾，刮得下颌生疼。且不说凛冽的寒风，单是温度就降到了零下十度。在南部森林里，这样的冷天是不常见的。典型的南部冬天，总在融雪天气与中度霜冻之间兜圈子，一年中难得有几日极寒的天气。今日的寒气，恐怕会逼近坛城上各种生物的生命极限。

我突然想脱下衣服，像林中动物们一样体验一下这种冷冽的气候。趁着这股劲，我把手套和帽子丢在冰天雪地里，接着是围巾，很快，我卸下了全副御寒装备：毛衣、T 恤，还有裤子。

实验的头两秒出乎意料地令人振奋。脱下密不透风的衣物，随之袭来的是一阵惬意的清凉感。接着，大风吹散了幻觉，头开始隐隐作痛。热量从体内流溢出来，灼烧着我的皮肤。

一群山雀（chickadee）的齐声欢唱，为这场荒唐的脱衣舞提供了伴奏。鸟儿们在林间飞舞，它们如同火苗一般，在树枝间上下窜动。无论它们在哪里歇脚，都不过一秒的工夫，转眼又飞走了。在这样的大冷天里，山雀的活跃与我的生理缺陷形成了鲜明对照。这似乎违背了自然定律，按说小动物应该比大个头亲戚们更畏惧寒冷。一切物体，包括动物身体在内，体积的增量是长度增量的立方倍；而一只动物全身所能生成的热量，与其身体大小是成正比的；因此，体热的增长量，也是身体长度增量的立方倍。而在热量流失时，表面积的增量只是长度增量的平方倍。小动物的体温下降速度之所以更快，是因为按照比例来说，它们的体表面积远远大于身体体积。

动物的身体大小与体热流失速率之间的关系，造成了动物的地理分布趋势。对于广泛生活在大片区域内的物种而言，北部个体通常比南部个体体型更大。这就是所谓的“伯格曼定律”（Bergmann's rule)。伯格曼是19世纪的一位解剖学家，他最早描述了这种关系。田纳西州的卡罗山雀（Carolina chickadees）生活的地方，靠近该物种分布带的最北端。它们的个头，比来自南部边界的那些佛罗里达州同类要大10%～20%。田纳西州的鸟儿们深谙表面积与体积之间的平衡关系，因而能适应这里更为寒冷的冬日。更往北，取代卡罗山雀的是它的近缘种，黑顶山雀（black-capped chickadee）[1]。黑顶山雀又要比卡罗山雀大10%。

当我赤身站立在林中时，伯格曼定律似乎非常遥远。狂风猛扑过来，体表的灼烧感加剧。接着，更深切的疼痛开始了。大脑意识背后的某些东西被激活，启动。我在这冷冽的冬日里暴露不过短短一分钟，身体就已冻透了。可是，我比一只山雀要重十万倍呢。毫无疑问，按理来说这些鸟儿应当不出数秒就会全部冻毙。

山雀之所以能活下来，部分依赖于它们温暖的羽毛。羽毛使它们比

1 —— 别名黑帽山雀。

我这赤裸无毛的身子更有优势。鸟的羽衣上层很光滑，里面有隐秘的绒毛，显得饱满而蓬松。每根绒毛由成千上万根细细的蛋白质丝缕构成。这些纤毛组合成一种轻飘飘的绒毛体，保温效果比咖啡杯那么厚的泡沫塑料板还要好十倍。冬天里，鸟儿身上的羽毛增多50%，提高了羽衣的保温性能。在寒冷天气里，羽毛基部的肌肉拉紧，使鸟儿身体紧缩，保温层厚度加倍。然而，这种引人注目的保护措施，也无非是减缓不可避免的热量流失过程。在冷天里，山雀的体表虽然不会像我这样火烧火燎，但是热量依然在散失。一二厘米厚的绒毛层，在极寒天气下，只能换得几个小时的生存时间。

我屈身迎着寒风。危机意识增强了。我全身都不由自主地打着摆子。

体内平常的化学产热反应，此时完全不够用了。肌肉的阵阵抽搐，是防止心脏温度下降的最后一道防护措施。肌肉似乎是随机地发动起来，相互拉扯着，引起身体的阵阵战栗。在身体内部，食物分子和氧气急剧燃烧，就像我在调用肌肉跑步或是举起重物的时候一样。只不过，此时这种燃烧带来的是一股迅疾的热流。腿、胸腔和胳膊的剧烈颤抖，使血液暖和起来。血流随即将热量带到头部与心脏部位。

颤抖也是山雀抵御寒冷的首要防护措施。整个冬天，鸟儿们把肌肉当成热量泵，只要天气变冷，肌肉就会颤抖起来，这时鸟儿们也不那么活跃了。山雀胸部厚厚的飞行肌是首要的热量来源，颤抖时能带来大量温暖的血流。人体没有相应的庞大肌肉，所以我们的颤抖相对而言是微不足道的。

当我开始摇晃时，恐惧感浮上心头。我恐慌起来，开始以最快速度穿衣服。手指冻僵了，我艰难地抓起衣服，摸索着拉上拉链、系上扣子。头痛欲裂，就好像血压突然升高一般。我唯一想做的，就是快点运动起来。我又是走，又是跳，使劲摇晃胳膊。大脑给出了指令：制造热量，要快。

实验仅仅持续了一分钟，在这持续一周的极寒天气中，不过占到万分之一的时间。可是我的身体撑不住了，头部轰鸣，肺部供氧不足，四肢似乎麻木了。如果实验再持续几分钟，我的心脏温度就会进入低温状态，肌肉的协调作用将失去效力，随后昏睡和错觉会使我的大脑丧失意识。人体体温通常保持在 37 摄氏度左右，只要体温下降几度，比如说下降到 34 度，神志就会错乱，下降到 30 度，器官就开始停止运行。在今天这样刺骨的寒风中，只消赤裸着身子待上一个小时，体温就能下降这么几度。一旦被剥去人类文化赋予的巧妙的御寒物，我就成了一只热带猿，在冬季森林中完全无所适从。山雀却漫不经心地占据了这块地方，这真叫人羞惭。

我跺脚哈手缓了五分钟，缩在衣服里面，身子虽然还在抖，但是心里已经不慌了。肌肉感觉很疲累，我使劲吸气，就好像刚进行过百米冲刺一般。我逐渐体会到身体产生热量时过度的消耗带来的后继反应。持续的颤抖只要超过几分钟，就能迅速耗干动物体内的能量储备。无论对人类探险者还是对野生动物而言，饥饿通常都是死亡的前奏。只要保证食物供应，我们就能颤抖着维持生命；但是空着肚子、脂肪储备耗尽，我们就活不成了。

等我回到温暖的厨房，我会重新填满我体内的储备库，这还得归功于挑战自然的冬季食品保存与运输技术。山雀可没有干谷粒、养殖肉类，或是从外地运来的蔬菜，它们要在冬季森林里维持生活，就得找到足够的食物来燃烧它们四便士重的小火炉。

无论是实验室内的山雀，还是在野生环境下自由生活的山雀，我们都已计量过它们所需要的能量。在冬季，鸟儿一天需要高达 6.5 万焦耳的能量来维持生命，其中一半的能量用于颤抖发热。我们把这些抽象的数据转换成鸟类所需的食物总量，就更好理解了：书页上逗号那么大的一只蜘蛛，体内只含有 1 焦耳的能量；一个大写字母那么大的一只蜘蛛，含有 100 焦耳的能量；一个单词那么大的一只甲壳虫，含有 250 焦耳的能量。一颗油脂丰富的向日葵种子倒是含有 100 多焦耳的能量，可惜坛城上的鸟儿没有手握大把瓜子的人来喂养它们。山雀每天必须寻找无数食物碎屑来满足能量需求，坛城上的食品储备库看起来却是空空如也，在冰天雪地的森林里，我没有看到任何甲壳虫、蜘蛛，或是任何种类的食物。

山雀之所以能从看似贫瘠的森林中弄到足够的供给，部分是因为它们具有超凡出众的视觉。山雀眼睛后面的视网膜上分布着比人眼致密两倍的感应器。因此，鸟类具有高度敏锐的视觉，能够看到人眼所不能见的各种细节。我看到的是一根平滑的枝条，鸟儿却能看到一处断裂、剥落的弯折，里面很可能潜藏着食物。很多昆虫舒舒服服地躺在树皮中的小裂隙内越冬，山雀敏锐的眼睛会让它们无处遁形。我们永远无法完全体验这种丰富的视觉世界，不过，从放大镜中窥见的景象近似于此：通常不可见的细节进入了视野中。冬天大部分时间里，山雀锐利的眼睛都在扫视林中的树干、枝条，还有落叶堆，从中搜寻隐藏的食物。

山雀的眼睛还能比人眼看到更多的色彩。我在观看坛城时，眼中具备的三种色彩接收器，使我看到三原色，以及三原色的四种主要组合色。山雀却有一种额外的色彩接收器，用于探查紫外光。这使山雀能看到四种原色，十一种主要的组合色。山雀的色觉范围，远远超出人类所能体验的范围，甚至超乎人类想象。鸟类的色彩接收器上还装备着有色的小油滴，这些小油滴起到光线过滤器的作用，只允许极窄范围内的色彩刺激到每个接收器，这样就增强了色觉敏锐度。人眼没有这些过滤器，因此，即使在人眼可见光范围内，鸟类也能更好地分辨出色彩之间的微妙差异。山雀生活中那个超现实的色彩世界，绝非人类迟钝的双目所能触及。在坛城上，它们动用这些能力来觅食。林地零星分布的那些干枯野葡萄藤上，反射出的是紫外光。甲虫和蛾类的翅膀有时闪烁紫外光，某些毛虫也是如此。即便没有紫外线视觉这一优势，鸟类精准的色彩接收器也能探查到细微的破绽，撕破林中昆虫的伪装。

鸟类和哺乳动物的视觉能力之所以存在差异，是由于1.5亿年前侏罗纪时代的一系列事件。那时候，现代鸟类的始祖从爬行类中分化出来。这些远古鸟类继承了爬行类祖先的四种色彩接收器。哺乳动物也由爬行类演化而成，它们的分化比鸟类更早。然而与鸟类不同，我们的原兽亚纲（protomammal）祖先如同夜行性的鼩类生物一样度过了侏罗纪。依照自然选择缺乏远见的功用主义原则，华美绚丽的色彩对于这些生活在黑暗中的动物毫无用处。在哺乳类先祖馈赠给它们的四种色彩接收器中，有两种丧失了。时至今日，大多数哺乳动物只有两种色彩接收器。某些灵长类动物，包括人类的始祖在内，后来演化出了第三种。

山雀的身躯如同杂技演员一般灵活，这让它们的视觉能充分发挥作用。一拍翅膀，鸟儿就能从一根树枝飞到另一根枝上。爪子抓住一根枝条，身子向下坠落，又从枝梢荡开去了。鸟儿的身体悬在空中回旋飞舞时，喙部也在不停地探查。随后，翅膀一展，掠上另一根小枝。没有一处没经过搜查。鸟儿们倒吊在枝上审视树枝下方的时间，与直立向上的时间相当。

尽管山雀搜寻得很卖力，可是在我观察它们的这段时间里，它们并没有捕捉到任何猎物。像大多数鸟类一样，山雀吞咽食物时，头部会引人注目地向后摆动一下。要是找到一块更大的美食，它们就用爪子攫住食物，同时用喙部去啄食。这群鸟仅仅在我视线中停留了15分钟，没有找到任何食物。山雀可能需要调用体内的脂肪储备来抵御寒冷。脂肪储备对于越冬来说至关重要，这能让山雀安享冬日多变的气候。等到天气回暖，或是等到鸟儿们找到一窝蜘蛛、一丛草莓的时候，充足的食料就能转化为脂肪，让鸟儿度过天寒地冻、食物匮乏的时节。

鸟群中不同的个体肥瘦不等。山雀是结群觅食的，它们中间也存在社会分层。群体中通常包括一对头鸟，若干扈从。无论何时，只要群体找到食物，头鸟总是捷足先登。因此不管天气如何，它们通常总能吃饱。这些身居高位的鸟儿长得健康而苗条。居于从属地位的山雀要忍受冬季困难时期的打击，只能隔三差五吃顿饱餐。这些地位低下的鸟儿，通常是幼鸟，或是没有能力捕食的鸟儿。为了应对食物来源不稳定的状况，它们要长得肥一点，以便保证能度过严酷的日子。然而，山雀长肥也是有代价的。圆胖的鸟儿易于沦为鹰隼的猎物。每只山雀的肥瘦，是处于饥饿与被捕食这两大风险之间的平衡。

山雀把昆虫和种子塞进裂口的树皮下面，作为补充脂肪库的来源，它们要储存粮食以备日后恢复体力之用。卡罗山雀藏食物时，尤其喜欢把食物捅进小树枝的下侧。这一习性或许是为了防备那些目光不那么锐利的鸟类前来行窃。无论如何，仓库总是很容易被盗。因此，冬天森林鸟群中的每只山雀都守护着一块自留地，严格杜绝邻居们闯入。世界上其他地方不收藏粮食的山雀，领域性则弱得多。

在冬季，体型更大的鸟类常常加入山雀队伍中。今天，一只绒啄木鸟（downy woodpecker）正在凿食橡树皮里面的幼虫，当山雀们向东掠去时，它也紧跟着飞了过去。一只美洲凤头山雀（tufted titmouse）也跟随大部队一同旅行。美洲凤头山雀像山雀一样在枝桠间跳跃，但是没那么敏捷，它更喜欢停驻在枝条上，而不是在枝梢荡来荡去。所有的鸟儿齐声叫唤，保持着队伍的一致性。山雀啁啾鸣啭，美洲凤头山雀发出哨声，啄木鸟则发出尖利的 *pik* 声。这种团队行为能保护成员免遭鹰隼袭击。在众多双眼睛的警惕守备下，鹰隼很容易被发现。不过，山雀也要为团队提供的庇护付出代价。美洲凤头山雀的体重是山雀的两倍，个头更大的鸟类当上首领，便会把山雀从枯树枝、高处枝条，以及其他更有利的觅食场所上挤走。微妙的位置变换，致使山雀的觅食机会严重丧失。在鸟群中，只要美洲凤头山雀不在场，山雀就能吃得更好。因此，在坛城上，冬天要维持生存，不仅需要复杂的身体结构，还要经过社会动力学方面的精心协商。

白昼的光辉逐渐消隐，我挪动冰凉的四肢，揉揉冻得发直的眼睛，准备走出森林。鸟儿们继续搜寻食物，再过几分钟也要回巢了。当光线黯淡下来，温度下降，山雀将会簇拥在倒下的树干留下的洞穴里，相互遮挡刺骨的寒风。鸟儿挤成一团，这再次认可了伯格曼定律：抱成一团，则体积更大，相对而言表面积更小。随后，山雀的体温下降十度，进入一种能耗更低的低温睡眠状态。在夜里，如同在白天一样，行为上与身体上整齐一致的适应性，让鸟儿们得以安然越冬。拥成一团，再加上睡眠状态，就能使山雀夜间的能量需求减少一半。

山雀适应寒冷的能力是非同寻常的，但是这种能力也并不总是够用。到明日，森林里的山雀又将会少几只。冬季冷酷的铁拳将攫住很多鸟儿，把它们推入无底深渊。那种惶惑，比我所体验到的可怕空虚感更为深切。只有半数在秋天落叶丛中找到了食物的山雀，才能活着看到来年春天的橡树萌发新芽。今晚这样的寒夜，会让大多数鸟儿悄然死去。

这周的严寒天气只持续了短短几天，但是鸟类死亡率的剧增会改变森林，影响波及全年。冬夜的死亡对山雀种群内部进行了清理，冬季的粮食总额无法供养的多余个体，将被全部清除出去。平均每只卡罗山雀需要 3 公顷或者 3 公顷以上的森林来维持生活。坛城上一米见方的土地，只能供养十万分之几的山雀。今晚的寒气会清除掉所有过剩的个体。

当夏季来临时，坛城将能供养更多的鸟儿。由于冬天的饥荒使林中人口众多的常驻物种，例如山雀的数量得到严格的控制，因此夏季所能找到的食物量，将远远超出这些留守鸟儿的胃口。食物总量的季节性猛增，为迁徙鸟类营造了机会。这些鸟儿冒险从中美和南美长途飞行过来，寻觅北美各处森林中过剩的食物。冬季的严寒，促成了每年数百万只唐纳雀（tanagers）、莺鸟（warblers）和绿鹃（vireos）的大迁徙。

夜间的死亡也会使山雀这一物种变得更适应周围的环境，体型较小的卡罗山雀比体量稍大的亲属更有可能沦为牺牲品，这进一步印证了伯格曼的纬度分布模型。类似地，极端的寒冷会从这些鸟类的种群中清除掉那些在颤抖能力、羽毛丰厚度，或是能量储备方面表现不够好的个体。到次日清晨，这片林子里的山雀种群将更能适应冬天的严酷条件。这是自然选择的悖论：通过死亡，达到生命的逐渐完善。

我在寒冷气候中表现出的体能缺陷，也是源于自然选择。我在冰天雪地的坛城上没有立足之地，是因为我的祖先回避了寒冷气候的选择。人类由数千万年前生活在热带非洲的猿类演化而来，相比保暖而言，保持凉爽才是更大的挑战；因此，我们的身体几乎不需要任何抵御极端寒冷的措施。当我的祖先们走出非洲，来到北欧时，他们随身携带着的火种和衣服，将热带气候带到了温带与极地地区。这些巧妙的办法减少了人类的痛苦和死亡数量，结局毫无疑问是好的。然而舒适的生活使人回避了自然选择，我们因使用火和衣物的技术而受到惩罚，从此在冬的世界中永无立足之地。

黑暗降临，我将退回到我从祖先们那里继承来的东西——温暖的壁炉。坛城就留给那些主宰寒冷世界的鸟类居民吧。这些鸟儿历经成千上万个世代的挣扎，才艰难地获得这一主宰权。我本想像坛城上的动物们一样体验寒冷，可是现在我意识到，这是不可能的。我的体验来自我的身体，这个身体走上了一条与山雀们截然不同的演化之路，绝无可能与它们获得完全一样的体验。尽管如此，在寒风中赤身裸体的经历使我对这些异类愈发敬慕。惊异是唯一恰当的反应。

# 1月30日

## 冬季植物

大风摇撼着坛城上方高高耸立于悬崖之上的树木，低低地发出不绝于耳的咆哮声。与本周早些时候的北风不同，这阵风是从南边刮来的。悬崖将坛城掩护得严严实实，只有少许狂暴的旋风溜过来。风向的转变使气温回暖了。温度不过零下两三度，已经足够暖和，穿着冬装舒舒服服坐上一个多小时不成问题。冻得人筋骨生疼的迫人寒冷已经过去了，温煦的空气令我的身体十分受用，皮肤上泛出宁静满足的红光。

成群结队飞过的鸟儿似乎在为它们逃过寒冷的死亡之手而狂欢。一同旅行的有五种鸟类：五只美洲凤头山雀，一对卡罗山雀，一只卡罗来纳鹪鹩(Carolina wren)[1]，一只金冠戴菊鸟(golden-crowned kinglet)，还有一只红腹啄木鸟(red-bellied woodpecker)。鸟群似乎被一根富于弹性的无形绳索拴在一起；每当有一只鸟单独落在后面，或是偏离队伍10米范围，它就会快速回到鸟群中心。整个鸟群在毫无生气的冰雪森林上空飞过，看起来就像一个翻滚跳动的球。

美洲凤头山雀是最喧闹的鸟类，不断发出混杂的声音。每只美洲凤

1 —— 中文也称卡罗苇鹪鹩。

头山雀都爆发出尖锐的 *seet* 音调，形成一种不规则的节拍。在这种节拍下，它们还有一些其他的叫声，例如嘶哑的哨声和短促的尖叫。一些鸟儿重复地叫着 *pee-ta pee-ta*。在本周早些时候彻骨的寒冷里，它们的节目表上是不会出现这种表演的：这种双声调的叫声是求偶之歌。尽管雪还没融化，鸟儿已经将注意力转向了春天。它们还要过两三个月才会产卵，但是求偶期长久的社交活动已经启动了。

鸟儿们盎然的生机，与坛城上的植物形成鲜明的对比。灰色枝干和下面光秃秃的细枝，呈现出的是一幅荒凉的景象。死亡的气息突兀地从雪地上散发出来：断裂的枫树枝条已部分腐烂，包果菊（leafcup）茎干残损的基部露出地面，被一圈洁白的雪所包围，显露出下面幽深的烂叶堆。冬天似乎宣告了大地上一切植物的全面死亡。

然而生命仍在延续。

光秃秃的灌木和乔木并不像表面看起来那样枯槁。每根枝条和树干外面都包裹着活体组织。鸟类从冬天攥紧的铁拳中争取粮食，并依靠飞行来度过寒冷。与之不同，植物竟然无需中途补充供给也能忍受下来。鸟类的存活令人惊异，植物却是在完全沉睡之后再次苏醒过来，这更加难以想象。在人类的体验中，这简直不像话。死去的东西，尤其是被冻死的，应当不可能再复活。

可是，植物偏偏能死而复生。它们的生存之道与吞剑者的技巧一样：精心准备，极其审慎地关注锋利的刀刃。植物通常能应对轻度的寒冷。与人类赖以维持生存的化学反应不同，植物的生物化学能在很多不同的温度条件下发挥作用，不会因为受冻而停止运行。但是一旦出现霜冻，情况就不妙了。逐渐膨大的冰晶会刺穿、撕裂并损坏细胞精巧的内部结构。在冬天里，植物必须吞下成千上万把利剑，并设法让每片刀刃远离脆弱的心脏部位。

在霜冻来临之前的好几个星期，植物就开始准备。它们将DNA和其他精妙的结构转移到细胞的中心，然后用保护层包裹起来。细胞变得又肥又大，这些肥大细胞中的化学结合物改变了性状，以便在寒冷温度下能继续流动。细胞周围的膜变得具有渗透性，而且弹性十足。变形的细胞厚实而且柔软，能够化解冰晶的锋芒，不受丝毫损伤。

越冬准备需要好多天甚至好几个星期才能完成。反季的霜冻往往会戕害树木的枝条。在正常气候变化下，这些枝条可以安然度过全年中最寒冷的夜晚。本土植物物种极少为霜冻所害：自然选择已经教会它们把握自己家园的季节节律。外来植物没有任何本土知识，在冬天里常会遭受沉重打击。

细胞不仅改变了自身物质结构，还吸饱了糖分，这样能降低凝固点，正如在结冰的路面上撒盐一样。糖分只在细胞内部发挥作用，细胞周围的水分并不含糖。这种不对称性使植物得以借助物理定律获得意料中的馈赠：水结冰放出热量。细胞周围水分的凝结，能让细胞的温度升高好几度。在冬天最初的几次霜冻天气里，包含糖分的细胞内部受到周围不含糖的水分的保护。农民们利用这种增温机制，在夜晚霜冻天气来临之前，往庄稼上喷水，这样就又多了一个散热层。

细胞之间的水分一旦凝固成冰，就不会再散发热量了。但是细胞内部的水分依然是液体状态。液体通过具有渗透性的细胞膜慢慢渗出。水分渗透出去，糖分则被留在里面。糖是大分子，不能通过细胞膜。随着温度下降，渗透过程逐渐抽干了细胞内的水分。细胞内部糖分浓度增加，进一步降低凝固点。当温度极低时，细胞皱缩成饱含糖浆的球体，在无数冰刀的包围下，形成一个不结冰的生命仓库。

坛城上的圣诞蕨（Christmas fern）和苔藓植物面临着更多的挑战。它们有四季常青的叶片和茎干，在暖和的冬日里也能自给自足。但是那些使它们呈现为绿色的叶绿素，在寒冷天气里会变得不听使唤。叶绿素从阳光中捕捉能量，然后将光能转化成电子流。在暖和天气，电子的能量迅速分流，被用于合成细胞内的养分。然而在冷天里，分流过程终止，细胞内过于活跃的电子泛滥成灾；如若不加管制，这些毫无秩序的电子会捣毁细胞。为了先发制人制住电子的暴动，常绿植物做好了越冬准备。它们在细胞内储存了一些化学物质，用来拦截和中和多余的电能。据我们所知，这类化学物质就是维生素，尤其是维生素 C 和维生素 E。美洲土著居民也懂得这一点，他们嚼食常绿植物，以便在冬天里保持身体健康。

冰霜无孔不入地渗入坛城中所有的植物，但是每个植物细胞都小心地退缩回去，在冰霜与生命之间筑起一堵微型的壁垒。紧缩的细胞反弹回来，便能让植物的细枝、叶芽和根部在春季复苏并茁壮成长，就好像冬天从来不曾来过。不过，极少数植物物种采取了一条截然不同的生存之道。包果菊在去年秋天就完成了短短 18 个月的生命。现在，它们枯萎了，彻底屈服于冬天的淫威。事实上，它们已经升华为一种新的形态，就好比冰雪化作了水汽一般。我看不到这些新的形态，但是它们就在我周围。坛城上，掩埋在落叶堆下面的成千上万颗包果菊种子，正静静等待着冬天的结束。种子具有厚厚的外皮，里面也是干燥的，在寒冬腊月里，它们大多能躲过冰雪的侵袭。

坛城上荒凉的景象只是外在表象。在这一米见方的疆域内，有数十万个植物细胞，每个细胞都裹紧了自己，蜷缩得结实无比。植物安静的灰色外皮，如同黑火药一样，掩盖着潜藏的能量。虽然美洲凤头山雀和其他鸟类在1月里展现出勃勃的生机，但相比静默的植物中贮藏的巨大能量，实在微不足道。当春天唤醒坛城时，植物中释放的能量，将使整片森林，包括林中的鸟儿在内，走向新的一年。

槭叶荚蒾灌丛的枝梢被掐掉了，只留下参差不齐的断茬子，这次来的是一只白尾鹿。

# 2月2日

## 脚印

槭叶荚蒾（maple-leaf viburnum）灌丛的枝梢被掐掉了，只留下枝头参差不齐的断茬。某个动物啃掉了这些嫩芽，在坛城上留下三只脚印，从东排到西。每只脚印由两片杏仁状的痕迹构成，陷入落叶堆有两英寸深。这种两瓣蹄子印，是偶蹄类家族的纹章。几乎就像世界上每个陆地群落一样，坛城上也被一只偶蹄类哺乳动物啃牧过了。这次来的是一只白尾鹿（white-tailed deer）。

这只鹿昨晚经过坛城时，对食料进行了精心的挑选。荚蒾灌木在末梢储存了食物，预备春天发芽。这些幼嫩的末梢还不够坚韧，尚未木质化。现在，灌木上新长出的幼嫩组织已经被拦腰掐断，在鹿的肚子里消化，融合到鹿的肌肉中。如果啃食者是一只母鹿，那些幼嫩组织没准会进入母鹿子宫里的幼崽体内。

鹿有它的帮手。要想撬开树枝和叶片中坚硬的细胞，俘获里面封存的粮食，需要极大型动物与极小型动物联盟合作。庞大的多细胞动物能啃食并咀嚼木质食料，但是无法消化纤维素。植物的组成材料中大多数都是纤维素。细菌与原生生物一类微小的单细胞微生物，体量虽然毫不起眼，化学能力却强劲十足。面对纤维素它们是不会犹豫的。

一个强盗团伙随之诞生：动物们从植物旁边经过，在嘴巴里将植物碾碎；与它们结伴成伙的微生物负责消化磨碎的纤维素。分别有好几组生物共同参与制订这套方案。白蚁与体内的原生生物协同合作；兔子与寄居在肠道末端巨大空腔内的微生物“战友”亲密相处；南美洲据说有一种以树叶为食的鸟——麝雉（hoatzin），其颈部有一个酵囊；反刍动物，包括鹿在内，都有一大口袋的帮手，就藏在它们那个特殊的胃，即瘤胃里面。

有了微生物的协助，大型动物才能利用封存在植物组织中的巨大能量。那些未曾与微生物达成协议的动物，包括人类在内，都仅限于吃柔软的水果、少数易于消化的种子、牛奶，以及比我们食性更杂的动物兄弟们的肉。

鹿的上颌没有上层门牙，取而代之的是一块坚韧的垫子。它用下牙和这层垫子扯下坛城上幼嫩的树枝，把这些木质食品送到后牙，磨碎，然后吞咽下去。食物碎片到达瘤胃时，便会进入另一个生态系统：一只装满微生物的巨大滚筒。瘤胃是从鹿的其他肠道器官中分离出来的一个小囊。除母鹿的乳汁之外，一切食料都被输送到瘤胃中，然后才能通过肚子里其他地方，再进入肠道。包裹在瘤胃周围的肌肉促使瘤胃内部的食料搅动起来。瘤胃内部的皮瓣充当洗衣机挡板的作用，不时翻转搅动的食料。

瘤胃内的大多数微生物都不能在有氧条件下生存，它们的祖先，是生活在一种截然不同的大气环境中的古老生物。直到大约 25 亿年之前，当光合作用产生时，氧气才成为地球上大气的一部分。由于氧气是一种危险、活跃的化学物质，这种有毒气体致使地球上很多生物被歼灭了，另一些则被迫躲藏起来。如今，厌氧生物们生活在湖底、沼泽和土壤深处，设法在氧气充足的环境下艰难求存。还有一些生物适应了这种新的污染物，它们采取巧妙的回避策略，将有毒的氧气变得对自己有利。由此诞生了有氧呼吸作用，也就是我们继承下来的一种获取能量的生物化学技巧。所以说，我们的生命依赖于远古时代的一种污染物。

动物肠道的演化，给厌氧的难民们提供了新的栖身之所。肠道内不仅氧气含量相对较少，而且有着所有微生物梦寐以求的东西：持续的食物供应。可问题也是有的。动物的胃部通常充满酸性的消化液，专门用来分解活体组织，这足以阻止微生物进驻大多数动物体内。然而，反刍动物改变了自身的胃部结构，它们深谙待客之道，因此在演化之路上获得四星级的成功勋章。这种殷勤的待客术，主要体现在瘤胃位置的理想与舒适。瘤胃位于其他器官之前，而且酸碱度保持中性，微生物在这种翻滚的温泉中如鱼得水。动物的唾液为碱性，能中和消化过程中产生的酸性物质。进入瘤胃中的氧气，也会被客房部的一小队细菌侍者吸收干净。

瘤胃的运作极有效，科学家使用最精妙的试管和容器，也无法复制（更不用说超越）瘤胃中微生物的增长速度或消化技巧。瘤胃的精彩表现，要归功于在它那优渥舒适的客房中茁壮成长起来的生物复合体。每毫升瘤胃液中，漂浮着一万亿个细菌，这些细菌至少分属于两百个种类。其中一些微生物已有记录，另一些还等着人们去发现、去记录。很多微生物仅出现在瘤胃中。它们很可能是在瘤胃形成后的5500万年中，从那些过着自由生活的祖先们中分化出来的。

在瘤胃内部，地位低下的细菌无产者沦为一群原生生物的猎物。这些原生生物都是单细胞，但是比细菌大数百倍，甚或数千倍。真菌寄生在原生生物体内，先侵染，而后爆破这些肥大的细胞。还有一些真菌在瘤胃液中自由漂浮，或是殖民到植物组织的残渣中。瘤胃中丰富的生命多样性，使植物残骸得以被完全消化。任何单一物种都不能完全消化一个植物细胞。每种生物在整个过程中承担一小部分任务，剁碎它最喜爱的分子，获得自身生长所需的能量，然后将废料送回瘤胃液中。这些废料再成为另一种生物的食物，由此构造成一条环环相扣的拆卸链。细菌在某些真菌的援助下，摧毁大部分纤维素。原生生物特别钟爱淀粉颗粒。它们大概是把淀粉颗粒当成土豆，配着它们的“细菌香肠”一起吃。瘤胃中的营养物质在一个微型的食物链中传递，然后回到瘤胃液中，正好能模拟更宏大的生态系统中营养物质的循环过程。鹿的肚子里也自有一个坛城和一场精妙的生命之舞，无数饥饿的唇齿供养着这些生命。幼小的反刍动物必须四处搜刮材料，营建自己的瘤胃群落，这一过程要持续数星期。在这段时期内，它们从母乳、土壤和植物中收集微生物，将微生物吞到肚子里，这些微生物将成为它们的得力助手。

瘤胃中的生态系统是一座自我献祭的坛城，包含无穷无尽的变化。微生物与经过消化的植物细胞一同被排出瘤胃，进入鹿胃部的第二个部分，并一头栽进酸性消化液的沼泽中。对微生物来说，肠道内的款待已经结束。旅馆主人杀害它们，消化它们，掏空了它们的蛋白质与维生素，还有溶解掉的植物残骸。

瘤胃将植物团块和依靠这些团块活着的微生物拘留在里面，既保证植物能被完全消化，又保证了瘤胃内微生物群落的延续。鹿加速了这些团块的分解，它让食料上涌，重新回到嘴巴里细细咀嚼，然后吞下碾碎的食料。借助于反刍行为，鹿可以将食物狼吞虎咽下去，也就是说囫囵吞下去，等到了隐蔽的安全地带，远离真正的狼虎了，再吐出来细咀慢咽。

随着季节的变换，鹿啃食的对象也从植物的某个部分转向了另一个部分。冬天是硬木质食料，到春天将变成草木，秋天则是果实。瘤胃依靠群落成员的渐次兴衰，适应着这些变化。适于消化柔软树叶的细菌在春季里增多，到冬季再减少。鹿无需通过自上而下的控制来引导这种变化。瘤胃内住户之间的竞争，能使瘤胃的消化能力自动适合于特定时期的食物类型。然而食谱发生急剧改变，也会扰乱瘤胃群落的调节能力。如果深冬时节我们用玉米粒或绿叶植物喂养一只鹿，就会打破它瘤胃内部的平衡。酸度将难以抑制地增高，瘤胃内胀满气体，这种消化不良很可能是致命的。幼小的反刍动物在吮吸母乳时，面临着类似的消化问题。乳汁会在瘤胃内发酵，制造气体。这对未成年动物来说尤其严重，它们的瘤胃还没有完全被微生物占据。因此，吮吸反应会触发另一个通道，将乳汁从瘤胃旁边输送出去，进入胃部的下一个部分。

大自然极少突然改变反刍动物的饮食习惯。人类在养殖奶牛、山羊或绵羊时，必须关照动物瘤胃的需求。这些需求并不一定与人类商品市场的需求一致，因此，瘤胃的平衡，是工业化农业的灾星。要是人们突然把奶牛从牧场上带走，圈养在饲养场内，试图用玉米粒使它们增肥，那就必须靠医药来调节它们的瘤胃群落。只有打倒那些微生物助手，我们才能将自己的意愿强加在奶牛身上。

一边是拥有 5500 万年历史的瘤胃构造，一边是短短 55 年历史的工业化农业，相比之下，我们获胜的机会似乎极其渺茫。

在坛城上，鹿的影响是微妙的。乍眼一看，灌木丛和细枝似乎是无忧无虑的；仔细观察，才能看出树枝的末梢被掐掉了，两边露出短小的断茬。坛城上十多丛灌木，近半数被啃掉了枝干，但是还没有一株被啃得露出树桩。我推断，鹿和它们的微生物同伴是坛城上的常客，不过那些鹿并不饥饿。它们有足够的食物，可以光啃多汁的细枝，而不去碰那些木质枝干。在东部森林中，这种挑肥拣瘦的习惯即将成为白尾鹿中间一种危险的奢侈行为。在这些鹿出没的大部分地区，植被保护都是徒劳之举：鹿群增长迅猛，这些日渐增多的迁徙动物，凭借它们的牙齿和瘤胃，荡平了森林里的嫩枝、灌木和野花野草。

很多生态学家声称，近年来鹿群的增长，是遍及美洲大陆的一大灾难。这种灾难，或许相当于冬天用玉米填塞反刍动物的瘤胃；整个群落陷入了一种不自然的混乱状态。针对白尾鹿的这段公案，似乎是无懈可击的。鹿的数量日益增多。植物种群正在减少。喜爱在灌木中筑巢的鸟类找不到安身之所。城郊的草坪上潜伏着蜱虫引发的疾病。我们消灭了捕猎者：先是美洲土著居民，接着是狼，再接着是现代的猎人，捕猎者的数量每年都在减少。我们的田野和城镇将森林砍伐得七零八落，满目疮痍。鹿喜欢在我们创造出的这些边缘地带觅食。我们制定了狩猎保护法，规定打猎季节的期间，煞费苦心地监控鹿群数量，所起到的影响却极其微小。森林的多样性，确信已濒临险境了吗？

或许是的。然而更长远的愿景，给鹿在东部森林中扮演的这种黑白分明的角色，增添了些许不确定性的迷雾。在我们的文化和科学中，关于何谓“正常”森林的记忆，看起来应当是形成于一个特定的历史时期。在这个时期，数百年来鹿第一次从森林中绝迹了。19 世纪末期，大规模的商业狩猎将鹿群推向了灭绝的边缘。在田纳西州大部分地区，包括这座坛城上，鹿消失了。从 20 世纪初到 20 世纪 50 年代，坛城上没有来过一只鹿。接着，放养从别处运来的鹿，再加上消灭山猫和野狗，逐渐使鹿群数量提升上来，直到 20 世纪 80 年代，鹿再次繁盛起来。整个东部森林中也重现了类似的模式。

这段历史扭曲了我们对森林的科学理解。20 世纪针对北美东部森林生态的科学研究，大多是在一种没有食草动物干涉的非常态森林中进行。那些更早先的研究尤其如此。我们曾将那些研究当作测量生态变化的标尺，可这把标尺是具有误导性的：在森林的历史上，再没有哪个时期是缺失反刍动物和其他大型食草动物的。因此，我们的记忆所呼唤的，是一种不正常的森林，是在没有大型食草动物的情况下艰难蹒跚的森林。

这段历史滋生了种种令人不安的可能性。野花和喜欢在灌丛中筑巢的柳莺或许正在欣然体验这段非常态时期的结束。鹿群的“过度啃牧”，或许能让森林返回更为普遍的稀疏、开阔状况。现今保存下来的一些早期欧洲殖民者的日记和信件，为这些观念提供了某种支持。1580 年，托马斯·哈略特（Thomas Harriot）在从弗吉尼亚寄出的信中写道：“说到鹿，有些地方有一大群。”1682 年，托马斯·阿希（Thomas Ashe）在报告中称：“这里有无穷无尽的牧群，整个乡村似乎就是一个连绵不绝的牧场。”1687 年，汉顿的拜伦（Baron de la Hanton）继续谈到这一主题：“我无法用数据来表述在这些树林中看到的鹿和火鸡的数量。”

这些欧洲殖民者的记述带有很强的暗示性，但是很难说是确定无疑的。他们的信件，很可能因为鼓吹殖民计划而带有偏见。在他们刚刚踏足的这片陆地上，大部分居民都是猎人，疾病和种族屠杀使人口大批死亡。然而，种族屠杀中幸存者的故事，以及他们的先人留下的考古学证据，无不表明，甚至就在欧洲人到来之前，鹿的数量都是庞大的。美洲土著居民清理并焚烧林地，以促进幼嫩植被的生长，这进而激发了鹿的繁殖力。鹿肉和鹿皮使人类能在冬季生活，鹿的精神也跃动于美洲早期居民的神话中。一切历史和考古学信息都指向同一个结论：我们的森林中一直居住着大量鹿群，直到19世纪的枪炮将它们逐出森林。20世纪早期和中期那些没有鹿的森林，是偏离常态的森林。

当我们回望人类踏上这片大陆之前的时期，不利于现代人“鹿群恐惧症”的证据将会更多。在最后5500万年中，温带森林一直生长在北美东部。而在那些古老的时期，一条浓密的森林带横跨亚洲、北美和欧洲。由于全球气候变冷，这条长长的带子被分割成孤立的一片片。尤其是在周期性的冰河世纪影响下，温带森林向南推移，随后又随着冰川的退去重新向北部延伸。如今，广泛分布于中国东部、日本、欧洲和墨西哥高地的那些独立成块的森林，就是当年冰川作用留下的残迹。跃动于各大陆之间的温带森林有一个不变的主题：这里总是有哺乳类食草动物出没，通常数目不小。

从坛城上走过的那只鹿，是那些体型庞大得多的古老食草动物最后的代表之一。大地懒（giant ground sloths）曾经在林地上缓慢挪动犀牛般大小的身体，四处啃食植被。同它们一起的，还有林地麝牛（woodland musk oxen）、大型食草熊（giant herbivorous bears）、长鼻貘

（long-nosed tapirs）、野猪（peccaries）、林地野牛（woodland bison）、好几种如今已经灭绝的鹿和羚羊，以及所有动物中精力最旺盛的乳齿象（mastodon）。乳齿象是现代象的近亲，长有象牙，脑袋生得宽而且短，站立时肩高 3 米。它们沿着东部森林的北部边境啃牧。大约 11000 年前，当最后一个冰川纪结束时，它们像很多其他大型食草动物一样灭绝了。在此之前，冰川纪一直来了又去，然而这次冰雪的融化带来一种新的捕食者：人类。就在人类到来之后不久，大型食草类动物大多数销声匿迹。小型哺乳动物在这次灭绝行动中受到的影响极小，消失的只是那些多肉的大型生物。

在美国东部各处的洞穴与沼泽地中，有大量化石证据表明，这些大型食草类动物曾经出现过。这些化石为 19 世纪关于演化论的火热争论提供了燃料。达尔文认为，这些动物的存在进一步证明了，自然界始终处于变化之中。他如是说道："思考一下美洲大陆的状况，我们不能不满怀惊异。先前这里必定有成群的巨兽出没；如今我们所看到的动物，相比之前的那些同源种族，不过是一些侏儒。"托马斯·杰弗逊（Thomas Jefferson）表示反对，他认为大地懒以及其他动物肯定还活着。毕竟，上帝为什么要创造它们，再毁灭它们呢？造物中体现了上帝完美的技艺。要是自然界中的组成部分有可能消失，整个大自然也将会解体。杰弗逊授意探险家刘易斯（Lewis）与克拉克（Clark）前往太平洋海岸考察，带回有关这些动物的报告。此次探险并没有找到任何证据表明乳齿象、地懒或是其他灭绝动物尚在人世。达尔文是对的，造物中的某些部分有可能被毁灭。

就像从坛城上走过的鹿留下的脚印一样，那些一度存活于世的食草动物，也在我们地球家园的某些建筑物上留下了标记。皂荚树（honey locust）和冬青树（holly trees）的枝干与叶子上长满棘刺，这些棘刺只长到3米高处，这个高度是现存的食草动物所能企及的高度的两倍，却恰好能防止灭绝的大型食草动物啃食枝叶。皂荚树的数量减少了一半，因为皂荚有两英尺长，这对于任何现存的本土物种来说都太大了，没有哪种动物能消受整个皂荚，然后把种子传播出去。不过，对于乳齿象和地懒一类灭绝了的食草动物来说，这个大小倒是正好。柘橙（osage orange）[1]柔软的乳状球果，是另一种失去了播种者的果实。在其他大陆上，这类果实自会有大象、貘类和诸如此类的其他大型食草动物来食用，然而在北美大陆，这些动物都作为化石而存在了。那些失去伙伴的植物把哀伤的历史写在脸上，让我们瞥见整片森林的丧亲之痛。

古代森林的结构永远掩着一层面纱，然而灭绝生物的遗骸，以及早期美洲居民的传说，都表明森林并不是灌木和幼树安逸的居所。北美森林经历5500万年的啃牧，随后是哺乳类食草动物急剧减少的1万年，再接着是100年完全没有游牧动物出没的奇异岁月。或许古代森林本该是稀疏零散，不断遭到漫游的食草动物群啃牧的？无疑，这些食草动物曾经也有自己的天敌，如今它们的天敌已经消失，或将近消失。剑齿虎（sabertooth cat）和恐狼（dire wolf）灭绝了，灰狼（gray wolf）、美洲狮（mountain lion）和山猫（bobcat）成了稀有物种。在美国西部，大型的美洲拟狮（American lion）和猎豹（cheetah）[2]都以植食性的游牧动物为

1 —— 桑科植物，又名面色刺。

2 —— 美洲拟狮已灭绝，猎豹在美洲已灭绝。

食，如此多种大型食肉动物的存在，进一步证明当年食草动物的数量之多。大型猫科动物和犬科动物必须以大型食草动物群为食。世界上仅存的那些能供养大群食肉动物的地方，均分布着大量游牧动物群。归根结底，肉食动物的身体是由食物链中传递下来的植物材料构成。因此，大型捕食者留下的大量化石证据，有力地证实当时确实有大量以植物为食的游牧动物存在。

人类已经消灭了一些捕食者，但近年来又新增加了三种“猎鹿生物”：人工驯养的猎犬，来自西部的外来入侵物种郊狼（coyote），还有机动车辆上的挡泥板。前两者是高效的幼鹿杀手，后者则是郊区成年鹿死亡的主要肇因。我们面临的绝不可能是一种平衡状态。一方面，我们失去了数十种食草动物；另一方面，我们用一种捕食者替代了另一种。在我们的森林里，食草动物的数量保持在何种水平，才是正常的、可接受的，或者说是自然的？这些问题极具挑战性。然而毫无疑问，20世纪郁郁葱葱的森林植被未曾受到食草动物的干扰，这是极其反常的。

森林里没有大型食草动物，就好比管弦乐队中没有钢琴。我们已经听惯了不完整的交响乐，当钢琴不绝于耳的音调重新响起，压倒我们更熟悉的那些乐器声时，我们反觉得刺耳。那种激烈反对食草动物归来的态度，并没有可靠的历史基础。我们或许应当将眼光放长远一些，听听整支交响乐队的演奏，全身心地欣赏千百万年来动物与微生物为撕碎植物幼苗而结下的伙伴关系。灌木丛，再见了；蜱虫，你好。欢迎回到更新世。

# 2月16日

## 苔藓

坛城表面水声喧哗，发出噼噼啪啪的声音。密集的雨水射击一阵，停息一阵，再次集中火力倾泻下来。从墨西哥海湾吹来的雨水兵团，向森林发动了整整一周的进攻。整个天地间似乎都是奔腾不休、四处乱溅的水花。

苔藓在湿地里欢腾雀跃，它们朝着雨水拱起身子，呈现出饱满的绿色。苔藓变化相当显著，上周它们还干瘪而苍白地贴在坛城上的岩石表面，一副被冬天压垮了的样子。但今非昔比，眼下它们体内已经吸饱了雨水的能量。

冬日里的枯寂令我自身滋生出对饱满鲜绿的渴望，驱使我凑近前去细看。我趴在坛城边上，脸贴近苔藓。苔藓散发出大地和生命的气息，它们的美丽程度，也随着距离的拉近呈指数级数增长。我贪婪不足，又掏出一副放大镜，爬得更近一些，眼睛贴着镜片细细观看。

两种苔藓相互缠绕地覆盖在岩石表面。不把它们移到实验室去在显微镜下观察细胞形态，我无法准确地分辨出它们的种类。那我就在不知道名字的情况下观察它们吧。一种苔藓趴伏在地上，呈现为粗大的绳索状，每根绳索外面缠绕着间隔紧密的小叶。远看这些茎，很像一绺绺有生命的发丝；凑近了看，则能看出小叶排列成循环美观的螺旋状，就像是一圈又一圈的绿色花瓣。另一种苔藓直立向上，茎像微缩的云杉树一样分出枝杈。这两种苔藓的生长端都绿油油的，如同新生的莴苣一般。生长端后面的色彩加深，渐变成了成熟的橡树叶那种橄榄绿色。光明主宰着这个世界；每片叶子只有一个细胞层厚，光线跳跃着从苔藓中间流过，使苔藓内部焕发出光彩。水分，光线，还有生命，三者集合全部力量，砸开了冬大的铁锁。

苔藓虽然葱翠如滴，却极少引起关注。教科书上把它们写成从早期时代坚守至今的原始生物，如今已被蕨类和显花植物等更高等的类型取代了。这种将苔藓视为演化残余物的观念，从好几个方面来说都是不对的。如果说苔藓是死在优越的现代物种面前的落后分子，那么我们应该能见到化石证据，表明苔藓曾度过早期的光辉时代，随后慢慢沦落为低等贱民。但是化石证据不足，表明情况正好相反。不仅如此，最早期原始陆生植物的化石，与现代苔藓排列精致的小叶和精巧复杂的果柄，鲜有相似之处。

基因对比印证了化石透露出的信息，表明植物的家族树分成四根主枝。每个分支彼此分离，至今已有将近5亿年。这四根主枝分化的次序目前尚且存在争议，不过，外表如同短吻鳄皮肤一般粗糙、喜爱趴在小溪边和潮湿岩石表面生长的地钱(liverwort)，很可能是最先分化出来的。苔藓的祖先们紧跟着分离出来，再接着是与蕨类、显花植物及其亲属关系最近的金鱼藻。苔藓已演化出自身独有的存在方式，它们所处的位置既非现在，也不是过去，而只是通往“更高级”形式的中转站。

我透过手持放大镜，观看苔藓各处攫住的水分。在叶片与茎的夹角间，水珠被表面的张力拘着，汇成了弧形的银色小水塘。小水珠并不坠落，而是紧贴着茎叶向上攀爬。苔藓似乎已经消除了重力作用，用魔力召唤水液像蛇一样向上蜿蜒。这是一个弯月形态的世界，水的舌头沿着玻璃杯的杯壁向上延伸。苔藓上遍布玻璃边(glass edge)，这种结构能将水分吸过来，拘囿在苔藓错综复杂的中心部位。

苔藓和水的关系十分复杂，对于我们而言很难理解。我们的输导系统在身体内部，所有管道和泵都掩藏在里面。类似地，树木的维管系统包裹在树皮下面。就连我们的房屋里，管道也是修在内部。哺乳动物、树木、房屋，这些都属于极其宏大的世界。苔藓的微观世界，却是依照截然不同的定律运行。水与植物细胞表面之间的静电引力，是一股超越短途的强大力量。苔藓的身体构造，使它能利用这种吸引力，让水分停驻在它复杂的外立面上。

茎表面的沟槽不断引诱水分从苔藓潮湿的内部流向干燥的尖端部位，就好像浸在一摊水里的手纸一般。那些微小的茎上粘满具有亲水性的小卷毛，叶子上也分布着许多隆起的小包，形成一个吸水性能极强的巨大表面。叶子抱茎的角度极佳，正好留住一汪新月形的水液。禁锢在叶腋中的那些水滴，通过储存在毛茸茸的纤毛与苔藓表面褶皱间的水液连接起来。苔藓的躯体是湿软的河流三角洲，只是规模缩小，河道也变直了。雨水越积越多，从泥浆变成潟湖，再变成溪流，苔藓的家园完全被淹没在水中。等到大雨停歇时，苔藓上捕捉的水分，多达苔藓细胞内所含水分的五到十倍。苔藓堪称植物界的骆驼，它携带的"驼峰"，使它能在长久持续的干旱中艰难跋涉。

苔藓所遵循的建筑学教程，截然不同于树木秉承的那一套。最后的成果却可说是同等复杂，从长期演化角度来说，也同样成功。然而，苔藓的构造之精妙，并不止于输送与储存水分的能力。一周前大雨刚开始降落时，它们就自发启动了一系列生理变化，如此才有今日的繁荣昌盛。雨水首先裹住干渴的苔藓，然后渗入包裹在所有细胞外面的木质薄壁，滋润里面干瘪的"葡萄干"。这些皱缩的小球，是一个个沉睡的活细胞。每个小球表面都蓄势待发，随时准备接受雨水的馈赠。细胞鼓胀起来，表皮挤压着木质外壁，生命便绚丽地归来了。

成千上万个细胞的膨胀，使植物充盈起来。苔藓从冬日的萧瑟中抬起头来。在每片叶子的边角处，弯曲的大细胞内充满了水，使叶片从茎轴上张开。叶片与茎轴间形成储水的空间，叶面正好朝向天空。向内凹陷的叶面储存水分；向外凸起的叶面则收获阳光和空气，为苔藓制备粮食。雨水引发的膨胀，将每片叶子都变成了身兼数职的多面手：既收集水分，又捕捉阳光；既充当根系，又充当枝条。

在细胞内部，灾难盛行了。奔涌进来的水分把细胞的内脏弄得一团糟。湿润的细胞膜迅速松弛下来，有些细胞内部的物质开始向外泄漏。漏出的糖分与矿物质从此不再归它们所有，这是灵活的伸缩性造成的代价。不过，无秩序状态并没有持续下去。苔藓不会等着被抽干，它极其审慎地在细胞里储备了修复物质。细胞膨胀起来后，这些化学物质能恢复并稳定细胞内部的排洪机制。湿漉漉的细胞一旦重获平衡，就会补充体内的修复物质。这时细胞也会往体内注入糖分和蛋白质，帮助清理过期失效的排洪机制。

因此，无论干旱还是洪涝，苔藓始终有应对措施。其他植物大多采取一种更懒散的态度来预防突发情况：当情势紧急时，它们会通过东拼西凑来建立救援工具包。建立工具包需要一定的时间，因此，急速的干湿变化会扼杀这些行动缓慢的家伙，苔藓却不然。

精心的准备并非苔藓战胜干旱的唯一途径。苔藓能耐受足以烤焦并摧毁其他植物细胞的极端干旱环境。苔藓细胞里面装满了糖分，在干燥时会凝结成石头一样的糖块。这样就能使细胞玻化（vitrifying），保护细胞的内脏。要不是那层纤维质外壳和糖果状细胞增添的一丝苦味，干燥苔藓的味道可能还不错呢。

5亿年的陆地生活史，使苔藓变成了善于利用水和化学物质的专业编舞者。坛城岩石上苔藓错综复杂的繁茂结构充分展示出，一个灵活的身子和巧妙的生理结构具有多大的优势。周围的树木、灌丛和野草依然承受着冬天的桎梏，苔藓却脱离枷锁，开始自由地生长。树木无法利用早期的融雪。随后，风水流转，树木将利用根系和内部的输导系统来主宰坛城的夏日，遮蔽住下面无根的苔藓。但是就眼下来说，树木因其庞大的体量而无能为力。

苔藓在冬天表现出来的后劲，不仅为其自身的生长带来了好处。

坛城下游的生命，也因苔藓的蓄水能力而受益。暴雨的动力势能抹平了山坡，而从坛城上奔流而下的雨水十分清澈，这里并没有从周围田野和城镇冲来的泥沙痕迹。苔藓和林地上厚厚的落叶层吸收了水分，并减缓狂暴的雨滴，将朝向大地的激烈扫射变成温柔的抚摸。当雨水从山上奔流而下时，乔木、灌木、草等各类植物根系构成的网络将土壤固着在原地。成百上千种植物共同从事纺织工作，用纵横交错的经线和纬线，编织出一幅结结实实的纤维布，令雨水无法撕裂。相反，在麦苗地和城郊草坪上，植物根系稀疏而松散地相互交织，根本无法防水固土。

苔藓的贡献远不止于充当防水固土的第一道防线。由于苔藓没有根系，它们从空气中获得水分和营养。它们粗糙的表面能聚集灰尘，从一丝微风中弄到合适剂量的矿物质。当风中吹来排气管或发电厂排出的酸性气体和有毒金属时，苔藓热情地张开潮湿的双臂来欢迎这些垃圾食品，并把污染物吸收到体内。因此，坛城上的苔藓能清理雨水中的工业废料，将汽车尾气和煤燃料发电站排放的烟雾紧紧吸附在体内。

当雨季逝去时，苔藓像海绵一样吸住雨水，随后再慢慢释放出来。因此，森林能滋养它们下游的生命，一方面防止河流底部泥沙暴涨，另一方面维持干旱时节的河水流量。从湿润林地上蒸腾出的水汽形成潮湿的云团，如果森林足够大的话，还能产生局部降雨。我们通常心安理得地接受这些馈赠，丝毫不曾意识到我们对森林的依赖，然而经济必然性有时会将我们从迷梦中惊醒。纽约城觉得与其出资建造一家人工纯净水加工厂，不如保护卡茨基尔山脉（Catskill Mountain）。卡茨基尔山脉上无数布满苔藓的坛城，比起技术的“解决方案”要便宜得多。在哥斯达黎加某些流域，下游的用水者要付费给上游的森林所有者，购买森林提供的好处。人类经济开始以自然经济现实为模板，与此同时，砍伐森林的激励机制也减少了。

坛城上的雨水不断拍击着地面。我坐在那里，听见两支水流哗啦哗啦，各自沿着坛城的一边奔涌而去，至少流出去 100 米远。雨量变大了，静谧的细流变成了急速奔涌的水花。蜷缩在防水服里待了一个多小时，雨点的持续重击令我觉得透不过气来。苔藓却显得比以往任何时候都舒适自在。5 亿年的演化，赋予了它们主宰潮湿气候的能力。

# 2月28日

## 蝾螈

一条腿在落叶堆的缝隙中一闪而过，紧接着出现的是尾巴根，随后便消失在潮湿的树叶层中。我抑制住扒开树叶一探究竟的冲动；我静静等着，期待那只蝾螈重新现身。几分钟后，一个亮闪闪的脑袋探出来，蝾螈猛然冲到了空地上。它又扒出一个洞，钻下去，重新露出头来，猛跑几步，歪歪扭扭爬过一根叶柄，姿态不雅地一头栽进一处洼地里。这只蝾螈颤颤巍巍地翻转了身子，从陷阱里往外爬，最后把头埋在一片枯叶下，悄悄地移动。寒冷的雾气使空气中能见度变低，我只能看见前方几英尺的地方。但是这只蝾螈闪闪发光，就像是被一束明亮的阳光照亮了一般。它幽暗光滑的皮肤上闪耀着银色的小点。背部有一条自上而下的红色小条纹。它的皮肤湿润得令人难以置信，就好像整个身子都是由雨水凝聚而成。

蝾螈像苔藓一样在湿地中求存，不过它无法运用苔藓的干缩策略来打发两次雨季之间的日子。反之，它们像游牧民一样追逐冷湿空气，依据空气湿度的变换在地里爬进爬出。冬天它们从岩石与冰砾间向下爬，在地下深达 7 米的黑暗空间躲避霜冻，过着穴居人一样的生活。春秋两季它们爬回地上，利用落叶堆打掩护，四处搜寻蚂蚁、白蚁和小飞虫。夏季干燥的热浪驱使它们重新回到地下，尽管在潮湿的夏夜里，当它们从洞穴中返回地面举行盛宴时，不会有脱水的危险。

这只蝾螈有我拇指指甲的两倍长。它的脖颈与四肢都很纤细，由此可见是无肺螈属（*Plethodon*）的成员，有可能是背蜒无肺螈（zigzag salamander），或者是红背无肺螈（southern redback）。无肺螈属中所有种类的颜色都极其多变，而且目前还缺乏深入研究，这样一来，我的判断就多了几分不确定性。不过话说回来，没人能完全肯定一只蝾螈实际上属于哪个“种”。这表明，自然界并不遵循我们明确划分界限的意愿。

这只蝾螈很小，很可能是去年夏天才孵化出来的一只小蝾螈。去年春天里，它的父母以精妙的步法和两颊的款款厮磨进行了交配。蝾螈表皮由芳香的腺体拼合而成，因此两颊的摩擦能以化学信号传递私语，互通款曲。当蝾螈夫妇相互熟悉之后，雌蝾螈举起头部，雄蝾螈滑到太太的胸腔下面。雄蝾螈向前走，雌蝾螈附和着，跨坐在雄蝾螈的尾部，开始跳一支二人康加舞。几个步骤之后，雄蝾螈排出一小堆圆锥形的胶状物，顶上是一小坨精液。它再次向前移动，尾巴摇来摇去，雌蝾螈也配合它的行动。最后雌蝾螈停下来，用肌肉发达的肛门拾起精液。舞蹈结束，蝾螈夫妇各走各的道，从此不相往来。

蝾螈母亲找到一个石缝或是中空的树干，将卵产在里面。随后，它要用身子裹住这些卵，在巢穴里待上六周，这比大部分鸣禽坐巢的时间更为长久。蝾螈母亲不时翻转这些卵，防止发育中的胚胎粘在卵壁上。它还会吃掉死去的卵，防止坏掉的卵霉变，导致整窝卵都被毁掉。其他的蝾螈可能会来拜访这一家子，伺机弄颗卵来饱饱口福，而正在孵卵的母亲会把它们撵走。一窝卵要是没有母亲关照，必然会受真菌感染，或是被捕食者猎食。因此，这种警惕是至关紧要的。一旦卵孵化出来，蝾螈母亲的使命便完成了，它将钻进落叶堆去觅食，补充体内耗尽的能量储备。年幼的小蝾螈是父母的微缩版，它们趾高气扬地穿过林地，独立觅食，无需任何帮助。那只匆匆忙忙穿过坛城的无肺螈属生物，这辈子还没有一根脚趾接触过溪流、水坑或池塘呢。

蝾螈的孵化过程粉碎了两个神话。第一个神话是，两栖动物要依靠水来繁育后代——无肺螈属是一种非两栖型的两栖动物，它油滑得很，要给它分类，就像要抓住它一样难。第二个神话是，两栖动物是"原始动物"，因此不会照看后代。后面这个神话的错谬之处，植根于有关大脑演化的理论。那些理论声称，"较高级"的官能，比如父母之爱，仅限于"较高等"的动物，诸如哺乳动物和鸟类。蝾螈母亲细心的守护，表明父母之爱在动物界中的分布之广，远远超出于那些持等级制观念的大脑科学家预想之外。事实上，很多两栖动物都会照料自己的卵或是幼龄后代，就像鱼类、爬行动物、蜜蜂、甲虫，以及众多溺爱后代的"原始动物"父母一样。

坛城上这只幼年蝾螈将在落叶堆中觅食，再过一两年才能长到足够大，达到性成熟。无肺螈属动物以食肉动物的热情来投身于觅食工作。蝾螈是落叶堆中的鲨鱼，它们四处漫游，恣意捕食更弱小的无脊椎动物。在演化过程中，无肺螈属动物舍弃了肺部，使嘴巴获得更高效的诱捕能力。蝾螈的气管消失了，通过采用皮肤呼吸，它将胃部解放出来专心应付猎物，无需再停下来呼吸。无肺螈属动物与演化之手做了一笔高利贷生意：几克重的肺，换来更好的舌头。蝾螈充分利用它们那 3000

达克特的贷款[1]，征服了东部森林各处潮湿的落叶堆。这笔投机生意眼下是划算的，但是高利贷者可能会来催还债务。如果环境污染或是全球气候变暖对落叶堆产生影响，无肺螈属物种将难于应对。确实，全球变暖造成栖息地产生相应改变，这意味着，随着寒冷湿润栖息地的消失，高山蝾螈的数量将大量减少。

没有人知道无肺螈属蝾螈的肺部是如何慢慢消失的。它们的近亲全都具有肺，尽管生活在高山溪流中的那些物种只有极小的肺。冷凉的溪水中含有充沛的氧气，因此居住在溪涧里的蝾螈能用皮肤进行呼吸。或许，无肺的陆地蝾螈是由那些生活在溪水中的亲属演化而来？这曾经是生物学家最青睐的解释，直到后来研究者对地质记录进行了更深入的考察。岩石所讲述的，是一个令人困惑不解的故事：在无肺螈属蝾螈演化形成时，东部高山还只是一些小小的坡地。如此平缓的地势，不可能产生出肺部较小的蝾螈们栖身的冷凉急流。因此，我们依然找不到一种恰当的历史叙事来阐释无肺螈属这种无肺状态。

坛城之大，几乎能容纳下这种动物的整个世界。成体蝾螈具有领域性，巡游范围极少超过几米；某些个体往土壤下面深钻，所达到的深度，比它们在落叶堆上穿行的距离更远。这种“安土重迁”的习性，为林地蝾螈的多样性提供了解释。由于蝾螈极少远游，居住在同一座山峰或是同一条峡谷两侧的蝾螈不大可能相互杂交。地方性的种群因而都适于栖息地的特殊环境。如果这种分隔状态持续的时间足够长久，各个独立种群很可能会看起来截然不同，而且具有不同的遗传特征。

1 —— 作者将演化比作放高利贷的犹太商人。在莎士比亚的喜剧《威尼斯商人》中，安东尼奥向犹太商人夏洛克借贷了 3000 达克特。

某些种群甚至会被称为不同的“种”，这就取决于盛行的分类法了。阿巴拉契亚山脉（Appalachian Mountains）是远古时代的岩石，山脉南端，也就是坛城坐落的地方，从未被冰河世纪致命的冰川覆盖过。因此，此处的蝾螈有时间在一次生物多样性大爆发中繁盛开来，这是地球上其他地方全都无可匹敌的。这种多样性部分解释了，为什么难以将蝾螈划分成不同的种。

对蝾螈来说很不幸，曾经促发蝾螈多样性的那些潮湿温暖的原始森林，也长成了有利可图的参天大树。如果这些树木被大片砍伐，阴凉的落叶堆被直射的阳光烤焦，蝾螈将会全部死亡。如果足够幸运的话，砍伐出来的空地正好被一片老龄树林环绕着，这片老龄树林又能再保留几十年，蝾螈或许还能慢慢恢复。但是蝾螈肯定不会恢复到先前繁盛的状态，尽管没人知道其中的原因。或许，是大量的砍伐破坏了地方种群的基因协调能力？伐木业也清除了很多原本会倒伏在地上形成湿润缝隙、巢穴与阴凉避暑地的树木。这些滋养生命的倒伏树木，科学术语叫“粗死木质残体”（coarse woody debris）。对于森林生态系统中这样一口“生命之泉”，这个词的贬义色彩似乎太过强烈。

坛城上这只蝾螈，就在这样一小片受到保护的老龄树林凌乱的倒伏树木之间努力求存。它不大可能面临林地被砍伐的灾难，但是危险仍然无法避免。这只蝾螈没有尾巴，很可能是在遭遇老鼠、鸟类或是响尾蛇的时候失去的。蝾螈在受到袭击时会使劲拍打尾巴，以转移捕食者的注意力。要是必要的话，它的尾巴会脱离身体，在地上剧烈摆动。这样，蝾螈可以伺机逃跑。无肺螈属动物尾巴基部的血管和肌肉非常特别，一旦尾巴断裂后，就能紧紧闭合起来。尾巴基部的皮肤也比较薄弱，缩得极紧，这大概有助于尾巴自由断开，而不至于伤害身体其他部分。所以，演化与蝾螈做了两笔交易，两项交易都要以身体为代价：牺牲肺部来换购更好的嘴巴，断开尾巴来换购更长久的生命。头一笔交易是不可逆的；第二笔交易是暂时的，蝾螈尾巴神奇的再生能力抹平了条约中的不公。

无肺螈属动物形态多变，真正像是一朵云[1]。它的求偶方式和拳拳爱子之心，公然挑战了傲慢的人类制定出来的条条框框；它用肺部换取来更强壮的颌；它身体的某些部分是可分的；它喜爱潮湿环境，却偏偏一辈子不踏入水体中。而且就像所有的云一样，它是脆弱的，几阵大风就能将它吹走。

1 —— 对应于本章开头所说的“整个身子都是由雨水凝聚而成”。

# 3月13日

## 獐耳细辛

整整一周，气候十分暖和。虽然不合时令，却十分宜人，似乎五月的天气已经提前到来。春季第一批野花嗅到空气中的这种变化，迫不及待地从落叶堆下面往外挤，使得先前平坦如垫的枯叶层，被下面的茎秆与花芽顶得有些变形了。

我脱下鞋子，走在通往坛城的第一段路上。光脚踏在被人踩得坑坑洼洼的小径上，能感受到地面柔柔的暖意。冬天的凛冽已经过去了。当我走在灰白色的晨曦中时，鸟儿正在放声歌唱。伴随着山雀在低处枝丫间发出的哨声，还有啄木鸟从小径下方大树上传来的咯咯声，燕雀类的小鸟（phoebes）从嶙峋的悬崖上发出刺耳的聒噪。地上地下，季节已经转变了。

在坛城上，我发现一枚花芽。一株獐耳细辛[1]的花芽，终于刺穿落叶堆，挺立在一指高的茎上。一周前，花芽还只是一个纤细的小爪，包裹在银色的绒毛中。慢慢地，随着气温回暖，小爪充实起来，逐渐变胖、伸长。今天早上，花茎的形态就像一个精致的问号，上面依然覆盖

1 —— 指獐耳细辛属的植物。獐耳细辛的拉丁异名为*Hepatica nobilis* Shreb. var. *asiatica*（Nakai）Hara，中文俗名为“幼肺三七”。

着小绒毛，紧闭的花蕾悬在弧线顶端。花蕾矜持地颔首向下，花萼闭合不开，防御着夜间偷花粉的蟊贼。

第一束晨光出现一小时后，花蕾裂开了。三个萼片展开，露出更里面三个萼片的边缘。花萼泛着紫红色。虽然獐耳细辛缺乏真正的花瓣，但是这些萼片具有花瓣的形态和作用，能保护花朵不受夜晚寒气侵扰，并在日间吸引昆虫前来。花朵的开放行动实在太慢，我无法直接用双眼去体察。只有看看别的地方，再把目光凝视过来，我才能看到变化。我试图止住呼吸，减慢到花的速度；然而我的大脑运行得太快，令我始终捉摸不住花朵缓慢、优雅的行动。

又过了一个小时，花茎直立起来；小问号变成一个惊叹号。现在萼片已经完全展开了，向着世界展示出它们艳丽的紫色，邀请蜜蜂前来考察花朵中心蓬乱的花药。又是一个小时过去了，惊叹号书写得太匆忙，稍稍向后弯了一些，花朵的脸蛋抬起来，正对着我。这是全年中坛城上绽放的第一朵花。花茎轻巧地朝天拱起，看起来倒是一种恰当的姿态，堪堪表达出春天万物复苏的喜悦心情。

獐耳细辛的拉丁名“*Hepatica*”的由来，具有一段悠久的历史。这段历史可以追溯到早期的西欧，一个极其相似的同源词，在草药医学中至少已经使用了两千年。无论是獐耳细辛这个学名，还是它的俗名“肝脏叶”（liverleaf），都指向这种植物传说中的药性——它的叶子分成三瓣，形似人的肝脏，由此暗示出它的药性。

世界上大多数文化都有一种习惯，便是从植物的形态来推知药性，以此给植物命名。在西方传统中，一位原本不可能成为学者的人，将这种习惯融汇到一套神学体系中。1600 年，德国一位名叫雅克布·波姆

（Jakob Böhme）的修鞋匠，在一次神秘体验中突然领会到上帝与造物的关系。这次启示激动人心的规模与力量，使他脱离修鞋的行当，贸然执起了鹅毛笔。他撰写了一本书，极力试图用语言来传达沉默的宏大幻景。波姆相信，上帝造物时的意图，标记在凡尘俗物的形式之中。形而上学下降到了人世中。他如是写道："万物的外在形态都显示出其内部和本质的性质……并体现了这种事物可能在哪些方面具有作用和好处。"因此，不完美的凡俗之人，可以从世界的外在表象推知万物的意图，并通过观察造物的形态、颜色和习性，体会造物者的思想。

波姆的著作导致他被逐出他的家乡格尔利茨（Görlitz）。教会和市议会不会容许未经官方认可的神秘体验。他们认为，修鞋匠就应该一心一意地切割皮革，把描绘世界图景的工作留给那些受过良好教养的高贵人。后来，波姆被允许重返家乡，条件是他那支鹅毛笔不再乱写乱画。他努力这样去做了，但是失败了。幻景的力量驱使他来到布拉格，在那里继续撰写他的神学著作。

波姆的观念并不广为人知，直到植物医师们听说了他的作品。他那套学说为医师们提供了一个用来存放草药疗法的神学橱柜，这对于医师们的行当是有益的。当时很多医师已经懂得利用植物的外在形式来帮助记忆植物的药性：血根草（bloodroot）猩红色的汁液用于治疗血液紊乱，石芥花（toothwort）齿状的叶片和白色花瓣用于治疗牙痛，蛇根草（snakeroot）盘结的根系用来治疗毒蛇咬伤，诸如此类还有许多。现在，医疗术士们得到了一个理论，可以用来组织实践知识，并为实践提供辩护。植物的形态、颜色和生长方式暗示出神赋的疗治效果。苹果树绚烂芬芳的花朵，旨在治疗生殖紊乱和皮肤疾病；红通通的辣椒类植物打上了标志血液和愤怒的烙印，因此能够促进循环，或是起到提神的作用。獐耳细辛的三瓣紫叶，则带有肝脏的标记。

利用外在标记来推知植物内部化学物质的药性，并帮助人们记忆，就是所谓的“表征学说”（Doctrine of Signatures）。这种观念遍及欧洲各地，引起了科学精英们的关注。他们试图将这种草药学家的学说从民间知识中抽离出来，融汇到当时风行的占星学中。他们宣称，每种植物的外在表征都体现出上帝的意图。只不过，这种表征是通过行星、月球和太阳复杂的宇宙学来体现的。苹果花由金星女神维纳斯掌控，因而美丽动人且具有特定疗效。木星之神朱庇特掌管着所有疗治肝病的植物，火星之神马尔斯统治硝烟味十足的辣椒。因此，要进行正确的诊断和治疗，需要由一位训练有素的科学家来绘制一幅星占图，融会他关于天球及天球对植物与人类之影响的广博知识，开出一个治疗方案。科学机构一方面谴责头脑简单的植物学家那套乡村医术，一方面又征用乡村医生的方子，拿来为最新的占星医学所用。

当然，医学机构与乡村医术之间的张力持续存在。占星学上的表征说如今已无人问津。我们的医生们不再相信，上帝恰巧在树叶形态与星体排列中留下了关于植物药性的暗示。不过，我们不应该过于轻率地将表征学说贬斥为一种无聊的迷信。作为医药知识的一种文化变体，表征学说具有强大的组织作用。它比现代医师们借以在庞大知识库存中航行的助记方法更为丰富，或许也更为连贯一致。大部分医疗术士并不识字，这套方法给了他们将病人症状与植物鉴定和医药知识方面偶尔有些晦涩难解的细节联系起来的语言学线索（linguistic cues）。表征学说能延续这么多年，不是因为我们的祖先头脑简单，而是这套学说实在管用。

獐耳细辛的名字揭示出我们依据植物的用处来给植物命名的文化倾向。这种命名方式有助于我们记住人类在医药和食品上对植物的依赖。但是，功用主义的命名也会妨碍我们完全理解自然界。比如说，我们的命名法犯了目的论的错误。獐耳细辛的存在，不仅是为了服务于我们，也是为了完成其自身的生活史。在欧洲和北美的森林中，它的故事始于人类出现之前数百万年。类似地，我们的命名系统将整饬的范畴强加于自然之上。这些名称无法反映出生命复杂的谱系和生殖交流(reproductive exchanges)。现代遗传学家指出，大自然中的边界，通常比我们给“独立”物种命名时所以为的更具有渗透性。

在这样一个早春明亮的早晨，獐耳细辛大胆迎来第一束温暖的阳光和飞舞的蜜蜂。这让我想到，坛城的存在独立于人类的学说之外。像所有人一样，我也受到了文化的束缚。因此我只能部分看到这朵花；我视域中其他的地方，被数世纪以来的人类话语占据了。

# 3月13日

## 蜗牛

现在，坛城是软体动物们的塞伦盖蒂平原(Serengeti)。一大群螺旋形的食草动物在这个遍布地衣和苔藓的辽阔热带稀树草原上移动。那些个头最大的蜗牛单独行动，霸占了表面稍有起伏的落叶堆，长满苔藓的山坡则留给那些灵巧的年轻蜗牛。我肚皮贴地趴下，悄悄接近一只坐守于坛城边缘的大个头蜗牛。我把放大镜举到眼前，又往前爬了一点。

透过放大镜，蜗牛的脑袋充满了我的视域——一尊庞大的黑玻璃雕塑。这只动物闪亮的皮肤上点缀着银色的斑点，背部爬满纵横的小沟槽。我的移动引起了蜗牛轻微的警觉；它收回触角，缩回壳中。随后我屏住呼吸，蜗牛重新放松下来。它的两根小胡须从下巴上戳出来，在空气中摇摇摆摆，然后伸到岩石下面，碰了碰石头。这些胶状的感觉器官就像盲人用来阅读盲文的手指一般，轻轻摸索着，浏览并解读镌刻于砂石中的文字所包含的意义。几分钟后，又一对触角从蜗牛头顶伸出来。触角朝上伸出来，每根触角末梢顶着一个乳白色的眼睛，朝向上面的树冠摇摆不停。我这会儿也正瞪着眼睛从放大镜里看蜗牛，可是这颗巨大的球体似乎丝毫没有引起蜗牛的关注，它眼睛下面的支柱又伸长了一些。这些肉质的旗杆现在已经伸得比蜗牛壳的直径还长，而且急速朝两边摆动着。

蜗牛与章鱼和乌贼是近亲，与它们不同的是，这只陆地蜗牛[1]眼睛上没有精密的透镜与针孔，无法形成清晰的影像。不过，蜗牛的世界到底有多模糊，依旧是个谜。科学家们没办法去询问蜗牛看到了什么。这种交流上的困难，使蜗牛视觉研究领域的进展很缓慢。该领域唯一成功的实验成果，还是借鉴马戏团驯兽师那套把戏，教蜗牛在看到指示时进食或者行动。迄今为止，这些接受表演培训的腹足类软体动物已经表明，它们能探查到白色测试卡上的小黑点，它们还能分辨灰白卡片和方格卡片。据我所知，还没人问过一只陆地蜗牛能否看见颜色、运动的物体，或是一个火圈。

这些实验十分有趣，但却回避了一个更大的问题：对于一只蜗牛来说，什么叫作“看见”？蜗牛会像我们一样观看，将方格卡片的影像呈现在它们那腹足动物的心灵中吗？它们的内心也会产生对光明与黑暗的

1 —— 英文中 snail 一词指的是“移动缓慢、身上有螺旋状外壳的头足类软体动物”，其中既包括蜗牛，也包括生活在水中的螺类。因而此处有“陆地蜗牛”一说。

体验，并经由错综复杂的神经加工成意愿、偏好，以及意义吗？人体和蜗牛的身体都同样由一片片湿润的碳和泥土构成，既然意识能从这种神经土壤中产生出来，我们有什么理由否认蜗牛内心的影像呢？无疑，蜗牛所看到的，与人眼所见的有天壤之别。它们看到的是先锋派电影，充满怪异的拍摄角度和摇摆不定的形式。但是，如果人类的电影是由神经产生，我们就必须接受这样一种令人震惊的可能性：蜗牛具有类似的体验。然而我们的文化更青睐的说法是，蜗牛的电影是播给一座空屋子看的。确实，蜗牛剧场里没有屏幕。我们断言，它们没有内在的主观体验。从蜗牛眼睛上的放映机投射出的光束，只能刺激它们的管道系统和连接线，促使这座空洞的剧场移动、进食、交配，并体现出生命的迹象。

蜗牛的脑袋在透镜下暴涨，结束了我的沉思。黑色的圆顶被一团黏糊糊的肉疙瘩分开。这个小疙瘩往外推，向前伸展，接着，蜗牛转过来正对着我。它的触角呈 X 字形，从中间软绵绵、吐着气泡的突起物上面伸出来。两片玻璃一样光滑的唇伸出来，呈现出一条纵长的裂口，与此同时，整个身体拱身向下，将唇部压在地面上。我两眼看得发直，而蜗牛则开始在石头上滑动，横渡一片地衣的海洋。不断拍打的纤毛和体内极微小的肌肉阵阵的颤动，推动着这只乌木色的食草动物向前行进。

我俯卧在那里，眼看蜗牛停在地衣的小薄片与橡树叶表面生出的黑色真菌中间。我朝透镜外面瞥了一眼，霎时间，一切都消失了。随着尺度的变化，整个世界陡然扭转。真菌看不见了，蜗牛变得无足轻重，世界由更宏大的事物主宰。我回到透镜下的世界，重新发现那些鲜活的触角，还有蜗牛黑色中点缀着银色的美丽皮肤。透镜拓宽了我的视野，帮助我收获到这个微观世界的美丽。多层面的欢乐美景，隐藏在人类日常视觉的界限后面。

太阳从云层背后露出了头，我对蜗牛的守望就此告终。清晨柔和的湿气缓缓收起，蜗牛走向了“船长岩”（El Capitan）[1]，或者说，就是一块小石头。随你怎么说，关键在于你如何看待这个世界。蜗牛伸出一根触角，碰碰岩石，然后把头整个掉转过来，拉长身子往前走。它的头颈部就像一条橡皮筋，拉抻得跟长颈鹿的脖子一样。往前，再往前一点，接着，下巴碰到岩石，身子像软垫子一般铺展开来，身体整体上举离开地面，做了一个“无手引体向上”。重力作用瞬间失效，这只动物令人难以置信地逆流而上。蜗牛继续它的旅程，掉转身子，缩进石缝里去了。我抬头看看透镜外面的世界，塞伦盖蒂平原空空如也。那些食草动物在阳光下蒸发了。

1 —— 位于瓜达卢普山脉的一块巨岩。或译作“埃尔卡比丹峰”。

春美草的花具有粉色条纹的白花瓣。

# 3月25日

## 春生短命植物

前往坛城的路程变得叫人提心吊胆。每走一步，都有踩坏五六朵野花的危险。我走得极慢，小心翼翼地择道而行，努力不去留下一路被践踏的美丽小花。山坡上布满了厚厚的绿草和白花；落叶堆表面一半的地方都覆盖着新长出的叶子和花朵。

不过我很难将注意力集中在脚下，这会儿，一年中第一批蝴蝶和迁徙的柳莺正在我头顶飞舞。一只东部逗号蝴蝶(eastern comma)[1]从我头上忽闪而过，停歇在一棵山胡桃树的树干上。这是一种因后翅卷曲的白色尾带而得名的红棕色蝴蝶。温暖的阳光将它从隐藏在树皮背后的冬季休眠场所中唤醒了。一只黑喉绿林莺（black-throated green warbler）和一只黑白森莺（black-and-white warbler）在悬崖上歌唱，它们都是不久前刚从中美洲飞回来的。森林里焕发的生机似乎从四面八方向我涌来，那种无拘无束的活力令我精神为之一振。

在坛城上，我发现一丛耀眼的白色小花，上百朵花儿冲着世界展露了笑颜。春美草（spring beauty flowers）的花具有带粉色条纹的白色花

1 —— 北美的一种蝴蝶，拉丁名为 *Polygonia comma*，属钩蛱蝶属。颜色会发生季节性变化。

瓣，它们低低地长在地上，与紫色的獐耳细辛交织在一起。寥寥几株唐松草叶银莲花（rue anemones）在坛城边缘露出了头，白色的小花微微颔首，伫立在落叶堆上一指高处。石芥花长得最高，正好高出脚踝。它举起花朵，长长的白色花瓣在结实的花梗顶端团成一簇。每朵花的后面都尾随着一长溜繁茂生长的绿叶，它们正从厚厚的枯叶层中爆发出旺盛生机。这与坛城上冬气阴郁的树木形成强烈对比，树木上的芽几乎还不见任何动静。

春天的野花利用树木的惰性，在树冠劫走赋予万物以生机的光能之前，争先恐后地生长繁衍。尽管3月的太阳依然低低地照着，光线却已足够强烈，我坐在那里时，脖子后面能感觉到一阵灼热。现在已经达到了全年中树冠下面光线强度最高的时候。冬天的桎梏被一股爆发力冲破，释放出众多野花和大量恢复生机的动物。

这些装点在坛城四周的植物有一个共同的名称，叫作春生短命植物。这个名字抓住了它们在春季里令人眼花缭乱的光彩，以及它们在夏日阳光下快速衰亡的特点。不过，这个名字掩盖了它们在地下隐秘的长寿生涯。这些从地下仓库中生长出来的植物，其中有些是从隐藏在地下的茎，也就是所谓的根状茎上生长出来的；还有一些是从球茎或者块茎上长出的。每年这些植物在地面上长出叶片和花朵，然后重归于隐秘的宁静。因此，这些在春寒料峭中绽开的花朵，是靠着隔年储存的养分来供应能量。只有当叶片长出后，光合作用才能给这些植物的资产债务单带来进账。这种策略有助于它们在坛城上光线紧缺的拥挤环境下艰难求存。某些植物的根茎可能有数百年高龄，它们每年长出几厘米的横走茎，慢慢蜿蜒着穿过了林地。这些植物依靠从春天短短几周的阳光中获得的食料生存。

短命植物一旦舒展开叶片，就会疯狂掠夺阳光和二氧化碳。叶片上的呼吸孔，也就是气孔，这时会完全张开。叶片内部充满了酶，预备用空气调制出营养分子。这些植物是森林里嗜食快餐的瘾君子：它们吃得很快，一心想抢在树木遮住阳光之前吃个饱。短命植物需要明亮的阳光来维持这顿饕餮大宴。它们热血沸腾的身体无法容忍荫蔽。

坛城上的其他植物采取了一种比较和缓的方式。蟾影延龄草（toadshade trillium）在獐耳细辛和春美草之间伸出三片带有影斑的叶子，但它并不试图快速生长。蟾影延龄草的叶片里只有极少的酶用来捕捉太阳，因此它们跟不上那些短命植物的生长速度。当树冠合拢时，它们的节制会受到奖励；低水平的酶含量更易于保持，因此延龄草能在夏季的浓荫下得到甜头。现在，我们正处在坛城这块方寸之地上每年一度的植物赛跑起跑线上。演化已经创造出极其多样的奔跑风格：卡罗莱纳春美草（Carolina spring beauty）是肌肉型的短跑选手，延龄草则是精瘦的长跑运动员。

短命植物灿然燃烧的生命，点燃了森林中其余的部分。短命植物正在生长的根系使土壤中暗淡的生命重新焕发出生机。这些根系吸收并固定森林土壤中的养分，防止养分被春雨冲走。每条小根分泌出一种营养凝胶，在毛茸茸的根尖部位形成一个孕育生命的小鞘。细菌、真菌和原生生物在这个狭窄的小环里成百倍地增长。单细胞生物为线虫、螨虫和极其微小的昆虫们提供食料，这些植食性的小虫又被土壤中更庞大的栖居者所猎食。我坐在那里观看时，一条鲜艳的橙黄色蜈蚣正在坛城上爬来爬去四处觅食。这条蜈蚣的长度超过我手掌的宽度。它个头极大，以至于当它在它的生活来源，也就是那些花朵上蜿蜒前行时，我都能看清它足肢上的一个个小节。

没几天前，我正对着花儿沉思默想时，有一位比这只蜈蚣更凶猛的捕食者打断了我的思绪。当时，一个巴掌大的灰色毛球从地上猛然射出，接着又潜回另一个洞穴中，速度快得就像是被吸尘器嗖一下吸进去的灰尘球。几分钟后，我听见从坛城另一边传来沙沙的声响，还有短促的尖叫声。我只来得及看到乌黑的皮毛和又短又粗的尾巴，由此足以认出这位潜伏在落叶堆下侦察坛城的恐怖分子：一只北美短尾鼩鼱（short-tailed shrew）。

鼩鼱的一生短促而激烈。只有十分之一的鼩鼱能活过一年；其他成员都因急剧的新陈代谢而命丧黄泉。鼩鼱呼吸得太疯狂了，所以它们不能在地面上长久生存。在干燥空气下，急速的呼吸会使它们失水并丧失性命。

鼩鼱的捕食方法是，先咬伤猎物，再把有毒的唾液涂到受害者身上。有时它们会将捕捉到的动物咬死，有时只是让猎物陷入瘫痪状态，然后拉到一个恐怖的地牢里存放起来，里面储存着一堆还活着但是毫无行动能力的猎物。鼩鼱非常残暴，面前有什么就吃什么。它们简直令哺乳动物学家绝望。要是一只鼩鼱和一只老鼠一同掉进陷阱里，科学家回来时，准会发现一位长着灰毛的典狱长，正狂怒不已地盯视着一堆尸骨。

我刚听到的那声短促尖叫，在鼩鼱的声波范围中只是频率最低的部分。它们发出的大部分声波频率太高，人耳根本听不到。其中频率最高的叫声是鼩鼱声呐。鼩鼱发出“咔嗒”的超声波，然后倾听反射回来的声波，利用回声定位来探察洞穴周围的路径以及猎物的位置。所以，这些“地下潜艇”主要依靠声音导航。鼩鼱的眼睛非常细小，关于它们是否能看到影像，或是仅能感知到小块的光影，哺乳动物学家们的意见并不统一。正如蜗牛一样，鼩鼱的视界也是一个谜。

土壤中的食物链在鼩鼱这里达到了最高点。只有猫头鹰会捕食鼩鼱；其他动物都畏惧它们邪恶的牙齿，或是那股刺鼻的臭腺气味，因而对它们退避三尺。

鼩鼱与人类也有亲缘关系。最早期的哺乳动物，正是对中生代的蜗牛和蜈蚣实行恐怖统治的鼩鼱类生物。我们的祖先嗓门尖细，品性邪恶，在黑暗的长廊中过着一种“注射了咖啡因”的疯狂生活。我们会情不自禁地将这种生活与我们如今的生存状态进行对比。谢天谢地，我们已经失去了尖利的毒牙和刺鼻的臭腺。

春生短命植物也点燃了地面上的生命之火。小小的黑蜂（black bees）在花间飞来飞去，对其他植物不理不睬，只对卡罗莱纳春美草情有独钟。这会儿，蜜蜂埋下头，用香浓的糖水，也就是我们所谓的花蜜来解渴。接着，它们用纤细的腿在沾满花粉的粉红色花药中间游弋。等到蜜蜂从花中探出头时，看起来就像沾满玫瑰色糖霜的巧克力糖。它们两条后腿上各挂着一大包粉色的花粉，匆匆飞走了。

这些飞舞的“糖果”全都是雌蜂，不久前刚从冬季藏身的洞穴中飞出来。每只雌蜂都在附近飞舞，希望在一块松软的土壤或是一棵老树干里找到新的筑巢场所。蜜蜂挖掘洞穴，到达选定的家园，并将闪闪发亮的分泌物涂在巢室的壁上。这些分泌物使巢穴的内壁固着在一起，同时还能为脆弱的后代遮挡雨水。蜜蜂母亲将花粉和花蜜混成一个球，然后在球上产下一颗卵，封进墙壁上涂了泥的小巢室中。幼蜂从卵中孵化出来，就会吃着花粉糊一路往外爬。几周后，它的身体将在花的供养下完全长成。在蜜蜂余下的岁月中，它对花粉和花蜜的依赖将始终持续下去。蜜蜂不吃别的东西，它们是不折不扣地“以花为能源”的生物。

有些种类的林地蜜蜂的幼虫一旦露出头，就飞出去自力更生。很多其他种类的蜜蜂幼虫则留在家里，放弃了自己产卵的机会。这些充当助手的雌蜂承担寻找粮食的职责，让创立家园的女主人，也就是它们的母亲去专司产卵之职。这种集体协作受到两种力量的支持，一种力量是外在于蜜蜂的，另一种力量植根于蜜蜂基因之中的。

拥挤的环境迫使新生的蜜蜂留住家里。林地上大部分地方太崎岖、太潮湿，或是落叶层铺得太厚，没法建造一个理想的巢穴。为筑巢场所展开的竞争非常激烈，试图靠自己去打拼的雌蜂面临着严重的失败风险。留在家里是更安全的选择；如果你出生在那里，那么毫无疑问，你的母亲已经成功建造了一个巢穴。

蜜蜂的遗传学让更多雌蜂愿意留下来帮助母亲。雌蜂是由母亲秋天与爱侣“双飞”时储存在体内的精子与卵子结合后产生，它们的全部染色体中带有两套编码，就像人类一样，一套来自母亲，一套来自父亲。相反，雄峰由未受精卵发育而成，因此只携带着一组染色体，也就是只遗传了母亲的那套。因此，蜜蜂所有的精子细胞都一模一样。这种奇怪的遗传体系造成了更为奇怪的亲属关系。一个蜂群中的蜜蜂姐妹关系非常密切，它们是一个具有相同染色体的超级妇女联谊会。平均来说，人类的兄弟姐妹们之间只有一半的基因是共有的，而这些蜜蜂姐妹有更多的共同基因。它们从父亲那里继承来的一半 DNA 是一模一样的；从母亲那里继承来的一半 DNA 则在姐妹群中均匀分布。因此，它们平均分有父母四分之三的基因，这些基因会通过共同后代传递下去。如果蜜蜂母亲同不止一只雄蜂交配，后代间的基因关系会稍远一些，但是相似程度依然很高，足以影响演化过程。

对于那些选择协助近亲而忽视远亲的动物，演化会给它们丰裕的回报。这通常意味着，养育自己的后代是最佳策略。但是雌蜂的基因让它们心甘情愿地留下来帮助母亲，就像离家去生养自己的后代一样。当蜜蜂母亲春天在蜂巢中产下众多受精卵时，它其实是在孕育一大帮女儿。对它的女儿们来说，离开家是危险的，待在家里则非常具有吸引力。雄蜂受到的驱动力则截然不同。它们留在家里不会得到什么奇怪的亲戚关系上的回报。所以，儿子们表现得就像贵族家庭的浪荡子，悠闲自在地找寻花蜜，集中精力去追求年轻的女王。姐妹们对它们没什么耐心，有时还会激烈地将它们逐出蜂巢。

公子哥与姐妹们的紧张关系，并不是蜂巢中冲突的唯一来源。工蜂偶尔会试图偷偷将自己的卵产在育婴室里。蜂后的回应是吃掉这些卵，并释放出某种气体来制止它那些大胆妄为的女儿私自产卵，以此巩固业已由基因关系奠定的坚实帝国。有时候，几只越冬的雌蜂会共同发现一块栖居地，引发一场势均力敌的争夺。胜利者通常会成为蜂后，但是几位共同创业者会继续试图产下自己的卵。

令人忧心的家庭生活也不是蜂巢中灾难的唯一来源。毫无防守之力的幼蜂和蜂巢中集中存放的花粉与蜂蜜，非常易于招来抢劫者。今天，在坛城的花朵上，抢劫者大批出动了。蜂虻（bombyliid flies），或者叫“蜂蝇”（bee flies），是这些强盗中最专业、最成功的一个。成年蜂蝇是无害的，甚至还有些滑稽可笑。它们在花间飞奔，用一根坚硬的口器吸食花蜜。这根口器也能为它们羽毛掸子一样毛茸茸的身躯开道。当雌蜂虻在蜂巢前产下卵时，这副醉饮花间的滑稽样态就结束了。卵孵化后，一只蠕虫状的小虫爬进蜂巢，享用蜜蜂们储存的花粉和蜂蜜。小虫随即脱胎换骨，变成食肉的幼虫，毫不客气地吞食那些家门已被撬开的蜜蜂幼虫。蜂虻幼虫吃饱喝足了，就把自己裹起来，在地下静静等待。到来年春天，当短命植物敲响坛城上的生命之钟时，蜂虻才会从蛹洞中爬出来，由强盗变回小丑。

当我看着坛城上的蜜蜂和飞蝇时，一种模式呈现出来。成年蜂虻在选择花朵时没有表现出丝毫鉴别能力，碰到每朵花都要停下来啜饮花蜜或吞食花粉。蜜蜂更讲究一些，它们喜欢春美草，而拒绝去碰唐松草叶银莲花和獐耳细辛之类没什么花蜜的花朵。这些不同的偏好，是一件庞大而复杂的关系斗篷露出的下摆。在这片森林中，每年有数百种昆虫和花朵相互接触。双方都极力想让自己的后代成功繁殖，植物用花蜜来收买动物，动物则靠长途搬运花粉来获取供给。有些生物，例如蜂虻，数量虽然大，传递的花粉却不多。其他生物，比如毛茸茸的蜜蜂，数量更少一些，却是更为高效的花粉传播者。

这张微妙的依赖网可以追溯到1.25亿年前。当时，第一批显花植物刚刚演化出来。最古老的显花植物化石叫作古果属植物（*Archaefructus*）。这类植物的花没有花瓣，但是携带花粉的花药顶端已经有明显的标志物。植物学家在对古果属植物化石进行描述时，认为这些延伸出来的部件很可能是用来吸引传粉昆虫的。其他古代显花植物的花朵似乎也是靠昆虫授粉，这进一步支持了这样一种观点：自最早的显花植物形成以来，昆虫和花朵一直保持着伙伴关系。我们并不知道这种联姻是如何发生的，但是显花植物很可能是由蕨类植物演化而来。这类植物祖先产生孢子，吸引那些四处寻找便餐的昆虫。显花植物的祖先将昆虫的劫掠行为变成了一桩幸事，它们别有用心地吸引来这些孢子食客，然后产生大量的孢子，昆虫身上必定会粘上孢子。捕食者毫不知情地将一部分孢子带到附近的花朵上，增强了孢子生产者的繁殖力。最终，孢子被裹在一个小囊里，形成花粉粒，真正的花随之诞生。坛城上的蜜蜂与春美草重现了那种原始关系的要旨。蜜蜂或者蜜蜂幼虫吃掉它们收集的大部分花粉，只把少数花粉粒从一朵花传递给另一朵花。

花和昆虫之间的关系，从核心来说并没有发生变化，只是增添了大量细节，并进行了轻微的调整。一只飞过坛城上空的昆虫会受到各色气味、色彩与诱惑物的轮番轰炸，这一切都是在试图引诱它光顾花朵们临街的门面。蜂虻忙着回应所有的召唤，在每朵花前驻足流连。大多数昆虫则具有更强的选择性。有时这种选择性会产生专属性：一种花专门对一种昆虫开放，一种昆虫的大脑只对一种花产生反应。兰花将这种专属性发挥到了极致，它模拟一种雌蜂的气味和外形，引诱雄蜂前来交配，雄蜂的激情随之被转变成了兰花的快递系统。

坛城上只有极少数专属性的花。石芥花管状的花朵将小蜜蜂拒之门外，只允许拥有狭长口器的蜜蜂和飞蝇探入狭窄的花蜜管。某些种类的蜜蜂只依赖春美草的花为食，它们选择忠实于一种花，以便获得更高的效率。然而相对坛城上植物与传粉者之间混杂的关系而言，这些专属性的例子只是分外惹眼的例外情况。春天的短暂，促成了这种以数量取胜的通吃现象。短命植物正好处在一个尴尬的时间段：在早春寒冷的天气下，授粉昆虫会停止飞行；随后树冠的出现，又会夺走春生短命植物生长和结实所需的阳光。没时间挑三拣四，这些植物急切地需要得到昆虫的帮助，无论这种昆虫是一只忠实的蜜蜂，还是一只毫无目的性的飞蝇。坛城上所有的花，除石芥花之外，都开着杯形的花朵，任何昆虫都可以自由出入。灿若繁星的花朵欣然盛开着，欢迎林地上所有的传粉者前来观看它热情奔放的演出。

# 4月2日

## 电锯

当我在坛城上静坐时，一阵机器轰鸣声骤然响起，划破森林的宁静，刺刺啦啦切割着我的神经。一台电锯正在林子东边某个地方伐木。这片老龄林是受保护的，按说不会有电锯的声音，所以我打算离开坛城去一探究竟。翻过一块岩石屏障，再爬上一条溪流护岸，我发现了声音的来源：在森林上面的一处悬崖边上，一名高尔夫球场维护人员正在砍伐一棵死掉的大树。高尔夫球场一直延伸到悬崖边缘，那些死掉的树木显然不符合球场的审美风格。这名维护人员将放倒的大树从悬崖上推下去，接着又去进行其他的工作。

一座悬崖被用作处理垃圾的输送滑道，这情景着实令人忿恨。不过这些被丢弃的树木会为蝾螈们提供额外的栖居之所。令我释然的是，砍伐工作并不是直接在悬崖线以下的老龄林中进行。坛城中星罗棋布的小花是独特的，而且几乎是绝无仅有的，因为电锯从未撕破这座山坡葱茏的外衣。蝾螈、真菌和离群索居的蜜蜂们也沉醉于这堆巨大的倒木和浓密的落叶堆中。伐木，尤其是毁林开荒，使树林里很多栖居者丧失了生命。这些生物种群需要数十年，有时甚至是数百年才能恢复。

人们砍伐山麓上的树木，使森林里潮湿的沃土变成了板结的砖块。在这样一片土壤中，地栖蜂，背部湿润的蝾螈，还有短命植物匍匐行走的根茎，都会枯竭、死亡。只有当森林里的落叶堆，树冠和死木（dead wood）恢复原貌，那些生物才会开始重现。然而回归是缓慢的，一方面受限于没有陈年的死木来充当养护所，另一方面也是因为那些野花和蝾螈向外扩张的速度太慢。

那又如何呢？我们为什么要为了拯救森林里春季爆发的生物多样性，而节制人类对木头和纸张飞速增长的需求？难道花儿们不会照看自己吗？毕竟，干扰是自然的。陈旧的“自然平衡”说，数十年前就不时兴了。如今森林是一个“动态系统”，不断受到狂风、山火和人类的侵袭，始终处于运动中。确实，我们应该完全扭转提问的方式，询问一下我们是否真的需要出去毁林开荒，以取代先前用来清除大片森林，但如今已被土地管理者压制了近一百年的山火。

这些问题是充斥着学术会议、政府报告与报纸社论的大量争论背后的根源。森林需要电锯的滋扰吗？或者说，森林能坦然接受伐木者的干扰，只是需要时间来进行自我更新？我们乐于以自然界作为典范，然而自然界提供的是一种“巴斯金·罗宾斯”式的辩护[1]。你喜欢哪种风味的森林生活周期呢，是冰川时期毁灭一切的力量，还是远古未受侵扰的山坡，抑或一场夏季飓风带来的动人舞蹈？

像以往一样，自然界没有提供答案。

自然界反倒给我们扔回一个伦理问题：我们希望效仿自然界的哪

1 —— 1945 年，美国人巴斯金与罗宾斯合伙开了一家冰激凌店，他们的冰激凌款式多样，甚至提出了“每月 31 天，每天一个口味”的新概念。

个部分？我们是渴望以冰原那种势不可挡、掌控一切的力量，将冰川般荒寂的美丽强加给大地，每隔一百个千年撤退一次让森林缓慢恢复呢；还是希望像火和风一样，用我们的机器剪除森林，然后离开一段时间，隔三差五随机地袭击某些随机的地点？我们究竟需要多少木头？我们究竟有多少欲望？这是一些旷日持久且无比宏大的问题：我们能每二十年砍伐一次，还是每两个世纪砍伐一次？ 我们能限制对外索取的欲望，还是能任其横流？我们能将森林砍得精光，还是只能砍伐少量树木？

对于这些问题，人类集体给出的答案，不仅来源于数百万土地所有者的价值观，也受到两只笨拙的“社会之手”，即经济与管理政策的制约与引导。在森林勘测员的笔下，森林四分五裂，就像一块破碎的挡风玻璃一样。因此，在整个大陆上，各种不同的价值观共同发挥着作用。虽然有些混乱，但是总体来说还是能形成一些模式。我们既不是冰川，也不是大风暴，而是某种全新的东西。我们已经以冰川的规模改变了森林，速度却加快了一百倍。

19 世纪，我们从大地上砍倒的树木，比冰川在十万年中达到的数目还要多。我们用斧头和手锯砍伐森林，用骡子和轨道车拖运木头。从这场浩劫中恢复过来的森林面积大大缩减，并且因这次干扰的力度之大而丧失了部分生物多样性。这场风暴在规模上堪比冰川，赤裸而原始的混乱情况则近似于一次飓风。

如今，廉价的燃油和昂贵的技术使我们同森林的关系进入了第二个阶段。我们不再手工砍伐，不再用动物和蒸汽机拖运；汽油机承担了全部工作，这加快我们对外掠夺的速度，也增强了我们对外界的控制。燃油的威力和我们思想的敏捷给我们带来另一个工具：除草剂。过去，森林更新换代的力量限制了我们主导土地未来的能力。森林会卷土重来，胸有成竹地迎接数百万年风与火的利斧。如今，“化学镇压”是理想的工具，可以用来对付那些在基因指引下一再萌芽的树木。机器清除了森林，砍倒树木，然后铲平剩下的“残体”。随后，直升机开过来，往废墟中喷洒除草剂，防止绿苗复兴。我曾站在这些开垦出来的空地中间，放眼四顾，地平线上几乎看不到一丝绿意。在田纳西州通常绿意葱茏的夏日，这种体验格外引人注目。

人们所做的一切都是为了整改这块土地，让它接受一片新森林，一片由单一物种构成的快速生长林。随后，人们依据树木和土壤的类型，给这些排列整齐的树木喷洒肥料，取代从先前不合时宜的原始林中清除出去的某些营养成分。你乍眼一看，人工种植林看起来也有点像森林。然而，各种各样的鸟类、花朵和树木消失了。人工种植林只是真正的森林留下的影子，郊区人家后院里的生物多样性都比这里丰富得多。

人工种植林能重新返回森林状态吗？冰川期留给我们的教训是，这样的浩劫是可以逆转的，然而逆转速度要以千年来计算，而不是以十年来计算。更何况，现在提这个问题尚为时过早。“冰川”并未后退。美国东南部每一片大型的原始森林都在缩减。只有人工种植林在不断增多。

这种变化的规模、新颖性与深度，无疑都威胁到森林的生命多样性。我们是否应当回应这种侵蚀，以及如何去回应这种侵蚀，都是一个伦理问题。自然界似乎没有提供任何伦理指导，大规模灭绝是她众多风味中的一种。伦理问题也不能依靠人类文化所热衷的政治智囊、科学报告或法律抗辩来解答。我相信，答案或者说答案的开始，要透过我们静观整个世界的窗口来寻找。我们只有通过审视那些支撑和维持着我们生活体系的结构，才能看清自身所处的位置，从而明确我们的责任。与森林的一次直接接触，使我们懂得谦逊地将自身的生活与愿望置于更大的语境中。这种语境是一切伟大伦理传统的灵感来源。

花朵和蜜蜂能回答我的问题吗？它们没有正面回答。但是，通过沉思这样一个多面的、超越我个人生存之上的森林，我突然凭直觉悟到两点。首先，剥开生命的外衣就是轻视一件礼物。往坏里说，就是毁掉一件礼物。就连功利而现实的科学也告诉我们，这件礼物的价值是不可估量的。我们摒弃了这件礼物，宁愿要一个人工创建的世界，而且这个世界还是不连贯的，也绝不可能是持续发展的。其次，将森林改造成工业林，是一种目光极端短浅的行为。即便那些极力为“化学时代的冰川”辩护的人，也会承认我们正在透支自然界的资本、开采土壤中的财富，然后丢弃肥力耗尽的土地。我们对廉价木材急速增长的消费所造成的经济“必然性”，为这种得鱼忘筌的莽撞行为提供了辩护。而这种行为，似乎只是内心自负与混乱的一种外在标志。

木头和纸张之类的木头产品并非问题所在。木头为我们提供避风所，纸张为我们带来心灵和精神上的食粮。毋庸置疑，这些结果都是受人欢迎的。木头产品也比钢铁、计算机和塑料之类的替代品具有更强的可持续性，因为那些东西都要耗费大量的能量和不可再生的自然产品。现代森林经济的问题在于，我们正以一种不平衡的方式，从土地上砍取木头。我们的法律和经济学法则将短期营利置于其他一切价值之上。其实大可不必如此。我们可以退一步去思考，何种管理方式能给人类和森林同时带来长期的好处。寻找这样一条道路，需要我们保持某种宁静和谦逊。在沉思中获得的感悟就像绿洲一般，能让我们摆脱混乱，使我们的伦理视域恢复一派澄明。

# 4月2日

## 花朵

数目多得令人难以置信的花朵在坛城上热烈绽放。我试图数了数花儿的数量，结果弄得晕头转向：280朵，320朵，太多了，全都挤在一米见方的小天地里。花朵的扈从们也成群结队，穿着毛茸茸的小衣服，嗡嗡地四处奔走，围绕着花朵忠诚地忙乱不休。我遵从它们那套仪式，屈膝跪下，然后趴伏在地上，把放大镜贴到眼睛跟前。

一圈花药从繁缕（chickweed）盛开的花朵中拱起身子。高高擎起黄褐色花粉粒团块的奶油色细长花丝环绕着花朵中间的圆顶，也就是子房。花丝从圆顶上赫然挺立出来，将花粉支托起来，远离花朵自身用来吸附花粉的垫子，也就是柱头。繁缕具有三个柱头，安插在子房洋葱头一样的圆顶上最高处。每个柱头都在翘首等待携带花粉的蜜蜂擦身而过。

柱头的表面是一丛微小的手指，指头全都向外伸开，准备拥抱花粉粒。如果花瓣尽职尽责地吸引来一只蜜蜂，黏糊糊的柱头就会攫住那些表面粗糙的花粉粒。一旦捕获花粉，柱头就开始对花粉进行评估，将来自异种的花粉拒之门外。植物也会避开自身产生的和来自近亲的花粉，防止自交和近亲繁殖。如果碰不到其他适宜的花粉，少数物种会打破这种防止自交的规则。这种自交行为是獐耳细辛之类早春开花物种的最后一步棋。对这些物种来说，当恶劣的天气环境将授粉昆虫困在地下时，绝望的“自爱”总比没有爱要好。

如果生化性质正好匹配，柱头上的细胞就释放出水液和营养物质，逐渐溶解花粉厚实的盔甲。在内部一对膨胀的细胞推挤下，花粉粒的外壳裂开。两个细胞中较大的那个就像阿米巴虫一样，从破裂的花粉壳中长出来，开始从包裹于柱头表面的细胞中间向下钻，形成一根管道。每个柱头都长在一根长柄，也就是所谓的花柱的顶端。花粉管在花柱中一路往下，要么推挤着周围的细胞向前进，要么——如果花柱是中空的——就像一颗油滴一样顺着花柱的内壁向下流。另一个细胞，也就是那个较小的花粉细胞，则分裂成两个精子细胞。这两个精子细胞漂在花粉管中一路往下走，就像顺水漂流的筏子一样。与动物、苔藓和蕨类植物的精子细胞不同，这些筏子上没有橹，它们的运动完全是被动的。

花柱的长度由需求决定。也就是说，需要将柱头举到一定的高度，才能被蜜蜂碰到。对于花粉管来说，这构成一次具有挑战性的远征，同时也是植物用来评估求爱者的一个便利标准。蜜蜂在每根柱头上撞落好多花粉粒，花柱可能会在同一时间长出几根花粉管。如果是这样，花柱就变成了植物追逐爱情的肯塔基赛马场（Kentucky Derby）。精子细胞驾驭着花粉管向胚珠行进，植物的卵细胞就藏在胚珠里面。失败的代价是骑手的基因湮灭无踪。有某些证据表明，精力旺盛的植物能更快速地产生花粉管。因此，花柱长度使花朵长期以来得以成功地选择配偶。花柱的长度或许会比拦截蜜蜂严格所需的长度稍长一些，目的就是给“花粉种马们”一个好好表现自己的机会。

花粉管到达花柱基部时，就会钻进肉质的胚珠中。这时花粉管释放出里面的两颗精子细胞。一个精子细胞与卵细胞结合形成胚胎，另一个精子细胞则与来自另两个微小植物细胞的DNA结合，形成一个具有三倍体DNA的大细胞。这个三倍体细胞分裂并增殖，变成封闭的种子内部储备养分的区域。人类制备的小麦粉和玉米粉，便是由此类储备的养分而来。这种双重受精是开花植物所特有的。所有其他生物的两性结合，都只需要一个精子细胞和一个卵细胞。

呈现在我放大镜前面的这株繁缕，是一种雌雄同体植物。它同时产生花粉和卵细胞，每朵花都具有雄性器官和雌性器官。每朵花中都包含一切必需的生殖器官：花粉粒；用来制造和存放花粉粒的花药；支托花药的花丝，柱头，花柱；还有一个包含卵细胞的子房。这些部分全都挤在花朵的小杯子里，四周环绕着色彩绚丽的花瓣，意在吸引动物的眼球。这样一种排列整饬的微小结构，形成一副引人入胜的场景。

坛城上所有春生短命植物开出的花朵都是雌雄同体，这种策略非常适于这些只在一个天气变幻莫测的短暂季节里开出零星几朵花的微小植物。通过将雄性器官与雌性器官组合在一朵花中，植物给自交留了一条后路。它们也同时发挥雄性器官和雌性器官的作用，增加了繁殖机会，至少，它们的某些基因会传给下一代。其他物种，例如很多风媒树——橡树、胡桃和榆树——采用一套截然不同的策略，产生出大量的单性花。在这种情况下，每朵花都有专门的分工，要么播撒花粉，要么从风中捕获花粉。

虽然坛城上的植物都具有雌雄同体结构，但是不同物种的几何特征具有显著的差异。獐耳细辛的花药围绕着一簇柱状花丝，长成浓密的一丛。红毛七（blue cohosh）[1]孱弱的象牙色花朵具有球形的花药。花药蹲踞在一个球根状的子房周围，上面带有微小的柱头。石芥花的花瓣围成一个套子，里面裹着隐藏的花药。只有春美草的花朵与繁缕花略微相似。它的花柱分成三股，向下弯曲，三个柱头坐落在三根分支的顶端，周围环绕着五根尖端呈粉色的花药。

这种多样性反映出授粉者口味的偏好，但同时也是由某些更隐秘的因素造成的。比如说，花蜜大盗对花朵的构造偷偷施加了巨大的影响。一只蚂蚁当着我的面将头埋进了一朵春美草的花中。我透过放大镜，看见它穿过花粉和柱头，然后倒立着将甜美的花蜜偷走了。这类盗窃事件是花儿们门户大开地欢迎各色授粉者所招致的代价。春美草的花朵选择了最热情，因而也最容易招来盗贼的待客之道。它盛开的杯状小花里装有免费的花蜜，对任何昆虫开放。獐耳细辛和唐松草叶银莲花同样有盛开的杯状花，但不产生花蜜，因此它们对蜜蜂的吸引力也大打折扣。石芥花将花蜜装在一根管子里，杜绝了蚂蚁的偷盗，但也限制了探入幽深处寻食花蜜的蜜蜂的数量。

花朵构造的多样性，也受到植物及其花朵寿命长短的影响。仅持续几天的花朵，例如春美草的花，简直疯狂地需要授粉者。这类花朵青睐一种放荡不羁的方式，它们甘冒一切危险去换取蜜蜂的亲吻。如果蜜蜂的拥抱伴随着某些无用的结果，它们也在所不惜。寿命更长的

1 —— 红毛七属，又名类叶牡丹属、葳岩仙属。小檗科植物。

花朵会更有节制。它们把花蜜藏在深处，或是紧闭大门，心里明白迟早会有一位合适的求爱者前来叩门。开花植物的寿命长短也决定着花朵的经济学。所有的春生短命植物都是多年生植物，每年从地下根茎中萌发新芽。如果一根匍匐茎能活过三十年，它大可在搜寻授粉者时表现得更有节制。一根命途短暂的根，很可能更愿意容忍一些吃白食的家伙。花期持续的时间，以及植物的寿命长短，这两种因素异曲同工地传达了同一主题：短暂的生命必须燃放得更加灿烂。

因此，花朵在协调盗窃损失与引诱授粉者的需求之间的平衡关系时，展现出高难度的经济学技巧。这种表演如何展开，不仅取决于坛城周围飞舞的昆虫，也取决于植物们的祖先。自然选择不断地用早先世代提供的原材料进行修修补补，使每朵花的构造都具有独特的几何特性。不同的植物家族具有不同的装备，这制约了它们的自由发挥。

獐耳细辛和唐松草叶银莲花属于同一家族，即毛莨科。毛莨科的所有成员都绽放出无花蜜的杯状花朵。星繁缕（great chickweed）属于石竹科。这个科以石竹花（*Dianthus*）的名字命名。石竹（pink）是一种气味芬芳的园艺花卉，它的名字也用来指粉色。石竹花瓣参差不齐的边缘，还产生了花齿剪（pinking shears）这一名称：裁缝用这种剪刀来切割出锯齿形的边缘。以石竹花的名字为这种剪刀命名，不是因为颜色，而是因为形态——星繁缕继承了长出锯齿状花瓣的倾向。初看起来，星繁缕十片纤弱的白色花瓣似乎背离了家族传统。更仔细地观看，就会发现这种花只有五片花瓣，每片花瓣都形成深裂，看上去就好像花瓣数量增加了一倍。星繁缕将石竹家族钟爱的装饰艺术发挥到了极致，创造出一种花瓣数量增多的幻觉。

就像包括人类在内的一切生物一样，花儿在漫长的历史中不断调适自身，形成多样与统一、个体与传统之间的张力，才使得坛城上无收无管的烂漫灿然如此扣人心弦。

# 4月8日

## 木质部

近几日天气阴晴不定，一日是雨夹雪，下一日又是艳阳高照。坛城上的生命节奏也紧随着天气的变化。在泥泞天气里，叶子低垂，森林里一片沉寂，只有偶尔传来几声啄木鸟的敲击声。今天太阳出来了，生命节奏加快，树木焕发出新绿，十几种鸣鸟和几小群飞虫在林间飞舞，还有一只早春的树蛙在低处树枝上低低地鸣唱。

上个星期，森林里绿草铺满大地，一条进行光合作用的绿毯长到了齐脚踝深。现在枫树正在舒展开叶片，从枝条上垂下绿色的花朵。森林里的绿意就像上升的潮汐一样，从地面开始慢慢往上爬。上涌的绿潮使山坡上流淌着一种万物复苏的气氛。

糖枫的枝条悬挂在坛城上空，新生的枫叶挡住阳光，遮住了林下叶层。在成千上万种春季野花中，只有十几种留存下来；糖枫吹熄了它们的火花。不过，并非坛城周围所有的树木都长出了叶子。糖枫的繁茂与伫立在坛城另一边的光叶山核桃树那副毫无生气的枯槁模样形成鲜明对比。这棵山核桃树巨大的灰色树干直直地上举，在森林冠层之间伸出黝黑光秃的枝条。

枫树与山核桃树之间的鲜明对比，表现出一种内在的抗争。生长的树木必须打开叶片中的呼吸孔，让空气冲刷细胞湿润的表面。二氧化碳溶解在潮气中，然后在细胞内部转化成糖。这种转化过程为树木提供了生活来源，然而也是有代价的。水汽会从叶片张开的呼吸孔中蒸发出去。每分钟坛城上的枫树都有好几品脱[1]的水分散失到空气中。在天气炎热的时候，根系渗入坛城下方的七八棵树要从叶片中蒸发出几百加仑[2]的水汽。这股朝天上回涌的逆流很快就会将土壤抽干。当水分供应枯竭时，植物必须关闭呼吸孔，停止生长。

一切植物都面临着生长与水分利用之间的权衡关系，但是树木还面临着一层凶险的困难。它们将枝叶伸向天空，由此变成了自身输导系统之物理特性的奴隶。每根树干内部，都隐藏着大地与天空、土壤水分与太阳火力之间至关重要的连接线。控制这根连接线的是极其严酷的法则。

在树叶内部，阳光使水分从细胞表面蒸发出来，通过呼吸孔散失在空气中。当水蒸气从湿润的细胞壁溜走时，剩余的水分，尤其是细胞之间狭窄空隙中的水分表面张力增强。这股张力将更多的水分从叶片深处牵引出来。拉力转移到叶脉中，再向下传给树干中的水分输导细胞，最后一路到达根部。每个蒸发出去的水分子所施加的拉力都极其微小，就好像轻轻拂过丝线的一缕微风。然而数百万个水蒸气分子组合起来的力量，却足以从地上拽起一道厚重的水练。

树木的输水系统极其高效。它们毫不费劲，只需听任太阳的力量牵引着水分在树干中流动。如果人类要设计出机械装置来将几百加仑

1 —— 1 品脱 =0.56826 升。

2 —— 1 加仑 =4.54609 升。

的水从树根部位提到冠层高度，森林里将是一片刺耳的水泵声，充满呛人的柴油味，或是到处拉着电线。演化的经济过于紧张拮据，断然不会允许这种铺张浪费的行为，因此，水分在树木中的运行是轻而易举地悄然进行的。

这种高效的提水系统也存在阿喀琉斯之踵。有时候，上升的水柱会被气泡阻断。这些栓塞（embolism）堵住了水流。冬季天气更容易产生阻塞现象，因为当水分输导细胞内部的水分凝结时，就会形成气泡。这与厨房冰箱里笼罩在冰块外面的气泡是同一个原理。冰冻天气使树干里充满气孔，捣毁了树木的运输管道。面对这一挑战，糖枫和山核桃树找到了两个截然不同的对策。

山核桃树的枝条光秃秃的，看起来一派暮冬寒气，毫无生机。但这只是错觉。树木内部正在建造一套全新的输导系统，准备为自己迎来一两星期后即将现身的繁华绿叶。去年的输导系统被栓塞堵住了，已经失去作用。所以，山核桃树用3月份的前半个月来生产新的管道。就在树皮下面，有一层薄薄的活细胞包裹着树干。这些细胞分裂并形成春季新生的微管。细胞的外层部分，也就是位于树皮与分裂的细胞层之间的那些细胞，将会变成韧皮部。韧皮部是树干内部上下传递糖分以及其他养料的一种生命组织。韧皮部内侧形成的新细胞将会死亡，只留下细胞壁形成木质部，或者说树干中向上输导水分的木质层。

山核桃树的木质部管道又粗又长。由于管道中几乎没有任何阻碍，当树叶最终展开时，水流量会非常充沛。不过，管道越粗大，越是格外容易被栓塞堵住。一旦堵住，管道就毫无用处了。树木内部这类粗大的管道相对来说又极少，只要形成几处栓塞，水流量就会显著减少。这种构造意味着，山核桃树必须延迟一段，等到霜冻的危险过去后，才能长出叶子。这些树木错过了阳光和煦的春日，但是在晚春时节，当管道完全打开后，它们会补偿这些损失。山核桃树就像一辆赛车。它们远离冰封的路面，一直待到晚春季节；但是等到温暖的夏日，它们就会一举超过所有的对手。

山核桃树的树干还面临着一个问题。它们粗长的木质部管道十分脆弱，管壁薄得像稻草一样。这些管道无法支撑沉重的树枝，也无法应对朝枝叶吹来的狂风。因此，当春季木质部形成后，在这一年随后的日子里，树木会生长出具有厚壁、小孔的木质部维管。夏季形成的木质部，能起到水分输导维管所不具备的结构支持作用。这种年度交替现象在砍下来的山核桃树木头上体现得很明显：粗大多孔的细胞被更为致密的木头隔开，形成一种“孔环”（ring porous）模式。

如果说山核桃树是赛车，那么枫树就是全驱型的客车。枫树的木质部耐霜冻，因此枫树能比山核桃树早几周开枝散叶。但是夏季一到，枫树的输水能力赶不上山核桃树，捕食太阳的能力也就落后了。相比山核桃树，枫树的木质部细胞数量更多，体积更小，也更狭窄，而且被梳子状的板块隔开来。不同于山核桃树中畅通无阻的粗大管道，枫树的管道构造使栓塞被局限在形成栓塞的小细胞中。枫树上有许多小管道，每个栓塞只会堵住树干的一小部分。不同于山核桃树木头的环形模式，枫树木头的纹理更为一致，显示出一种“散孔”（diffuse porous）模式。这些差异显著体现在家具和其他木制品中：枫木具有平滑的木纹，山核桃木则是一排排规则的针孔。

枫树还有一种生理技巧能帮助它应对栓塞。早春季节，枫树树干中含糖的树液急速上升，将寒冷冬日里产生的空气冲走，使旧木质部恢复健全。因此，枫树能利用旧木质部产生额外的输水能力，而山核桃树只能使用当年生长的木质部。春季枫树枝条中流动的树液，是依靠昼夜间霜冻与融解的循环来驱动的。这就解释了，为什么在某些年份树液十分充足，而在某些年份却压根没有树液流动。当温度在夜晚刺骨的霜冻与白天的暖阳之间产生上下波动时，树液就十分充沛；当天气始终不冷不热时，树液就会停止流动。

枝叶繁茂的枫树与黯淡沉郁的山核桃树之间的鲜明对比，说到底是输导系统的问题。起初看来，在毫不妥协的物理法则面前，树木似乎只是束手无策的囚徒。水分的蒸腾和流动，以及霜冻天气所施加的限制，划定了它们的生活范围。然而，树木也是擅长利用这些规则为自己谋利的高手。蒸腾作用是树木张开叶片时所付出的代价，同样，蒸腾作用也是驱使数百加仑的水分毫不费力地悄然向树干上部流动的动力。类似地，春季的冰冻是木质部的大害，然而恰恰也是冰冻为早春枫树内部涌动的树液提供了动力。同样，枫树无需耗费任何精力。枫树和山核桃树分别以两种截然不同的方式，扭转不利局面，在逆境中获得了胜利。

## 4月14日

## 飞蛾

一只飞蛾在我皮肤上移动着黄褐色的脚，用成千上万个化学探测器品尝着我的气味。它有六条舌头！每走一步，都会有一种全新的感觉。在一只手上或是一片树叶上行走时，必定就像是张大嘴巴泡在美酒里游泳。我这壶陈年老酿颇合飞蛾的意，因此它展开喙，将喙从明亮的绿色眼睛中间慢慢放下来。飞蛾的喙展开时，从头部直直伸出，像箭一样指向我的皮肤。在接触到我皮肤的地方，飞蛾硬直的喙变软了，尖端向后移动，指向飞蛾的足肢中间。当飞蛾四处拍打着喙尖，仿佛在寻找什么东西时，我皮肤上产生了一种凉湿的感觉。我俯身凑近手指，从放大镜里瞥一眼，正好来得及看见喙尖在我指纹上的两道小脊之间的沟槽里蠕动。飞蛾将喙扎进这条沟壑中，液体在苍白的管子里忽闪忽闪地来回抽动。潮湿感仍在持续。

我观看飞蛾进食，看了半个小时。我发现，我没法撵走我的客人。起初我伸着手指不动，只敢小心移动一下头部。过了几分钟，我的身体有些僵，开始发出抗议。于是我动了动手指，没反应。我又晃了晃手指，然后朝飞蛾吹气。飞蛾仍然自顾不暇。我用铅笔头戳它一下，这家伙还是岿然不动。一只大苍蝇也飞过来，轻轻擦过我的手，用那张厕所皮搋子一样的嘴给了我一个湿乎乎的吻。这只身上布满刚毛的苍蝇表现出了更正常的昆虫反应，我一凑近，它便飞了。然而这只飞蛾呢，却像蜱虫一样紧叮住不放。

飞蛾的触角暗示出它牢牢吸附在我手指上的原因。它弯曲的触角从头部伸出，展开来几乎与它的身体一般长。致密的肋拱从每根触角脊上支棱出来。这样一来，飞蛾头上就顶着两根不太整齐的羽毛。羽毛上覆盖着柔软的纤毛。每根纤毛上遍布小孔，小孔通向一个水样的（watery）内核。神经末梢就位于此处，等待着合适的分子前来黏附在末梢表面，触发神经反应。只有雄蛾具有这种夸张的触角。它们细细搜寻空气中雌蛾释放出的气味，在巨大的羽毛状“鼻子”指引下，顶着风一路飞去寻觅配偶。不过，光是找到配偶还不够。雄蛾必须向配偶进献聘礼。我的手指便为它这份聘礼提供了关键的组成部分。

人类求婚首选的矿物晶体可能是钻石，飞蛾追寻的却是一种截然不同，而且完全是实用性的矿物，那就是盐。当飞蛾交配时，雄蛾会送给伴侣一个包裹，里面装着一团精子，还有一包美食。这包美食用大量钠元素调制而成，是一份可望满足后代需求的珍贵礼物。雌蛾将盐传递给卵，从而也就是传递给小毛虫。树叶中缺乏钠元素，因此，以树叶为食的毛虫很需要父母馈赠的盐。这只飞蛾死命叮在我手指上，正是为了替交配做准备，同时也是为了帮助它的后代生存下去。我汗液中的盐分，将补足毛虫们食谱中匮乏的成分。

早晨的阳光很好，温度宜人。夏季的炎热还没有到来，我基本没怎么出汗。这给飞蛾的工作增加了难度，也影响到它那份聘礼中化学混合物的质量。充沛的汗水将会好得多。人类的汗液由去除了一切大分子的血液构成，就像过了筛子的汤汁一般。血液从血管里流出，渗进细胞周围的空间，并进入位于汗液管底部的弯曲管道中。当血液沿着汗液管往上流动时，身体将钠元素输送回细胞中，补充这种珍贵的矿物质。汗液流动越快，身体能够用来重新捕获钠元素的时间就越短。所以当我们大汗淋漓时，汗液中的矿物质成分与血液中几乎没什么差异。我们流失的基本上就是血，只是缺少大分子而已。当汗液流失缓慢时，我们汗液中所含的钠元素比较少，钾元素则成比例地增多，钾这种矿物质是人体无需花费多少精力就能重新获得的。植物叶片中含有大量钾元素，所以雄蛾对钾元素不感兴趣，它们会把随同钠元素一同吸入的钾元素排出去。这只飞蛾从我皮肤上吸走的某些钾元素，将会进入它的粪便，随后重新回到土壤中。

虽然我给这只飞蛾提供的只是几滴口味不佳的汗液，但是我仍然是一只值得攀住不放的哺乳动物。人类是少数以排汗作为降温机制的动物之一，在坛城上，几乎很难找到带咸味的皮肤。光裸的含盐皮肤就更少见了。熊和马都流汗，但是它们那份厚礼隐藏在一层毛发下面。马从不踏足坛城。熊极其罕见，尽管当地洞穴里的某些遗迹表明，在枪炮到来之前，这里的熊一度相当普遍。其他的哺乳动物大多只有爪垫或唇部会流汗。啮齿动物根本不流汗，可能是因为它们身体小，格外容易脱水。

因此，在坛城上，从气孔里慢慢往外渗的血流是非比寻常的款待。我皮肤上稀薄的汗液，相比森林中钠元素匮乏的情形，算得上是一场盛宴。雨水泥浆偶尔也值得吮吸，但是里面很少会有丰富的钠元素。粪便和尿液虽然富含更多盐分，但是很快就会变干。今天我是飞蛾的最佳选择。我在坛城中坐得够久了。由于不想把这只飞蛾带出森林，我只能费力地掰开它攀附在我皮肤上不放的腿，落荒而逃。

黑白森莺
主红雀
燕雀
黑枕威森莺
北美黑啄木鸟
白眉灶莺

# 4月16日

## 日出的鸟

一抹桃红色的霞光冒出东方幽暗的地平线。随后，整个穹窿被照亮，呈现出微弱的晨光。两个重复的音符在空中响起：第一声清晰而高亢，第二声稍低而又强烈。这是一些美洲风头山雀，它们始终保持着急速的两声部旋律。一只卡罗山雀则开始发出一种哨声，四个音符有升有降，听起来就像是有节奏地点头一般。霞光从地平线上氤氲开来，一只燕雀（phoebe）用那副像是被威士忌和香烟弄坏了的嗓子，粗声粗气地喊着自己的名字"*phwe-beer*"，仿佛一位破产的布鲁斯歌手。

灰白色的天空逐渐明亮起来，一只食虫莺"嘎嘎"叫着，如同响板一般振奋人心。这单调的鸣唱唤起了四面八方的歌声，各种不同的节拍和音色混杂在一起。黑白森莺（black-and-white warbler）倒挂在一根大树枝下面，不紧不慢地发出"*whee-ta whee-ta*"的叫声。黑枕威森莺（hooded warbler）在一棵小树苗上鸣唱起来，它的音符先盘旋两圈积聚速度，再高高地抛向天空，听起来就是"*wee-a wee-a whee-tee-o*"。西边传来一阵更响亮的歌声。美妙的三重音符如同层层起伏的水波一般在森林上空流淌，随后逐渐减弱，变成潺潺的涟漪。白眉灶莺（Louisiana waterthrush）六孔哨笛一般的歌声似乎深受周围溪流的启发，而歌声的韵律和音量却又超出溪水的潺湲之上。

霞光变成粉色，在地平线上进一步扩散开来。天穹已经很明亮了，依稀能看到坛城上繁缕半开半闭的花朵，以及坛城边界上巨砾与石块的轮廓。当世界逐渐呈现在眼前时，卡罗来纳鹪鹩开始歌唱。它们与白眉灶莺展开热烈的竞争，唱出了林子里最嘹亮的歌声。鹪鹩全年都鸣唱不休，然而今天我听出了别样的意味，春天里急切的歌唱使它们的歌声不再是往日熟悉的调子了。其他鸟类，除了这个季节已飞走的冬鹪鹩（winter wren）之外，没有哪种能比得上卡罗莱纳鹪鹩声音的冲击力，以及它们歌声中涌动的那股充沛能量。

一只黄腹地莺（kentucky warbler）在斜坡上更往下的地方与鹪鹩遥相呼应。黄腹地莺应和着鹪鹩的主旋律和音调，但是并没有放开嗓子，就好比一名潜水员站在跳板上弹跳，却始终不敢纵身一跃。接着，冠层中传来另一阵歌声，口齿像黑白森莺一样含混不清，歌声却翻出了新花样。速度加快，随后又是一声啁啾。我无法辨别出这种鸟，更令人沮丧的是，我无法用双筒望远镜找到它的位置。或许，这只是森莺拂晓时分的"飞鸣"（flight songs）？这些飞鸣是演奏家们在森林高处呈弧线飞行时一反常态的独奏。几乎还无人记录过这些叫声，而凭我有限的经验，我知道这些声音的变化非常丰富。"飞鸣"在鸟类生活中扮演何种角色，目前还不得而知。不过，即便不说别的，这些鸣唱也给鸟儿提供了一个自由创作的机会，不必整日里重复那几个音节。

啄木鸟喧闹的叫嚷声也加入了这场合唱表演。首先，红腹啄木鸟在坛城上空抛出颤颤巍巍的高声喊叫，随后传来一声应答：北美黑啄木鸟（pileated woodpecker）发出癫狂的笑声。冠蓝鸦（blue jays）[1]不时用交替的尖声叫嚷和哨声打断啄木鸟的齐声鸣唱。天空中光线越来越强，三两只金翅雀（goldfinches）一路叫着向东边飞去，空气中传来阵阵回响，恰好浮在森林冠层上面，如同投出去的石块掠过水面一般。每阵回响都伴随着几声啁啾：*ti-ti-ti*, *ti-ti-ti*。

整片天幕中粉色一闪而过，东方呈现出一片灿烂的黄色，坛城上光明万丈。五彩的霞光重新沉入地平线下面，天空中只剩下乳白色的阳光。一只红眼莺雀（red-eyed vireo）[2]用间隔一致地爆发出的阵阵哨声来迎接朝晖。有几阵哨声以上升音调结束，好像在说："我在哪里？"还有几阵哨声以低音收尾，好像是说："你在那儿啊……"红眼莺雀向森林提问，然后一遍遍地回答，这番苦心讲授一直要持续到日上中天。到这时，其他鸟类都已从舞台上退场了。红眼莺雀几乎从不飞到冠层以下的位置，这颇为符合它的职业气质。通常情况下，我们只能通过它反复咏唱的欢快歌曲来寻找它。牛鹂（cowbird）是借巢孵卵的寄生者，它把蛋产在其他鸟类的巢穴中。解除了亲子责任的牛鹂可以自由自在地追逐求偶之乐。雄牛鹂要用两三年的时间来完善它的歌喉。它的歌声听起来就像熔化的黄金向下流动、凝固，然后撞击在石头上发出清脆的铃音。那是一种极稀罕的婉转流畅，外加金属的铃音。

天幕已经变蓝了，日出时分瑰丽的朝霞退隐为东方一抹淡淡的云

1 —— 也叫蓝鸟、北美蓝鸟等。

2 —— 也叫红眼绿鹃。

彩。一只主红雀（northern cardinal）[1]在坛城下面的斜坡上发出金属摩擦声，每个音符都像火石敲击声一般。这些清脆的叫声与坛城下面传来的火鸡咯咯的叫声相映成趣。森林使火鸡遥远的叫声听起来有些模糊不清，那些声音在森林植被间受到反射、挤压时，平添了梭罗所谓的"林中仙女的声音"。现在正是捕猎火鸡的季节，那些咯咯的叫声，既有可能是真正的火鸡发出的求偶之音，也有可能是人类为了捕捉美食而模仿出来的咯咯声。

消退的黎明之光瞬间重现，天空中闪现出淡紫和淡黄的色彩，将羽绒被般层层堆叠的云彩渲染得多姿多彩。更多的鸟儿开始在清晨的空气中放声歌唱：一只币鸟（nuthatch）带着鼻音的"*onk*"声加入了牛鹂的呱鸣，还有一只黑喉绿林莺在坛城上方的树枝上低声咕哝。霞光最终消失在万物之母——太阳的夺目光彩下，一只棕林鸫（wood thrush）用惊人动听的歌声为这场黎明大合唱献上了压轴戏。它的歌声好似天籁，带来一种澄明与舒适的感觉。有那么几秒的工夫，它优美的歌声令我沉浸在一片圣洁的境界中。随后，歌声远去，舞台落下帷幕，只剩下我意犹未尽，怅然若失。

棕林鸫的歌声是从隐藏在胸腔深处的鸣管中发出来的。胸腔的膜产生颤动，挤压从肺部涌出的空气。这些膜环绕在支气管的交会处，将无音调的气流转变成甜美的音乐。声音从气管上升，再从喙部流出来。只有鸟类能以这种方式发声，它们利用巧妙的生物学结构，杂合了长笛的回旋气流与双簧管的颤动膜。鸟类通过调整包裹在鸣管外面的肌肉

1 —— 学名为北美红雀。

的张力，就能改变歌声的韵律和音调。棕林鸫的歌声由鸣管上至少10块肌肉塑造而成，每块肌肉都比一颗米粒还短。

与我们的声腔不同，鸟的鸣管几乎不对空气产生任何阻力。这使小鸟能唱出比嗓门最大的人类歌手声音更嘹亮的乐声。不过，尽管鸣管极其高效，鸟类的歌声也极少能传播到一箭之地的范围之外。就连火鸡颇具爆发力的咯咯声，也很快就被森林吞没了。推动声音向前传播的能量很容易被树木、叶子和具有弹性的空气分子吸收、分散。高频的声音比低音更易于被吸收，因为低音发射出的长波使之能绕过障碍物，不至于被弹开。因此，鸟儿的歌声，尤其是上方声部，就成了只可近距离欣赏的福音。

太阳的馈赠则不然。带来黎明景致的光子从太阳表面发射出来后，已经旅行了1亿5千万公里的距离。不过，就算是光线，也会被减弱和过滤。太阳核心地带的光线减弱最为严重，在那里，光子由受压的原子急剧聚合产生。太阳的核心极其致密，光子要用1百万年的时间才能努力挣扎到表面。一路上，光子不断受到质子的阻拦。质子吸收光子的能量，将能量拘留在内部，一段时间后，再以另一颗光子的形式释放出来。光子一旦花费数百万年时间从太阳内部的“糖浆”中挣脱出来，只需8分钟就能迅速飞到地球上。

光子到达地球大气层，马上又会受到分子的重重阻挠。不过，这些分子的分布比太阳内部那团紧压的分子稀疏得多。光子呈现出多种颜色，某些颜色更容易受到大气层的阻拦。红光的波长比多数分子的直径长得多，因此，就像森林里火鸡的咯咯声一样，红光更容易在空气中穿行，极少被吸收。蓝光的波长更接近空气分子的大小，这种短波便被空气吸收了。空气分子吸收光子，在吞噬下去的能量的刺激下不断跳跃，然后爆发出一颗新的光子。发射出来的光子沿着新的方向行进，这样一来，整齐的蓝光流就分散开来，成了散射光。红光没有被吸收和散射，因此始终沿直线流动。这就是为什么天空是蓝色的；我们看到的是偏折的蓝光能量，也就是无数兴奋的空气分子发散出的光芒。

太阳到达头顶时，各种颜色的光子都能到达人眼，即便有些蓝光子在此过程中发生了偏折。当太阳低低地挂在地平线上时，光子需要沿着一条倾斜路径穿过空气。这样会有更多的蓝光被吸收掉。因此，田纳西州这座坛城上沐浴的红色晨光，出现在卡罗莱纳山脉清晨蓝色天幕的东边。

不断冲刷着坛城上空的光线能量与声音能量，在我的意识中汇聚成一点。它们的美使我内心的审美之火加速燃烧。在能量的旅途之初，也就是说，在热度惊人、压力巨大的太阳核心部位，也存在一种汇聚。太阳既是黎明之光的来源，也是清晨鸟鸣的来源。地平线上的光辉，是经过大气过滤后的光线；空气中浮动的音乐，是经过植物和动物过滤后的太阳能量，这些能量为歌唱的鸟儿提供了动力。三月的日出之美，是一张流动的能量网。网的两端分别靠物质和能量来锚定：物质在太阳中转变成能量，能量在人类意识中转变成美。

# 4月22日

## 行走的种子

春花烂漫的时节过去了。几朵繁缕花和一株老鹳草（geranium）就是这个月的灿烂留下的全部痕迹。枫树和山核桃树上开败的花朵如雨点一般洒落下来，向大地证明了这些树木繁茂的生殖能力。成百上千朵小花静静地躺卧在坛城中。与春生短命植物外表华丽的花朵不同，这些树木的花朵温和而谦逊，既没有明显的花瓣，也没用多姿多彩的装扮。这种极端素朴的装束暗示出，坛城上树木之间的性爱，是一项严肃的任务，绝不同于短命植物铺张的花蜜与色彩的盛宴。这些树木无需取悦谁。风为它们传递花粉，因此它们不必费心去吸引昆虫的眼球与鼻子；花朵会赤裸裸地露出功利主义的本质。

对于早春开花的树木来说，风媒授粉是一种格外有用的策略。春生短命植物生长在一个相对温暖、避风的微观气候中，即便这样，它们也要努力寻找授粉者。而树木冠层的微观气候相对更暴露，更加不利于早春的昆虫出没。不过风是不短缺的。因此，枫树和山核桃树打破了与昆虫之间的古老协约，采用物理的而非生物的方式，来运输它们的花粉。很不幸，可靠性的增加伴随着精确性的减少。蜜蜂能直接将花粉从一朵花的柱头传递到另一朵花中。风并不有目的地传递什么。相反，它散布随着它的运动而携带来的一切事物。这给花和人类的鼻子都造成了困扰。风媒植物必须释放出大量的花粉。它们像搁浅在一座小岛上的漂流者一样，把无数个瓶子扔进水中，指望着总有一个瓶子能将信息传递出去。

与雌雄同体的野花不同，枫树和山核桃树产生的是两类花，即雄花和雌花。雄花悬挂在枝条上，空气中只要有一丝流动就会惊动它们。枫树上成簇的雄花全都借助瘦长结实的花丝挂在树上。每根花丝长一两厘米，末端有一个花药簇，这个产生花粉的结构看起来就像黄色的小球，大小与书页上的逗号差不多。山核桃树的花药在毛茸茸的花序上摇晃，这种花序结构叫作葇荑花序，每个花序大约有一根手指那么长。在这两种树木上，花药都成群簇拥在小小的伞盖下面，大概是为了防止雨水将花粉冲走。雌花更粗短一些，因为它们没必要向风中播撒大量的花粉。雌花的柱头截住风中带来的花粉，受精作用便会发生。目前关于柱头的空气动力学，我们所知甚少。不过，柱头似乎正好处在花朵中最招风的地方。柱头的构造也会促使其周围空气形成一股涡旋，流动速度减缓，从而便于柱头攫住空气中的花粉粒。

到春季这个时候，雄花的花粉已经洒落，它们的任务完成了。树木抛弃了这些雄花，坛城上落满一堆堆黄绿色的花丝和葇荑花序。而雌花的工作才刚开始。花朵内部的受精卵还需要好几个月才能发育成果实。成熟的山核桃果和枫树种子将一直等到秋天才会坠落。

在夏季的几个月中，野花可没有这般奢侈的阳光来催熟它们的果实。多数春生短命植物的花朵凋谢后没过几周就会结果，在夏季浓密的树冠遮挡住光线之前完成全年的生产任务。我沿着坛城边缘行走，想寻找3月里曾见到花朵的獐耳细辛。就在山胡椒树背后，我找到了那株獐耳细辛。它那肝脏一般的叶片张得很开，花梗上支托着一束胖乎乎的绿色鱼雷形果实，每颗果实有一粒小豌豆那么大。有些果实已经掉到地上，露出基部球根状的中心，以及细长的尖端的钝白色（blunt white）的乳头。这根尖端是残存的花柱，即之前支撑着柱头的短柄。膨胀的绿色外皮是先前的子房壁，如今则包裹着一颗具有生殖力的种子。

一只蚂蚁接近一颗果实，用触角试探一下，然后爬到果实顶上。它急匆匆地回到落叶堆表面，抓住果实，然后又丢开了。几分钟后，另一只蚂蚁重复了这一过程。每一次，果实都会移动几毫米，但是随后蚂蚁们都离开了。半个小时过去了，更多蚂蚁从旁经过，对这颗果实视而不见。接着，一只大蚂蚁出现了。它用触角拍拍果实，又用嘴巴两边伸出来的钩状下颚咬住。这颗果实同蚂蚁一般大，但是蚂蚁把果实抬到了头顶，口器牢牢地扎进果实钝白的末端。它动身朝坛城中间走，跌跌撞撞地翻过一根根枫树叶柄，休息一会儿，掉进树叶缝隙里，继续往前爬。它行走的路径弯弯曲曲，兜着圈子回到落叶堆中迂回的通道，又向后走，穿过成堆的葇荑花序。我被它的不懈努力吸引住了，当它到达落叶堆中一枚便士大小的洞口并一头扎进去时，我不由得松了口气。我朝蚂蚁洞里瞥了一眼，瞅见果实绿色的影子，还有一小群蚂蚁正在合力推搡这颗果实。渐渐地，果实的影子消失了，被大地彻底吞没。这颗果实距离原来掉落的地方有一尺远。

獐耳细辛果实的历险，只是一个更宏大传奇中的一部分，这个传奇故事使林中蚂蚁的故事与春生短命植物的故事紧密联系起来。獐耳细辛果实尖端的白色乳头是一种油质体（elaiosome），这是植物特意为蚂蚁们烹制的一道油脂大餐。如此丰富的食物，很难见到有成包搁在那里让人随便取用的。所以蚂蚁迅速将这种富含油脂的果实拖到洞里，撕开食品包装，喂给蚁群中的幼虫。蚂蚁后代的身体将有一部分是由獐耳细辛的果肉构成。一旦油质体吃完，蚂蚁们便将不可食的种子丢弃在蚁穴内的肥料堆上。这样一来，热爱清洁的蚁族就把种子安置在了松软、肥沃的肥料堆上，这是种子理想的萌芽场所。

蚂蚁不仅将种子种在适宜的场所，还帮忙将种子从母株旁边拖走，带到有望开拓新天地的地方。大多数蚂蚁只将春生短命植物的种子拖动几英尺，离母株几乎不到一箭之地。这虽然足以避免子代与亲代之间的竞争，但是如此短距离的扩散，与我们所知的短命植物的历史很难保持一致。有很多短命植物形成众多种群，遍及美洲东部温带森林中的整个分布范围，从阿拉巴马开始，一路绵延到加拿大。然而一万六千年前，这片温带森林缩减为墨西哥海湾上的几小片林地。在最后一个冰川期，冰雪覆盖了东部的其他地方，而更往南的区域上，则覆盖着如今只在加拿大极北地区可见的那类北方森林。在一万六千年的岁月中，春生短命植物从佛罗里达州转移到了加拿大。但是，如果后冰川期的蚂蚁们也表现得像现代蚂蚁一样，这些短命植物自冰川撤退以来将会只能移动 10 公里或 20 公里。如今看来，它们显然已经成功地移动了 2000 公里。要么，今天的蚂蚁是当年身强力壮的蚂蚁们退化了的影子，但这是不可能的；要么，冰川期的化石材料和地质学证据不过是一场幻景，这更加不可能；再要么，我们关于种子传播的知识是不完整的，春生短命植物很可能具有不为人知的远途传播方式。

直到不久前，关于那位“神秘传播者”的种种猜测似乎都相当薄弱。是反常的大风暴将獐耳细辛的种子带到了加拿大吗？不可能。是迁徙鸟类脚趾下的泥土，抑或鸟类腹中携带的种子传播过去的吗？这倒有可能，但是大多数迁徙鸟类在短命植物结出种子之前已经飞越了南部森林。蟾影延龄草（toadshade trillium）很晚才产生种子，那时迁徙鸟类已经开始踏上归程，很可能会将种子带到错误的地方。那么是依靠啮齿动物或者其他食草动物吞进肚子里的种子传播吗？我们马上就能排除这种可能性：这类动物在嘴巴里将种子磨碎了，随后又在消化过程中摧毁了种子。

生态学家将短命植物的快速扩张与其看似拙劣的传播能力之间存在的矛盾戏称为“里德悖论”（Reid's paradox）。里德是19世纪的一名植物学家，他在研究后冰川期英国各处橡树的扩散时遇到一个类似的问题。哲学家和神学家热爱悖论，视之为通往重要真理的珍贵路标。科学家的观念更灰暗一些，他们从经验中得知，“悖论”只是一种委婉的表达方式，实际情况是我们遗漏了某些明显的事实。悖论的解决很可能会表明，我们以为“自明”的假定之一犯了令人尴尬的错误。这与哲学上的悖论或许相去不远。差别在于错误假定的深浅程度：科学中的假定相对浅显，易于推翻；哲学中的假定影响深远，根深蒂固。

里德悖论背后的错误假定可能根本没有被掩埋，而是显露在大陆各地众多坛城的落叶堆上。我们先前曾假定，鹿的排泄物像啮齿动物的粪便一样，其中不会含有存活的春生短命植物种子。但是，鹿的排泄物将会成为悖论的答案。解答过程完全符合科学上解决经典悖论的标准：做一个简单的实验，问一问“为什么以前就没人想到”，然后做出回答。实验的第一步，是从森林里收集鹿的排泄物；第二步，从排泄物中搜寻种子；第三步，将种子播种下去，观看种子的生长，得出结论：称之为“蚂蚁传播类”的种子是不正确的。更准确的描述，或许是“蚂蚁推拉”，再加上“鹿的投掷”，因为只有鹿才能将种子传播到数千里之外。蚂蚁只能搬动几厘米。那么，我们先前认为不可能传播种子的其他食草类哺乳动物又怎样呢？没人为了寻找答案而去跟在它们后面哈着腰捡粪便。我们面前有一大堆粪便需要筛查。

无论最终筛查出什么，现在都可以得出结论：我们将很多春生短命植物归为“蚂蚁传播类”，甚至给两者间的关系贴上一个重量级的标签——蚁媒传播（myrmecochory），这实在过于草率。种子传播过程中的真相比我们预想的更复杂，而且似乎取决于尺度的大小。在小的尺度上，蚂蚁确实是主要的传播者。它们擅长收集种子，将种子种植在最佳生长地点。鹿群是更为漫不经心的园艺家。从一粒种子的角度来看，最美好的命运莫过于被一只蚂蚁挑中。然而在更大的尺度上，哺乳动物发挥的作用远比蚂蚁更为重要。偶尔有一颗种子被鹿群成功带到远方，就能在那里建立新的种群，让这一物种打入一片先前无人开拓的森林。从整个物种的角度来看，足迹散漫的鹿群比注重细节、步步小心的蚂蚁更重要。如果没有鹿群，短命植物将会局限于墨西哥海湾沿岸一小片狭长的森林带。而现在呢，它们搭上便车，横渡了整片大陆。

鹿在种子传播过程中起到重要作用，这种新发现使油质体的作用受到了质疑。我们曾假定，这种油性的附属物是在自然选择过程中形成，目的就是吸引蚂蚁，帮助种子找到适宜的沃土。从部分上来说，这种解释很可能依然是正确的。毕竟，蚂蚁是最好的播种者，自然选择会加强有助于植物将基因传给下一代的任何特征。然而，自然选择也青睐那些能借助“四个蹄子的风”来传递基因的特征。演化发出的指令不仅是“增殖”，而且是“到远方去增殖”。每个不肯将孩子送出去远足的母亲，都将在长期演化中一败涂地。这对于那些历史上以重新占领大片栖居地著称的物种来说尤其正确。在北美，几乎每朵獐耳细辛的花朵，都是成功的长途传播者留下的后裔。我们应当去寻找那些促使后代去远足的基因，这类遗传特征使种子更有可能在远离母株的地方扎根。油质体或许部分适用于这一目的，它能挑逗鹿柔软的嘴唇，诱使鹿群去摘取这种看起来有利可图的果实。

随着欧洲人的到来，短命植物吊诡的生活方式又添了几层新的复杂性。我们将森林砍伐得零零碎碎，使得蚂蚁更难以搬动种子。与此同时，鹿群数量锐减，随后又暴增。蚂蚁和鹿群之间的平衡被颠覆了。短命植物将如何应对呢？或者说，它们能否应对？大量的鹿群足以将传递种子的福音转变成过度啃牧的诅咒。持续的大吃大嚼会彻底歼灭短命植物，而我们在这里猜测短命植物会如何应对自然选择条件的变化，也将只是无意义的空谈。

如今，这种平衡关系又多了第三重压力。外来的火蚁（fire ants）已经入侵到南部森林中，正在朝北方移动。它们能在环境失衡的区域生存，因此在那些刚从破碎化效应（effects of fragmentation）中恢复过来的森林中格外猖獗。火蚁虽然也收集富含油质体的果实，但是播种工作做得很差。它们将种子扔在母株附近，幼苗便注定了从小就要与更强大的亲属竞争。竞争通常以幼苗的死亡告终。火蚁还有可能变成猎食者，彻底啃掉整个果实，而不是只啃食油质体。外来蚂蚁的入侵很可能会破坏油质体与本土传播者之间的关系，使这一馈赠变成种子背负的重担，而不是千多年来引以为傲的资本。短命植物将会陷入一场自然选择与物种灭绝之间的竞技赛。它们要么适应新的环境，要么在突如其来的新的现实面前大量衰减。

春生短命植物曾经度过冰川期的动荡，这表明它们能安然适应变化的生态之风。然而，冰川期是一场一来一去就是数千年的风暴。如今植物面临的是一些不可预测的变化，只需数十年，就能将它们吹得东倒西歪。生态学家的悖论已经成了环保主义者的祝祷。这座坛城或许能部分回答他们的祝祷。在这片相对完整、较少受到外界入侵的森林中，古老的生态学法则手册尚未被完全撕碎飘散于风中。这些蚂蚁，这些花，这些树木，无不包含着基因的历史和遗传多样性。未来将从中书写出来。我们能抓住的风中碎片越多，演化之书就能获得越多的材料来重新书写传奇。

# 4月29日

## 地震

地球内部发出轰隆隆的巨响。石头内脏震颤不已，在相互碰撞和碾磨中疏解压力，并舒缓下来。这场灾难的中心处在60英里之外，距离地表12英里。当备受压力的岩石释放出禁锢已久的能量时，一部分怒火在移动土层的波动中奔涌扩散开来。

压缩波首先到达，发出轰鸣。巨响冲破大地，就像开来一队柴油机，将我们从黎明前的昏睡中陡然震醒。声音从地下奔涌而出，朝我们猛烈冲刷了几秒，然后渐行渐远。压缩波以每秒一千多米的速度在地球内部行进。随后是片刻的停顿，接着，地表波发动进攻，拉扯摇晃着房屋。地表波结合水平方向和垂直方向的运动，同时进行挤压和切割。房屋如同在海浪中摇摆的小舟一样，被这场地质风暴摇撼着、翻卷着。在一次巨浪中，房屋不堪忍受艰巨的压力，轰然崩塌。

我们很幸运。“浪潮”比较温和，我们的房子还屹立着。屋外的轰鸣消失了，取而代之的是屋内一片叮叮咣咣的声响。挂在墙上的画框成了钟摆：大地将房子摇晃到一边时，沉重的画框出于惯性，依然静止不动；随后，墙壁甩了回来，画框撞上去，砰！弹开去，晃过来时又是砰一声。钥匙叮当作响；玻璃杯碰在一起为地震干杯；盘子滑动着，敲得叮咚作响。固着在大地上的一切事物都在移动，其他东西相对静止，或是行动较慢，但是眼睛欺骗了我们，让我们以为屋子里的东西都在静止不动的墙壁上跳舞。晃动持续了15秒左右，随后消失，只剩下轻微的抖动。

借助物体的惯性，人们用悬挂在空中的物体来测量地震强度。将一支铅笔挂在钟摆沉甸甸的摆子上，下面放一张图纸，就能绘制出地球的运动。当地震开始时，铅笔保持静止，图纸和钟摆架子则一起移动，这样铅笔便能记录运动的幅度。某些地震仪上的钟摆有三层楼那么高，能记录下地表每一次细微的颤动。

悬挂的铅笔能在图纸上留下精确的划痕，告诉我们地震的里氏级数（Richter scale）。今天早晨这场地震的等级是里氏4.9级，大约相当于一件小型核武器的破坏力，或是一次巨大采矿爆破规模的一千倍。由于里氏震级以对数来计算，一次地震包含的能量总数，实际上是随着里氏级数的增加而呈指数增长。震级里氏3级的地震规模较小，6级的地震会造成一些损失，9级的地震是灾难性的，而里氏12级的地震威力巨大，能将地球撕裂成两半——至少科学家是这么告诉我们的。

天刚亮我便匆匆赶往坛城，急于见证这次地震造成的地质后果。大山一直处于变动之中，所以我以为会看到滚落的岩石，或是开裂的崖岸。然而一切都与我上次离开时一般无二。坛城似乎没有丝毫变动。如果说发生了什么变化，那也不在我的觉察范围之内。砂石砾岩如老僧入定一般，沉浸在遥远的冥思中，默然不语。

我碰巧亲眼目睹了现实自然界中存在的一种断裂和不连续。围绕坛城上这些石头四周上演的生物剧，是以秒、月和世纪来计量时间，以克或吨来计量体重大小。地质事件却是以数百万年来计量时间，以数亿万吨来计量重量。看起来，我根本不可能看到坛城上的地质变化，哪怕是在地震过后。地质学的节拍和尺度，与生物学上的体验是不可通约的。

我们采用一贯的方式，也就是说，用言语来掩饰自己的无知。坛城上的岩石大约有 3 亿年的岁月，它们由一条巨大的砂石河流浇筑而成，而这条河流又是从西边更古老的山脉链上流过来的。地壳以数百万个千年的节律，一再解体，一再从沙粒中重建自身。这些超自然的观念，超越于我们所体验到，或者所想象到的自然。

地球缓慢的运动似乎存在于另一个领域中，那里时间和物理尺度上巨大的断裂，使地球的运动与我们的生活分离开来。然而关于这一断裂，最令人捉摸不透的事实是，在生命的瞬息变幻与石头不可思议的恒常持久之间，贯穿着一条主线，一根细细的连接线。这条主线由生命持续不断的繁衍生殖编织而成。一股股细小的遗传线使亲代与子代融合，共同绵延了数百万年之久。这些细线逐年缠绕，有时分叉形成新的线，有时彻底割断。迄今为止，这条主线始终能跟上生物灭绝的速度。附在不朽的石头神祇身上的那些可朽的生物学跳蚤，自身也极其偶然地获得了一种长生。然而绳索上每一股线，都是生殖与死亡之间的一场竞技赛。一千年来，生命世代繁衍的力量一直十分强大，足以赢得这场比赛，然而最终的胜利还很难保证。

在这条主线上，坛城仅位于其中一个点。此间世代繁衍的物种，进一步弥合了断裂的沟壑。这里的生物，没有哪种会真正体验到地质时间尺度的宏大。因此我们很容易忘记或者忽视这种宏大，以为外界环境是固定不变，“雕刻在石头中”的。我坐在坛城上，上面的那片悬崖，如今是坎伯兰高原的东部边界。这里的土地由砂石构成，沿斜坡往下是石灰石结构。水从这片山坡流进埃尔克河（Elk River），随后汇入墨西哥海湾。这些实体形成坛城这片天地上看似坚固的墙壁。然而墙壁不过是幻景。在幻景背后，越过断裂的沟壑，世界处在运动之中。坛城位于一片古老的河流三角洲，而这片三角洲，又坐落在一片远古的海床上。一切都发生了沧海桑田的变化，海洋、河流和山峰以惊人的尺度变换着位置。昨夜，一根小手指微乎其微地抽搐一下，震动了这座坛城，提醒我们不要忘了地球势不可挡的另一面。

# 5月7日

## 风

一只口香糖球大小的有肺蜗牛（*Mesodon* snail）拖着灰白色的身子从落叶堆上滑过，然后爬上一根树枝。它蹒跚地爬到一半，往旁边一歪，掉到了地上。坛城上到处湿漉漉，害得它站不住脚。持续两天的暴雨将雨水灌进了各处的缝隙和孔穴中。幼苗被沉甸甸的水珠压弯了腰，短命植物残留的野花被持续不断的雨水打得七零八落。就在坛城的西边，一小片足叶草（mayapple）[1] 被连根拔起，就像被巨浪冲刷出来的一样。尽管已过了黎明时分，天空中依然阴阴沉沉的，只有微弱的光线照射下来，使湿地显得愈加幽深。潮湿的空气在坛城周围缓缓流淌，天空与森林融为了一体。落叶堆上似乎看不出哪里是上层；腐烂的叶片向上弥散着，变成了幽暗的潮湿空气。

暴雨伴随着狂风，有几阵风扶摇直上，变成了龙卷风。这些图谋不轨的气柱没有一次触及坛城，但是林地上散落的证据显露出了森林冠

1 —— 又名鬼臼。可能泛指足叶草属植物，也可能指足叶草这一个种。足叶草属拉丁名为 *Podophyllum*，属于小檗科。足叶草的英文名也为 mayapple，拉丁名为 *Podophyllum peltatum* L.；小檗科的另一个属桃儿七（又称华鬼臼，鬼臼）属，英文名为 Chinese mayapple，拉丁名为 *Sinopodophyllum* Ying。

层遭受的摧残。落叶堆上点缀着被风雨击落的鲜绿叶片。林下叶层植物之间堆满断裂的枝条和倒伏枝干。风的威势还没有消逝。森林中隔一阵子便会卷起大风，猛烈摇撼林间的树木。冠层保护着树木，发出嘶嘶的巨响，这是数百万片叶子不断拍击的声音。森林里不时传来吱吱嘎嘎的断裂声，有些疲倦的木头纤维已经承受不住风的重压了。

地面上的空气要宁静得多。狂风在我耳边呼啸而过，但是还算温和，足以让蚊子在我胳膊和头部周围兜兜转转，来回穿梭着发动进攻。蚊子和我处在一幅急剧变化的能量变化曲线图的正中央。冠层表面是海岸，风拍击着海岸，在树冠顶上激起连绵不断的波浪。森林的灌木层，也就是我坐的地方，则被上面的树木遮挡得严严实实，只有拍击在冠层上的碎浪带来的几圈微弱涟漪。坛城表面更是宁静。蜗牛在落叶堆上觅食，几乎感觉不到一丝风。今天冠层上没有昆虫或蜗牛活动；在冠层下方，只有极少数动物敢于对抗时不时卷土重来的狂风，而在落叶堆上，生命一如既往地延续着。

树木不善于吸收风的力量。树叶的形态是为了尽可能多地接收阳光。很不幸，这也使得树叶非常招风。叶子风帆一般的表面，被大风吹得背转过去。树叶和枝条的柔韧性有限，压力便转嫁给了树身上其余的部分。随着风势渐强，树叶开始上下拍打。摇摆的树叶比挺立不动的树叶造成更大的阻力，树身上的压力从而显著加大。数万片树叶在风中摇摆，再加上树冠的高度，压力便格外大。树干充当杠杆，将树木本身变成了一根巨大的撬棍。风在一端吹，树干令压力加倍，然后只听噼啪一声，树木便被拦腰折断，或是连根拔起。

自然选择不会允许树木寻求最明显的出路，也就是说，放弃杠杆

风中的树

臂，直接拥抱大地。森林植物之间的光线竞争，从一开始便遏制了这种可能性。树木不长出高高的树干，就无法收集足够的阳光，即便能留下后代，也是寥寥无几。因此，只要支撑结构允许，树木会尽量往高处生长。每棵树都极力向高处发展，设法争取到冠层中间无遮无避的地方。面对狂风带来的问题，另一个办法或许是挺直树干，加固枝条，将叶子变成坚固的板状物。人类正是采用这样一种方案：太阳能电池板和卫星天线盘安装得非常坚实，只有在出故障时才会随风摆动。然而，这种方案的成本太高。坚固的树干和叶片将会需要异常强健的材料。板状叶片不仅缺乏轻薄的透光透气性，在光合作用方面的效率也会低得多。此外，要长出这样的叶片，需要耗费更多的时间，这样势必延迟树木在春季的生长。因此以大块头取胜，同样是个糟糕的办法。

面对风的威势，树木的回答正好与地衣的道家哲学相呼应：不反击，不抵抗；弯腰屈身，以柔顺的姿态耗尽对手的体力。不过，这一类比关系应当反过来才对，因为道家的灵感是来自于大自然，所以更准确地说："道就是树木主义。"

在和煦的微风中，树叶向后仰倒，随风摇摆。当风力加强时，树叶改换举止，吸收了风的部分威势，借助风力卷叠起来，形成一种防御的姿态。叶片边缘向中心卷曲，团成一块。其外形就像是某种奇特的鱼，表面符合空气动力学原理，便于在空气中滑动。山核桃树复叶上的每片小叶都朝向中间的叶梗卷折，形成一支卷得松松散散的卷烟状。空气从旁边呼啸而过，致命的钳制松开了。当风力减弱时，树叶弹回来，重新舒展开，呈现为风帆模样。正如老子告诫我们的那样："万物草木之生也柔脆，其死也枯槁。故坚强者死之徒，柔弱者生之徒。是以兵强则灭，木强则折。”

树干也会屈从于风力，而不是像石头一样硬碰硬。树木的构造非常适于拉伸与弯曲，能将能量吸收到“编织”形成木材的微小纤维素纤维中。纤维排列成螺旋状，每根纤维充当一根弹簧。这些螺旋层层叠加，形成树干中贯穿上下的输水导管。每根导管上有许多个螺旋，螺旋各自缠绕的角度稍有不同。其结果便是树干中遍布弹簧，每根弹簧正好便于在不同的伸缩程度下承受最大压力。当木头最初被拉伸时，缠绕致密的弹簧会产生强大的阻力。随着拉力增大，松散的弹簧开始派上用场，紧密的弹簧则失去了效用。

我朝森林里四处张望，只看见摇摆的树干。它们彼此交错移动，随着树冠的前后摆动，弯折成惊人的角度。尽管它们以巧妙的适应方式避开了风的威势，仍然有一些树木不时被大风吹折。在坛城五步之地的范围内，就卧着两棵倒下的大树。从树木的新鲜程度来判断，它们很可能是一两年内倒下的。东边是一棵山核桃树，被连根拔起了。另一棵位于北边的，是一棵枫树，地面四英尺以上的树干被拦腰截断。这两棵树都比周围的树木更小一些。或许是因为它们被高大的竞争者遮蔽，元气被吸走了？如果是这样，它们就不可能长出多少新木头，真菌会侵染虚弱的树干和树根，啃噬螺旋状的纤维素。也有可能是它们的运气不好。这两棵树都有可能是遭到一阵特别猛烈的狂风袭击，而这棵山核桃树当时长在砾岩之间，根系无法伸展开来。无论这两根倒木的生命史上曾经发生过怎样的特殊事件，如今它们都已在这片老龄林的生态系统中步入了下一阶段的旅程。真菌、蝾螈，还有成千上万种无脊椎动物将在腐烂的树干里面和下方谋求生存。一棵树对生命构造的贡献，至少有一半是在其死亡之后才做出的。因此，度量森林生态生命力的一个标准，就是树木残骸的密度。你走进一片森林，如果无法在倒卧的枝丫与树干中间寻出一条笔直的小道，那么，这就是一片大森林。光秃秃的林地，则意味着健康状况不佳。

今天，林地上不仅散落着倒卧的树木和枝丫，而且铺满绿色的"枫树直升机"。这些过早凋落的青涩果实，要么是种子有缺陷，要么是果柄过于孱弱。包裹在每颗果实中的种子，都是依靠风中带来的花粉粒受精。枫树果实是一片螺旋桨，旋转起来能产生一股向上的推力，降低种子下降的速度，增大传播距离。对于枫树而言，风既是掌管两性结合的神，也是诱使孩子们出去漫游的神。

坛城上四处飘落着形态各异的"枫树直升机"，这表明枫树并不是被动地接受风神的古怪念头；在自然选择过程中，树木有依据风的脾气来塑造自身的潜力。果实构造的多样性，或许将会带来演化上的适应性：有些直升机状的果实最适应于它们那片小天地中风的秉性，便会存活下来，并繁衍壮大。即便没有这类演化变异，形态多样的直升机构造，也能让每棵树在空气动力学赌局中买到数百张入场券。无论天空中是咆哮、号啕，还是怒喊，枫树将总是有一种直升机设计是适合对应天气模式的。道家拥抱大风的态度，是树木一生中始终奉行的哲学。卷缩的叶片，弯曲的树干，再加上形态多变的果实，足以顺应，进而利用风的狂野本性。

# 5月18日

## 植食性昆虫

春季完美的叶片已经变得斑斑驳驳。光滑的叶面被犬牙交错的切口或是整齐有序的锯齿状咬痕撕破了。过去几周来无休止的暴风雨是一部分原因。一株檫树幼苗低低地垂着头，叶子被冰雹敲打得破碎不堪。枫树叶子也同样一片狼藉。自然界的暴力是显著的，然而，在坛城上所有树叶遭受的损害中，这种暴力只占据极少的一部分。主要的肇事者，还是昆虫的嘴巴。它们又是咬，又是啃，又是嚼，日复一日地刮挫叶片，把植物上新长出的部分扫荡得干干净净。

所有昆虫中有半数种类以植物为食，而在地球上所有生物物种中，昆虫占 1/2 到 3/4。因此，植物遭到六条腿强盗们的大肆劫掠。像三叶草之类体型较小的植物，必须与 100 到 200 种植食性昆虫抗争。而树木和其他大型植物种类，则需要与 1000 种，乃至更多的昆虫抗争。这些数据是来自北方地区的估测。在坛城上每种植物枝叶间啃食或吮吸汁液的昆虫物种数量，很可能会更多。热带地区的物种丰富性还要高一些。世界上充满四处抢劫的植食动物，任何植物都难以逃脱它们的关注。

坛城上遭到虫食后留下的最明显标记，是叶片上的小洞。血根草的叶片具有天然深裂的齿缺，但是昆虫连钻带咬地搅乱了这些流畅的曲线。蟾影延龄草上同样被刻画出了不规则的裂口。山胡椒树叶片上布满椭圆形的切割线，边缘被抠掉一个完整的半圆。这些行凶者，或者说是艺术家吧，就看你采取何种视角了，它们已经离开了现场。它们有可能是毛虫，也就是蛾类和蝴蝶的幼虫。毛虫是植食昆虫中的先锋，其目的就在于一心一意地将叶片转变为昆虫躯体。然而，这里没见到多少毛虫，只有一只毛虫正趴在枫树叶子上大嚼。它上下蠕动的内脏，在薄薄的绿色皮肤里清晰可见。我搜寻了叶缘、叶柄和生长端，没发现任何动静。那些昆虫要么是躲在落叶堆里，要么已经流入了食物链的更高处——没准是在一只雏鸟的肚子里。

树叶“采伐者”也留下一些痕迹，大多数痕迹是在枫树幼苗的叶子上。采伐者吃掉了里面的东西，只留下外壳，就像有些人喜欢撕开三明治或是小甜点来吃夹心层一样。采伐者在这样做的时候，并不需要掰开甜点，而是钻到里面，在树叶的上下皮层之间扭动光滑的小身躯。它们钻进甜点中心，大口吞吃内部的细胞，缓慢向前移动，身后留下一道啃噬的伤痕。在北美树木叶片上工作的采伐者种类超过1000种，每一种都会在叶片上留下别具一格的疤痕。有些种类的昆虫沿着环形路线前进，在叶片上弄出褐色的斑点；还有一些种类沿着看似随意的路线蜿蜒爬行，涂鸦出许多横穿叶片的细细小径；另一些行事更为考究的种类，则是来回移动，有条不紊地掏空整片叶子，所留下的图案模式，就像新切割过的草坪一样。树叶采伐者是各种飞虫的幼虫。这些飞虫在分类学上属于不同的类别，其中包括蝇类、蛾类和甲虫类。幼虫在完成工作后，便转变为有翼翅的成体，在叶片上产卵，培养下一代采伐者。

我面前这株荚蒾灌木的茎干上，栖息着一种全然不同的植食性昆虫。这只昆虫蹲踞在灌木梢头新长出的幼嫩组织上，颜色与叶片的深绿色完美匹配。它头部冲下，背对着叶茎的尖端；翼翅和躯干稍稍抬起，形状好似一只东方人的拖鞋，或是一只奇特的荷兰木屐。其整体效果，几乎是对一枚叶芽形态的完美再现。然而，这可不是一枚无辜的叶芽哦。这只绿色的拖鞋是一只叶蝉（leafhopper），这种昆虫会像蜱虫一样叮在寄主身上。

叶蝉的颌向外突出，形成一种细细的、灵活的针状物。它的颌部能在植物纤维之间蠕动，一直插进植物的血管，也就是木质部和韧皮部中间。这些管道与贯穿树干上下的管道是同一类型，但是在这株荚蒾植物皮薄肉嫩的新生茎干中，导管更加贴近表面，也更容易被叶蝉刺破。木质部中所传输的，大部分都是水分，而韧皮部中则流淌着丰富的糖分和其他养料分子。因此，叶蝉更乐于将坚硬的口器刺入导管中，从韧皮部取食。由于富含糖分的汁液从叶片流往根部时，会给韧皮部内部带来极大的压力，所以叶蝉只需要刺入导管中，植物就会自动将养分喷射到它嘴巴里。叶蝉与它们的近亲蚜虫都非常擅长穿刺韧皮部，科学家甚至利用它们来进行植物研究。人造的探针没有一根能与这些昆虫精细绝伦的口器媲美，因此，研究者剪下这些寄生虫嘴巴上的针，使它们失去活动能力。昆虫被杀死了，只留下一根插入韧皮部细胞内部的探针。

比起在实验室里偶然的悲惨结局，这些以植物汁液为食的昆虫还面临着一个更大的问题。韧皮部是绝妙的糖分来源，然而其中只含有极少量构成蛋白质的成分，即氨基酸。木质部中无论哪种养分的含量都极少。韧皮部的汁液中所含的氮元素，只有叶片中含量的1/10到1/100。要依靠汁液为生，就好比试图从一箱汽水中获得营养均衡的饮食。叶蝉解决这一难题的办法，是每天饮用重达身体净重200倍的汁液，相当于一个人每天饮用将近一百罐汽水。这种巨大的饮用量，弥补了汁液中氮元素含量偏低的不足。

叶蝉的暴饮策略带来了另一个问题：如何将多余的水分和糖分排出去，同时又不损耗氮元素呢？演化过程通过为叶蝉饮用的韧皮部液体创造出两条输送通道，完美解决了这个问题。叶蝉的内脏具有一种过滤功能，能将过剩的水分和糖分向下输送到一条支路中，只允许珍贵的养料分子进入内脏。流向支路的水分和糖分从肛门中排泄出去，导致那些遭到叶蝉、蚜虫或蚧虫感染的植物上布满黏糊糊的“蜜露”。有些昆虫学家声称，这种蜜露就是《出埃及记》中以色列人所食用的吗哪(manna)。这当然是有可能的，然而，很难想象有人能靠着叶蝉营养贫乏的排泄物维持四十年。蜜露再加成群的烤鹌鹑，或许倒是可行的。

即便内脏中具有一套复杂的过滤系统，叶蝉的食谱也是不足的。或者说，如果没有得到细菌的帮助，原本是会不足的。植物汁液中不仅糖分太多，而且包含的氨基酸组成是不均衡的。昆虫生长所必需的某些氨基酸有了，但是另一些氨基酸还没有。昆虫无法东拼西凑地弄到缺失的氨基酸。相反，叶蝉内脏中具有特殊的细胞，是专门用来供养那些制造氨基酸的细菌。两者由此达成一项互惠协议：细菌得到居住场所，以及持续的食物供应，昆虫则得到缺失的养分。不同于那些在鹿的瘤胃中自由漂游的微生物，这些细菌被包裹在寄主细胞的内部。它们就像地衣里面的藻类一样，无法在寄主的外部生存，寄主的生活也离不开这些内部的小助手。因此，趴在我面前这根树枝上的叶蝉，是一种生命的混合体，坛城之上的又一个俄罗斯套娃。

在害虫防治业中，叶蝉对细菌帮手的依赖性令昆虫学家尤为关注。叶蝉和蚜虫对庄稼造成严重危害，而且经常在它们刺咬过的植物间传播疾病。如果能以药物控制昆虫与其内部细菌之间的关系，或是扰乱这种关系，昆虫学家或许能将这些捣乱的家伙从田野里清除出去。这种想法尚未付诸实践，不过我希望，若是真能如此，我们要不被人类智慧的耀眼光芒蒙蔽了双眼，以至于看不到我们的行动可能产生的代价。那些将有益菌与其寄主维系起来的化学物质，很可能带来其他效应，而远不止是清除庄稼地里的叶蝉。土壤的生命力依赖于这些细菌的活动，人体内脏的健康同样依赖于此。从更深的层面来说，一切动物、植物、真菌和原生动物体内都生活着远古的细菌。叶蝉只是冰山上的一个小尖。砸掉这个小尖，可能会造成裂片四溅的危险。

坛城上有擅长窃取植物各个部分的昆虫。昆虫各式各样的口器，组合成一个完备的工具箱——这些工具可以用来掠食花朵、花粉、叶片、根和汁液等所有的部分。然而，坛城上依然是一片苍翠。叶片虽稍稍有些破败了，但是在森林中，绿叶仍然占据主导地位。仰首望天，树叶层层交叠，遮天蔽日；环顾四周，沿着山坡绵延的灌木丛，同样是密不可视；再往下看，脚下铺着一片如茵的幼苗和林间的禾草。森林对植食性昆虫而言，似乎是天赐的盛宴。为什么坛城上没有被啃食成光秃秃的一片？这个问题很简单，然而总有人为此争吵不休，生态学家之间也为寻求一个好的解释起了争端。植食性昆虫与植物为森林生态系统的其余部分提供了舞台。如果我们无法找到正确的答案，或者说，如果我们无法得出一个答案，我们对森林生态的理解将会陷入困境，我们将只能在无知的海洋中四处漂荡。

鸟类、蜘蛛和其他捕食者或许能给出部分答案。饥饿的捕食者也许会遏制这批大吃大嚼的昆虫，防止植食性昆虫种群扩张到造成灾难性毁灭的程度，从而起到保护植物的作用。从这种观念中得出的一个推论是：植食性昆虫内部几乎不存在竞争；它们所受的制约来自天敌，而不是来自同伴。这一点很重要，因为竞争是推动演化的动力。如果植食性昆虫种群仅只受到捕食者的限制，那么我们可以说，自然选择会花费更多精力来帮助植食性昆虫逃避天敌，而不是让它们在竞争食物方面获得优势。

昆虫种群是不是由天敌来控制的呢？人们通过在植物周围建造笼子，对这种观念进行了验证。如果是捕食者主宰昆虫的世界，笼子里昆虫的数量应当会暴涨，而围在笼子里的植物应当会被啃食得只剩残枝断节。笼中实验的结果含混不清。当我们将天敌隔离开之后，昆虫种群的数量确实有时会增多，但是很少有十分明显的表现。在某些季节和某些地方，笼子甚至根本没有起到作用。即便是在笼中昆虫数量确实激增的情况下，笼子里的植物依然枝叶葱茏，只是比笼子外面的植物遭受的啃食更多一些。因此，对于植食性昆虫的数量看起来并不太多的现象，捕食者不可能是唯一的解释。

我们也以植物为食，我们的觅食行为，暗示出解开森林苍翠之谜的另一条进路。我周围环绕着枫树、山核桃树和橡树，但是我从未坐下来享用一顿树叶沙拉。我脚下的草本植物长得十分繁茂，但是我也不曾品尝过它们。我从植物医学书籍中学到，小剂量的草本植物会引起轻度不适，而吃上一大口就会导致心阻塞、青光眼、肠胃不适、管状视觉（tunnel vision）或是黏膜发炎，具体取决于所食草本植物的种类。人工栽培的作物已经被祛除了毒素，这使得我们对植食性昆虫的本质产生了一种错误认识。无疑，我们没有演化成为吃叶子的动物，我们缺少大多数真正的植食性昆虫体内那种起到解毒功能的生化机制。周围的大多数植物都是我们所不能食用的，这揭示出非常重要的一点：世界并不像看起来那样绿色无害。其他的植食性昆虫有专门的生化策略来中和食物中的毒素，这进一步表明了这一点。坛城上摆开的，并非等待贵宾大驾光临的一场盛宴，而是恶魔的餐车，里面盛满有毒的饭菜，植食性昆虫只能从中取食毒性最小的几小块。

有机化学家证实了我们的味觉体验。世界是一个更为辛辣的地方，充满各种阻碍和扰乱我们消化功能的东西，还有各色毒品。鹰隼也知道这一点，它们用新鲜的绿色枝条来装点巢穴边缘，以便驱逐跳蚤和虱子。再来看看《纽约时报》吧。用旧版的报纸围成一圈，将昆虫养在里面，昆虫就无法达到成熟。尽管圈养在伦敦《泰晤士报》里面的昆虫能长成为成熟个体，但是报纸本身的内容并非首要肇因。真实原因在于，《纽约时报》的印刷用纸中，含有打成纸浆的香脂冷杉木材。冷杉树产生一种化学物质，气味类似于冷杉树上的植食性昆虫分泌出的荷尔蒙。冷杉通过抑制天敌的发育，使之失去生育能力，从而保护自身。伦敦《泰晤士报》则是用缺乏荷尔蒙防御机制的木材压制而成，打成纸浆的木渣可以安全地用作实验室昆虫的温床。

现在我们可以将问题颠倒过来，不去问植物何以能成功地逃过植食性昆虫的袭击，而是问植食性昆虫何以能应对那些有毒的植物。令人迷惑不解的，不再是世界的满目苍翠，而是这片郁郁葱葱的植被居然会被钻了空子：有些生物吃完后没有一命呜呼！对抗性的解毒措施，为植食性昆虫食用有毒植物的能力奠定了基础。但是昆虫也要尽量回避植物的防御网：它们只取食植物中最有可能被消化的部分。坛城上那只绿色的毛虫之所以趴在幼嫩的枫树叶子上进食，绝非出于偶然。像很多其他树种一样，枫树用苦涩的鞣质来为叶子提供防御。鞣质只有在浓度较高的状态下，才构成一种有效的遏制剂。而嫩叶上积聚的这种化学物质浓度还不够高，不足以产生毒性。如果这只毛虫是在八月间孵化出来，它所面对的，将是一片弥漫着鞣质味道的森林。很多植食性昆虫出生在春季，这让它们得以避开植物的防御机制。

在坛城上，植物与植食性昆虫之间的生化厮杀形成一场紧张激烈的僵局。没有哪一方能制住对方。坛城叶片上的洞孔与缺口，正是这一年中的这轮喊杀与闪避留下的痕迹。坛城最根本的性质，便从这种惊心动魄的决斗中浮现出来。

# 5月25日

## 波纹

饥饿的女士们在空气中舞动，出其不意地冲向我的胳膊和面门，然后停下来进行穿刺。它们是被我那股哺乳动物气味吸引，顶着风飞过来的。我赤裸的皮肤无疑进一步刺激了它们；在它们看来，这张餐桌上居然没有盖厚实的皮毛垫。多么容易获得的美餐！

有一位蚊子女士降落在我的手背上，我听任它刺探我的皮肤。它身上是老鼠毛般的褐色，有些细微的绒毛，腹部往下呈现出扇贝形花纹。它弯曲着纤细的腿，身子平贴在我的皮肤上。从它的头部伸出一根口针，然后在我皮肤上缓缓移动这根长矛，似乎在探寻最佳穿刺点。它停下来，牢牢站定了。随后，当它把头落在两条前腿间并将长矛刺入时，我体会到一阵灼烧感。当它往深处扎，一直伸进去好几毫米时，刺痛感仍在继续。支托口针的鞘已经向后弯折到它的几条腿中间，只剩下一小段细细的管子，露出于它的头部与我的皮肤之间。这根口针看上去似乎只是一根轴，实际却是由好几件工具裹在一起。两根尖锐的刺血针（stylet）有助于划开皮肤，为唾液管和麦秆一样的食道打开通路。唾液管中渗透出防止血液凝结的化学物质。正是这些化学物质引起过敏反应，也就是我们常说的蚊子叮咬所致的痒痛。

这根口针很灵活，刺进皮肤后即自动弯折；它在我皮肤里面四处刺探，查找血管的位置，如同蠕虫在松软的土壤中拱来拱去一样。毛细血管太细小了，蚊子要寻找的是更大的血管，也就是小静脉或小动脉。这类导管相当于我们血管系统中的州立公路。静脉管和动脉管则是州际公路，这些管道外面的皮层太厚，同样不会引起它们的兴趣。当口针找到搜寻对象后，针头便会刺穿血管壁。血流从口针中流过，刺激神经末梢。梢径末梢向昆虫头部发送涌动的信号，头部发出指令，开始吸血。如果蚊子未能找到合适的血管，它要么将针抽出来，重新来一次，要么吸食被针管刺破的皮肤表层毛细血管上流出的一小滴血液。这种零敲碎打的吸血方式更为缓慢，因此，大多数蚊子若是没有碰到粗细适当的血管，都会宁愿抽出针头重新再来，在皮肤下面另觅一处血液充沛的位置。

我手背上这只蚊子显然是刺破了一根产量丰沛的血管。不出几秒，它浅褐色的肚子就鼓胀起来，变成耀眼的深红色。背上标记着腹部每一小节的褐色扇贝形纹路彼此分隔开来，似乎要将那一段段整齐排列的身子拉脱节。它一边吸食，一边转动身子，或许是正在将口针推进血管内的一个弯曲处。当它的腹部鼓胀成半球形时，它突然抬起头，眨眼间飞走了。我手上留下一个小小的包，此外损失了两毫克血液。

这几毫克的血液对我而言微不足道，但却使蚊子的体重增加了一倍，弄得它飞起来跌跌撞撞。它在结束进餐后要做的第一件事，将是停在树干上休息，通过尿液排出方才吸进去的部分水分。人类的血液比蚊子的体液咸得多，因此它还要将盐分泵入尿液中，防止我的血液扰乱它的生理平衡。在一个小时内，它将排出这顿美餐中大约一半的水和盐。

剩下的血细胞将会被消化掉，我的蛋白质会出现在一堆批量生产的蚊子卵中，变成卵中的卵黄。蚊子也会将部分养分留给自己，但是绝大部分都将会用于产卵。我们每年遭到蚊子数百万次的叮咬，都是蚊子母亲在为生产做准备。我们的血液是保证它们生殖力的票据。雄蚊子和那些不生育的雌蚊子，像蜜蜂或蝴蝶一样只从花中吸取花蜜，或是从腐烂的果实中饮用糖水。血液是专供蚊子母亲享用的蛋白质类补品。

从这只蚊子的颜色和绒毛来看，它是库蚊属（*Culex*）的成员。这意味着，它将在池塘、沟渠或是死水池里产卵，形成一个小小的卵筏（egg raft）。库蚊属通常在居民住宅区周围的臭水中生产，从而又获得一个共同的名称："家蚊"。雌蚊子从这些产卵地点飞出去，一直飞到一公里外，甚至更远处，四下里寻找适宜的"献血者"。我的血液或许会最终伴随蚊子卵漂浮在我身后半公里外的池塘中，或是在一公里外镇上拥堵的排水沟或下水道里。这些卵将在水中孵化成幼虫，紧贴着水面，悬浮在水下生活。它们的尾端是一根空气管，这根管依附在水面的一层膜上，既起到固定作用，又充当呼吸孔。它们的头部向下扎入水中，从浑浊的水中滤食细菌和死亡的植物组织。蚊子在整个生命周期中，开发利用了动物所能得到的三种最丰富的食物来源：沼泽地带来的馈赠，花蜜中浓缩的糖分，以及脊椎动物黏稠的血液大餐。每种食物都推动着它们进入下一个生命阶段，共同形成几乎无间断的动力来源。

如果我不曾造访坛城，这只库蚊可能会找到另一位献血者来供应这顿美餐。虽然库蚊钟爱人类栖息地，但是它们通常以鸟类的血液为食。这给鸟类带来了损害，因为库蚊传播疾病，其中最为显著的是禽疟疾（avian malaria），以及最近的西尼罗河病毒（West Nile virus）。在那些飞过坛城上空的鸟类中，近三分之一的鸟类血液中携带着禽疟疾病毒。受外来入侵的西尼罗河病毒感染的鸟类死亡率大大增加，究其原因，很可能是美洲鸟类对这种来自非洲的病毒不具有天然的抵抗力。

当库蚊无法找到乌鸦或山雀时，它们就以人类血液为食。这种灵活的饮食安排将鸟类身上的“寄生虫”带入了人类血液中。有些病毒，例如禽疟疾，在其他动物的体内会自然死亡。但是另一些病毒，包括西尼罗河病毒在内，有时也会进驻并感染人体。这种病毒从鸟类身上跃迁到人类血液中，首先需要一只蚊子叮咬受病毒感染的鸟类，将病毒吸到体内。病毒随即在蚊子唾液腺中大量增殖。如果这只蚊子随后叮咬人类，它的唾液就带来了一位不速之客，西尼罗河病毒随即从乌鸦身上跳到人体上。

也许我本不该如此自信乐观地贡献出我的血液。受好奇心的驱使，我或许会允许另一种生命形式进驻我的身体，甚至杀死我。然而，我几乎算不上是在拿自己的生命开玩笑。在整个北美，去年只有4000人受西尼罗河病毒感染，田纳西州有56人。其中大约15%的案例是致命的，这样一来，万一感染了这种病毒，便着实有些可怕。但是相比我们每天都要面对的各种危险，这一威胁实在微乎其微。病毒的新闻价值，并不在于它实际带给我们的威胁有多大，而在于它的新颖性，它对攻击目标的不加选择，以及我们在预测病毒是否会发展成更大的威胁时所表现出的无能。病毒也给农药制造商、政府耗巨资供养的科学家，以及急于寻找惊悚消息的新闻编辑们带来了可图之机。恐惧和利益，将病毒捧成了明星。

直到不久前，坛城上还有一种更致命的威胁高悬在人类头顶。另一种潜伏在蚊子唾液腺中的疟疾病毒所等候的，不是鸟类，而是人类。20 世纪的最初几年，美国南部居民因疟疾引发的死亡率平均每年约为 1%。在密西西比州的沼泽地带，疟疾引发的死亡率是 3%；在田纳西州山地上，死亡率虽然更低一些，但是依然十分惊人。在整个美国东部地区，疟疾可怕的重压也一度悬在人们头顶，不过，19 世纪的根除行动使疟疾从东北地区消失了。几十年后，南方也彻底清除了疟疾病毒。疟疾在南方的终结发生于 20 世纪早期。当时人们发起一次运动，针对疟疾病毒生命周期的各个阶段展开进攻。大量奎宁被分发给感染了疟疾病毒的患者，蚊子引起的再次感染也被严加杜绝。政府鼓励或是明确要求人们在门窗上装纱屏，以切断蚊子唾液与人类血液之间的联系。人们抽干湿地和池塘，清除蚊子的繁育场所；或是往水面上倒油，使蚊子幼虫窒息，再或是直接倾倒杀虫剂。尽管疟疾病毒的寄主——蚊子和人类——依然生活在南方各处，两者之间的距离却有效地拉远了，足以令寄生虫陷入灭绝的境地。

如今，疟疾似乎与我在坛城上的体验毫不相干，然而这只是一种幻觉。坛城能不受电锯侵扰，是因为它位于南方大学的保留地。也正是这所大学将我带到此处。像东部很多更古老的学校一样，南方大学坐落在高原上，远离那些滋生疟疾与黄热病的沼泽地带。田纳西州群山上凉爽的气候以及相对自由的氛围，使这里成为南方的贵族们送后代来度假的理想场所。学校的学年贯穿整个夏季，学生们正好能避开城市的炎热和多种疾病。到冬季，学校便关门了，无人来问津。在这个时候，亚特兰大、新奥尔良和伯明翰的蚊子也暂时消停了。理想的选址使这所大学稳固地坐落于山巅，在首要的受益者之一——疟疾寄生虫——从这片土地上消失许久后，依旧保持着它的生命活力。

我血液中的那些原子，是在历史上的这些生物因素的牵引下来到坛城上的，因此，蚊子取走一些原子，并将它们重组成一片卵筏，也是合情合理的。人类与自然界其他部分的联系通常并不可见。正是蚊子的叮咬、呼吸和进食活动创建出一个共同群落，让我们的生存与外界紧密联系起来。然而，这些行动多数时候都是我们不曾意识到的。有少数人在进餐前会说感谢恩赐，可是没有谁会在每一次呼吸或是每一次遭到蚊虫叮咬时这样去做。我们的无意识状态，部分是出于一种自我防御。我们吃喝，或是呼吸，或是将血液捐献给蚊子，这些过程中无数分子之间的相互联系，实在过于复杂，绝非我们所能理解。

这些嗡鸣不已的小东西提醒我记起自身与外界的联系。当我静坐在坛城上时，它们不断地烦扰我，我只好竖起运动衫的领子，双手缩进袖子里，尽量减弱密集的火力。我把自己裹成一只茧，从缝隙里向外窥视，研究另一种原子流的证据。我身边的岩石上，有一只蜗牛被杀害了。几片半透明的蜂蜜色蜗牛碎壳躺在岩石表面。这是一只鸟吃完补钙餐残留的痕迹。

坛城上这只被压碎的蜗牛，只是在春季经由土壤流向天空的浩瀚钙质洪流中的众多支流之一。生育期的雌鸟在森林中四处搜罗蜗牛，急于得到蜗牛背上大片的碳酸钙。这种渴望是有充分理由的。如果不从食物中补充大量的钙，鸟类就无法合成石灰质蛋壳。

蜗牛被鸟吞下后，蜗牛壳首先沉入鸟的砂囊，被肌肉块和粗砂粒磨碎。随后，钙质逐渐分解成糊状，进入内脏，从肠壁渗入血液中。如果这只鸟当天产卵，钙质会直接进入生殖器官。如若不然，钙质会进入鸟类翼翅与腿部长骨的髓心这些专门储存钙质的区域。只有处在性活跃期的雌鸟才会产生这种“髓骨”。在几周时间里，髓骨逐渐长成，为产卵做好准备。随后，在鸟类产卵时，髓骨将完全解体。雌鸟牢记着梭罗的愿望：“汲取生命所有的精髓”，每个春天都要汲干自己的骨骼来制造新的生命。

从骨髓中汲取出来的钙质随血液流向壳腺（shell gland）。这时，碳酸钙从血液中分离出来，一层层地添加在卵上。在卵从鸟的子宫来到外部世界的整个通道中，壳腺是最后一站。在旅程的早期阶段，卵的外面裹着蛋白，然后是两层坚韧的膜。最外层的膜上分布有小粉刺，粉刺上充满复合蛋白质和糖分子。这些小粉刺吸引壳腺中的碳酸钙晶体，并充当晶体生长的中心。晶体如同四处扩建的大楼一样，彼此堆叠，最终结合成一体，在卵的表面形成一幅镶嵌图案。在少数几个地方，晶体未能连接起来，在镶嵌图案上留下一块未曾封顶的小洞。这些地方将成为呼吸孔，从第一层卵壳一直延伸到最终形成的蛋壳表面。第二层碳酸钙在第一层的上面生长出来，形成一层由紧压在一起的柱状碳酸钙构成的壳。蛋白质线在这些柱子之间相互交织，提高了壳的强度。当最厚的一层壳长成时，壳腺在壳的表面铺上一层扁平晶体构成的路面，然后给路面刷上最后一层蛋白质保护层。到这时候，蜗牛壳已经彻底被拆解开来，重组到一只禽类的“壳茧”中。

当雏鸟在卵中生长时，它会从蛋壳中汲取钙质，逐渐侵蚀家园的墙壁，并将钙质转变成骨骼。这些骨骼将飞往南美，被沉积于雨林的土壤中；或者，骨骼中的钙质会在一场令迁徙鸟类丧生的秋季风暴中重归海洋；再或者，下一个春天，这些骨骼会飞回森林，当鸟儿产卵时，钙质再次被用来制造蛋壳，蛋壳的残迹则被蜗牛吃掉，钙质由此重新回到坛城中。这些旅程不时将一些其他的生命编织进来，共同结成多维度的生命织物。在吃掉一只过路的蚊子，或是遭到这只蚊子叮咬的雏鸟体内，我的血液或许会与蜗牛的壳结合。或者，更晚些时候，千年以后，我们会在海底一只螃蟹的螯爪、一条蠕虫的内脏中不期而遇。

人类的技术之风吹向这片织物，使它朝着不可预知的方向飘扬。远古沼泽地带的植物化石中封存的硫原子，如今在我们燃烧煤矿来促进文明发展的过程中被排放至大气中。硫转变成硫酸，随着雨水降落在坛城上，造成土壤酸化。这种酸雨扰乱蜗牛的化学平衡，使蜗牛的数量减少。相应地，鸟妈妈更难弄到大量钙质食品，从而更难顺利产卵，甚至根本不产卵。鸟类数量的减少，也许意味着可供蚊子吸取的血液更少，或是捕食者的数量变得更少？诸如“西尼罗河”一类依靠野鸟存在的病毒，反过来也会因鸟类种群的变化而受到波及。生命织物上漾起的波纹在森林中波动时，也许会找到一个边缘，就此停止；也许会永远波动下去，漂过蚊子、病毒、人类，甚至达到更远处。

# 6月2日

## 探求

一只蜱虫停在一株荚蒾属植物的树枝上，离我的膝盖仅有几英寸远。我克制住将这只蜱虫弹走的冲动。相反，我俯下身从蜱虫的高度来看它，极力摆脱那种立刻将它视为一只害虫的厌恶情绪。蜱虫感觉到我的靠近，举起八条腿中的四条前腿疯狂挥舞起来，朝空中乱抓。我屏住呼吸，静静地等着。蜱虫松弛下来，回复原来的姿势，只把一对前腿抬起，俨然一副先知向天空叩头礼拜的模样。我的眼睛凑得极近，蜱虫革质的卵圆身子边缘一圈扇贝形的微小花纹都看得清清楚楚。它抬起的两条前腿末端有着半透明的脚，每只脚都在捕捉太阳光线。它的背部中心有一个白点，表明它是一只成年雌性孤星蜱（lone star tick）；身体其他部位的栗色似乎在朝向背部的星点流动，使那颗星呈现出金色的光芒。

蜱虫头部丑陋而不加装饰的武器装备，抵消了它身体其他部分奇异的美。它的头很小，小得不大自然。我从放大镜中看到两根粗短的柱子朝前方伸出，每根上面单顶着一把瑞士军刀，那是它奇形怪状的锐利口器。我想要更仔细地看看这只肮脏的小虫，于是探身向前，用手抓住荚蒾枝条，拉到眼前。蜱虫感觉到了我的手，猛咬一口，用前腿疯狂地打着旗语。这种突然袭击让我吓了一跳，急忙缩手，松开枝条，倒是叫蜱虫失望了一场。

坛城上这只挥舞着腿脚的蜱虫，正在实施动物学家所谓的“探求”（quest）行为。这种行为赋予这些动物某种圆桌骑士式的高贵色彩，也因此稍稍缓解了我们对它们那种吸血癖好的厌恶。称之为“探求”，是一种格外恰当的意象。因为圆桌骑士和这些森林里的蛛形纲动物都在寻找同一个目标：一只装满血的圣杯。就这只孤星蜱而言，圣杯是一种温血动物：一只鸟，或者是一只哺乳动物。

神话中骑士们的探求指引他们找到从基督伤口上流出的血，那些血液是亚利马太人约瑟夫（Joseph of Arimathea）收集在圣杯中的。蜱虫不讲究血液的神学血统是否纯正，它们的探求以蜕皮或交配告终。蜱虫的探求，在风格上也与骑士们的远征具有本质区别。大多数蜱虫坐等圣杯到来，然后展开伏击，而不是远途跋涉穿越大陆去搜寻血液大餐。坛城上这只蜱虫体现出经典的探求方式：爬上一根灌木，或是草叶边缘，蹲下身来，然后伸出前肢，等着受害者自投罗网。

前腿上的哈氏器（Haller's organs）给蜱虫的探求提供了帮助。那些带刺的缺口上分布着感应器和神经，能自动接收一丝二氧化碳气体、一股汗味、一小阵热浪，或是脚步声引起的震动。因此，举起的前肢既是雷达，又是抓握器。任何鸟类或哺乳动物从蜱虫旁边经过，都会通过气味、触觉和温度被它探查到。当我拉动荚蒾枝条，朝着蜱虫呼气时，它的哈氏器便进入一种紧张的痉挛状态，松开弹簧般的棘刺朝我的手指刺过来。

在蜱虫的探求过程中，脱水是主要的大敌。蜱虫待在露天里，一连数日，甚至好几周，等待寄主到来。风吹走了湿气，太阳炙烤着它们革质的小身体。四处去找水喝可能会打断探求行动，而且很多地方根本找不到水源。因此，蜱虫演化出了从空气中饮水的能力。它们朝嘴巴附近的一个小沟穴中分泌一种特殊的唾液。这种唾液就像我们用来干燥电子器件的硅胶一样，能吸收空气中的水分。蜱虫随后咽下唾液，给自己补充水分，然后继续进行探求活动。

当前腿锁定寄主的皮肤、羽毛或毛发时，探求便结束了。幸运的蜱虫随即在寄主身上四处爬动，用口器测试皮肤，探寻一处柔软、多血的地方发动进攻。蜱虫如同飞贼一样，在人体上肆意行走，不会引起一丝警觉。用铅笔在你的胳膊或腿上轻轻划动，你会有知觉。蜱虫在你四肢上爬行，你却极有可能一点感觉也没有。没人知道它们是如何做到这一点的。不过据我猜想，它们会迷惑我们的神经末梢，用几条腿演奏出的催眠曲驯服了眼镜蛇般灵敏的神经元。要察觉到一只在腿上爬动的蜱虫，最好的办法是留意身上那些不痒不痛、安静得可疑的地方。夏天在森林里行走时，皮肤上总会有一种虫子爬动的感觉。要是这种感觉突然停止，你身上就是有蜱虫了。

与蚊子不同，蜱虫要花费时间来进食。它们将口器紧贴在皮肤上，然后慢慢地划开皮肤。一旦这种不大美观的切割在皮肤上开出一个足够大的洞，蜱虫便将一根带倒刺的管子，也就是垂唇（hypostome）放下来汲取血液。一顿饱餐需要花数天的时间来抽取。因此蜱虫把身体黏附在皮肤上，防止寄主把它们挠走。这种黏合剂比蜱虫自身的肌肉还要坚固。这就解释了，为什么用火柴烧蜱虫是徒劳之举。即便火烧屁股，蜱虫也无法迅速拽出头部。孤星蜱比其他种类的蜱虫钻得更深，所以格外难以清除。

血液大餐使蜱虫的身子鼓胀起来，只能长出新的皮肤来适应这顿大餐。它们喝了太多的血，在外探求的日子里面临的脱水问题一下子倒转过来。在吃得太饱时，它们不是削减进餐量，而是汲取肚子里血液中的水分，然后吐回到寄主身上。此举无疑违背了骑士法则的精神——即便不是成文法则，尤其是，没准蜱虫身上还携带着众多引起疾病的细菌。一只肚满肠肥的蜱虫体内约有半茶匙的血液，它们是从寄主身上好几茶匙的血液中“蒸馏”出来的。血液在蜱虫肚子里经过了浓缩，并且储存下来。

一只雌性成年蜱虫进食时体重将会增加100倍。随后，它将爱侣从寄主身上其他地方召唤过来。它会继续黏附在寄主身上，同时释放出弗洛蒙。这些化学激素在空气中挥发，引来一大群被它的风情打动的雄性蜱虫。一旦雄性蜱虫到来，雌性蜱虫便释放出更多的弗洛蒙。雄性蜱虫爬到它那位膨胀得硕大无比、只管待着一动不动的配偶身子底下，用口器将一小团精液注入雌性蜱虫盔甲上一个薄弱处，随后离开，留下雌性蜱虫让它自行完结它的美餐。当雌性蜱虫完全满足后，它溶解掉嘴巴周围的黏合剂，然后爬到地上，或是直接掉落在地上。这时，它慢慢地消化血液，在成千上万颗卵中填满营养丰富的卵黄。像蚊子一样，蜱虫母亲利用血液来促进生育。做好准备以后，它便将卵一团团地产在林地上。它的探求结束了，圣杯中的血液已经变体为蜱虫的卵。蜱虫母亲一无所有地死去，内心却无比满足。

一周后，可怕的“蜱虫种子”（seed ticks）从卵中冒出来。当幼虫在孵化场所周围的植被上蜂拥而出，开始自己的探求时，它们在外表和举止上都活像父母的微缩版。它们成群出现，大举进攻寄主，这着实增加了我们的苦难。在这些蜱虫中，只有十分之一能顺利地找到一位寄主。多数蜱虫在合适的动物到来之前便会饿死，或是渴死。孤星蜱的幼虫袭击鸟类、爬行动物和哺乳动物，唯独不去碰啮齿动物。它们似乎是刻意避开啮齿动物。其他种类的蜱虫幼虫的偏好却恰恰相反，专找鼠类来解决第一顿大餐。初战告捷的幼虫像成虫一样觅食，然后蜕皮，蜕变成一种略大些的形态，叫作若虫。若虫进行探求、进食，然后蜕变为成虫。因此，坛城上这只成年蜱虫，已经成功完成了两次探求行动。它可能已有两三岁，作为幼虫度过一冬，随后又作为若虫度过了一冬。

我忍不住想重复一下上次的蚊子实验，献上我的鲜血，让这只蜱虫活得更长久一些。但是出于两个原因，我放弃了这个机会。第一，我的免疫系统会对蜱虫叮咬产生激烈的反应，让我浑身痒痛，要是叮咬的部位不止几处，我会无法安眠。第二，同蚊子不一样，这只蜱虫极有可能带有肮脏的疾病。最著名的蜱虫病，即莱姆病（Lyme disease），在这里相当少见，而且极少由孤星蜱携带。然而，孤星蜱是其他疾病，包括埃立克体病（Ehrlichiosis）和神秘的“南方蜱相关性皮疹疾病”（southern tick-associated rash illness）的主要携带者。后面两种细菌都尚未在人体外大规模扩散，因此我们对其所知甚少，只知道会引起类似莱姆病的症状。落基山斑疹热（Rocky Mountain spotted fever）和颇似疟疾的巴贝西虫病（babesiosis），也可能潜伏在这只孤星蜱体内。这些稀奇古怪的病原体，足以令我打消奉献自己的念头。

尽管蜱虫探求行为具有高贵色彩，我也很赞赏它那身盔甲和武器装备，但我还是有一种强烈的愿望，想要弹飞它，或者用指甲掐死它。

这种厌恶可能源自更深处，而不仅是出于后天养成的审慎。对蜱虫的恐惧，经由许多个有生之年的经验，深深蚀刻在我的神经系统中。我们与蜱虫之间的战争，至少比亚瑟传奇要古老 6 万倍。我们作为智人（*Homo sapiens*）的一整段历史，都在抓挠、捕杀蜱虫，这些行动可以追溯到我们还是早期灵长类动物的岁月，那时我们相互梳理和清洁皮毛；还可以追溯到浑身毛茸茸的食虫动物时代，甚至追溯到更远，一直到 9 千万年前，当我们由爬行类动物演化而来、蜱虫也刚演化出来的时候。经过这数百万年的不断追寻，圣杯疲倦了。我从灌木丛边上绕道而行，离开了坛城。

# 6月10日

## 蕨类

我们已经临近夏季的巅峰。过去两周以来，温度和湿度逐日攀升。炎热令我走向坛城的步伐也缓慢下来；冬天精力充沛地进行热身远足的日子已经逝去很久了。森林里，动物的数量显得极其繁多——尤其是与冬日的宁静相比。鸟儿的歌声从四面八方传来。大小蚊蚋、胡蜂和蜜蜂在空中不断地往来穿梭。蚂蚁在落叶堆上爬行。在坛城的小圈子里，随时都能见到好几十只蚂蚁。毛茸茸的跳蛛（jumping spiders）也不时在林地上出没，千足虫在落叶层的空隙间缓慢行进。头顶上，树冠浓郁，层层交叠。树叶已经长成熟，从春季清浅的绿色变成夏季更深邃的色调。在树叶形成的浓密冠层中，光合作用达到最大功效，冠层中捕获的能量形成了森林生态系统的基础。

在地面上，春季短命的野花大多已经凋零。余下都是一些喜阴的植物，在幽暗的林下叶层中缓慢生长。在这些植物中，蕨类植物是最繁茂、最惹眼的。在林地上，放眼望去，整个山坡上每隔一两米，便会有蕨类植物出现。

在坛城南面边界上，圣诞蕨的叶子与我的前臂一般长。叶片弯成了弧形，如同帽子上招摇的羽毛。新生的叶子从去年的叶子上伸展出来，那些老叶虽然依然连在圣诞蕨的基部，但是已然倒伏在地上，即将枯萎。整个冬季和春季，这些老叶一直保持着苍翠，让植物在当年新生的叶子出现之前得到光合作用提供的能量。圣诞蕨的顽强给当年的欧洲殖民者带来一丝绿意，人们用这种植物来做冬季节日的装饰物，圣诞蕨的名字正是为了纪念这一用途。在坛城上，四月间圣诞蕨的新生组织便露出头来，从落叶间伸出紧紧卷成一团的银色嫩叶。这些嫩叶被称作蕨菜（fiddleheads）。当卷曲的叶片逐渐展开时，中间的叶柄伸长，小叶生长出来，形成越往上越细的美丽羽毛。

在那些长到最高的叶子上，尖端的小叶都恹恹地皱成一团。这些干瘪的小叶不需要朝向太阳张开宽大的叶面来进行光合作用。它们的背面具有两排小圆盘，圆盘同胡椒子一样宽。这些圆盘就像扣在一头卷发上的无边便帽一般，边缘都露出许多绒毛。当我用放大镜观察时，这堆卷发就变成了铺成一片的黑蛇。每条蛇的身子分隔成若干具有红褐色宽边的砂石色小节。蛇的嘴巴里含着大团金色小球。今天我没瞧到什么动静，不过以前曾见过这些蛇高仰起头，然后突然弹跳起来，将小球高高地抛向天空。

这些小球是蕨类植物的孢子。每个孢子的厚壁中都包裹着构成一株新生蕨类植物的原料。这些黑色的蛇是植物界的弹弓，专门用于将孢子抛射到天空中。蛇身上的小节，则是具有凹凸不平厚壁的细胞，这种凹凸不平的厚壁能加大孢子的运动量。在晴朗天气里，排列在细胞周围的水分蒸发出去，增大了剩余水分表面的张力。由于细胞极其微小，逐渐增强的表面张力足以令细胞弯曲，促使“蛇”的身子向上拱起。当蛇仰起头时，它拾起大量的孢子，准备将孢子发射出去。更多的水分蒸

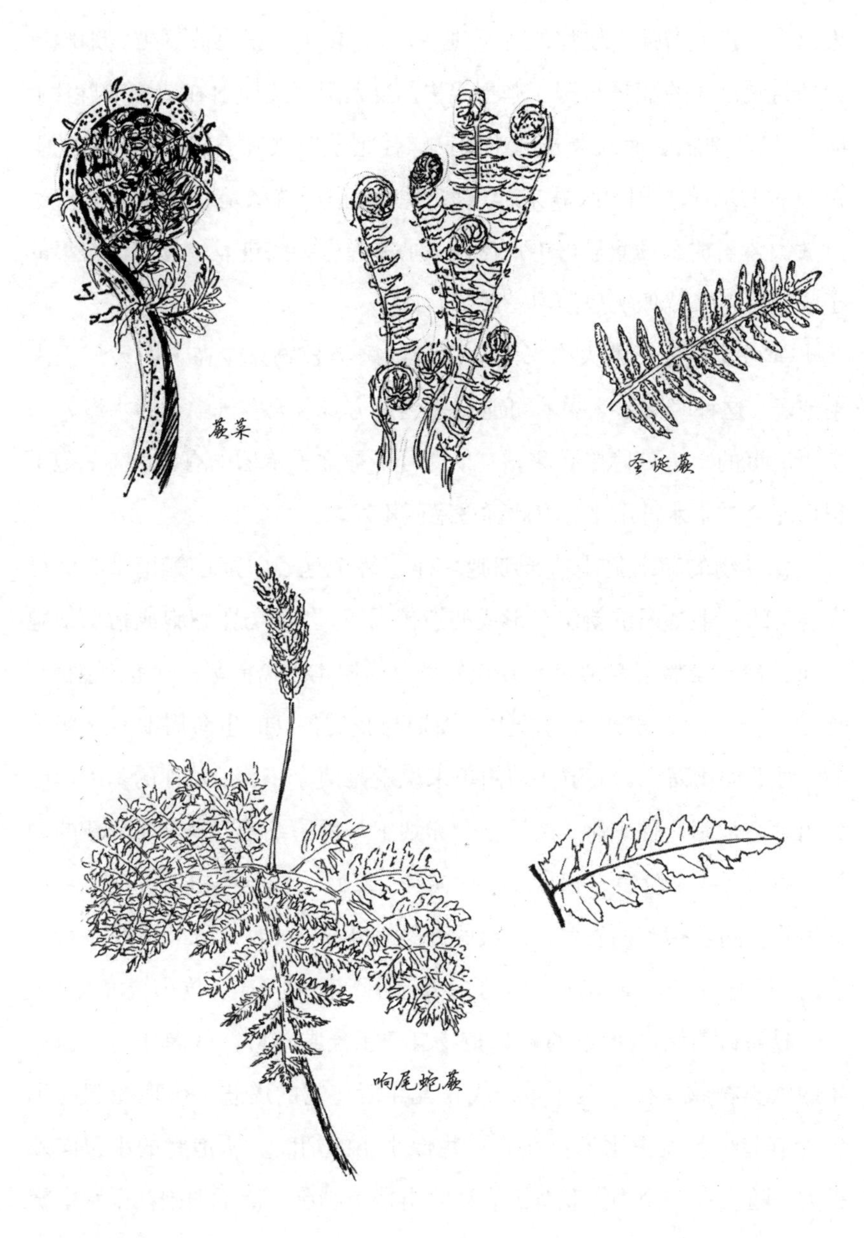
蕨菜
圣诞蕨
响尾蛇蕨

发出去，张力增强，使蛇的身子进一步弯曲。砰！张力被打破，细胞壁内部封禁已久的能量将孢子弹射出去。当太阳直接照射在成熟的叶片上时，“蛇”细胞表面的水分迅速蒸发，使孢子四溅开去，如同从热油上炸开的玉米粒。用肉眼看来，这些逃逸的孢子就像是一阵阵烟雾。透过放大镜看时，场面显得更加激动人心：弹弓突然迸发，投射出密集的子弹，看起来就像实战演习一般。

弹弓要靠太阳的火力来发动，因此蕨类植物只能在干燥天气里发射孢子。这种时候孢子更有可能传播到远方。今天空气中充满水汽，天空阴沉沉的，远处隐隐传来雷声。这可不是孢子传播的有利时节；孢子很可能会被雨水冲下来，因此弹弓隐而不发。

像动物的卵细胞或精子细胞一样，每个孢子中都正好携带有父母亲各自的一半基因重新组合形成的遗传因子。然而与卵细胞或精子细胞不同，孢子会撒落在地上，直接发育，而根本无需同另一个孢子结合。这是一个暗示，表明植物的生命周期与我们自身的生命周期有显著不同。对于动物而言，生殖活动简单来说就是两个步骤：从你的基因库中分出一半来制造性细胞，然后融合卵细胞与精子细胞，形成一个新的动物。就这么两个阶段，相当简单的循环。然而，蕨类植物具有更为奇怪的表现。随着孢子的发育，形成的并不是叶子。相反，长出的是一种小小的“睡莲叶子”，它扁平的身子逐渐展开，直到长成一枚小钱币大小。

这种睡莲叶子形态的蕨类植物自身能合成养料，就像任何一株成年的蕨类植物一样。几个月，或是几年后，它的皮肤上出现隆起的小包。有些小包就像水泡，还有一些像小小的烟囱。水泡状的小包向外扩大，随后在一个雨天里炸开，释放出精子细胞。精子细胞在雨水中旋转，探寻位于烟囱基部的卵细胞释放出的化学物质。每个烟囱的中心都充满化学物质，这些物质能束缚或摧毁来自其他植物的精子细胞。适宜的精子不会碰到这种障碍，可以直接游向卵细胞。两颗细胞融合在一起，由此形成的胚胎发育成一株新的圣诞蕨。这株圣诞蕨最终将长到足够大小，从弯曲的叶子尖端发射出孢子。因此，蕨类植物的生命周期分为四个步骤：孢子、睡莲叶子、卵细胞或精子细胞，以及长大的蕨类植物。

在坛城的另一边，一种响尾蛇蕨（rattlesnake fern）为这种生命周期增添了某种有趣的迂回色彩。它的叶子在落叶堆上低低地展开，形成一把带花边的扇子，宽度与我的手围长度相仿佛。一根针状物从扇子的中心戳出来，高达叶片高度的两倍。在这根针状物的顶上，几十毫米宽的小囊簇拥在小小的旁枝上。这些小囊从侧面纵长的裂缝中洒出孢子。孢子发芽后，并未长成睡莲叶子，而是长成了地下的块茎，如同微型马铃薯一样。这些块茎上缺乏叶绿素，依赖真菌提供养料。在几年的生长后，块茎上生长出精子细胞和卵细胞，这些细胞随后将产生另一株响尾蛇蕨。

成年的响尾蛇蕨一旦长大，就会继续同真菌交换养料。某些响尾蛇蕨将这种互惠互利关系推向了极致：它们的叶子从不高出于落叶堆之上。这些植物无论是生长还是制造孢子，都完全在地下进行，并自始至终由真菌伙伴提供营养。

坛城上这两种蕨类植物，都在两种生命形式之间不断交替。这两种形式分别是：携带孢子的大型个体，以及合成卵细胞与精子细胞的小型工厂，即睡莲叶子或块根。以两种身份交替出现，这对于人类来说是难以理解的。直到 19 世纪 50 年代，蕨类植物的性生活依然是未解之谜。蕨类植物明显的生殖结构，也就是像花粉或种子一样随风吹走的孢子，与任何其他的性细胞都不大一样。植物学家将蕨类植物以及形态极易与之混淆的近亲苔藓统称为隐花植物，或是“隐性”（hidden sex）植物，由此暂时用一个术语概括了这个令人困扰的谜题。当人们在微小的睡莲叶子湿乎乎的表面发现游动的精子细胞和卵细胞时，混乱再次浮现出来。

蕨类植物这种生殖方式非常适于在受保护的潮湿场所中生活。然而在干燥、干旱环境下，蕨类植物将会处境维艰。如果缺乏足够的水汽让精子游动起来，蕨类植物就无法生殖。此外，在睡莲叶子这个阶段，胚胎受到的保护极少，得到的养分也极少。不过开花植物已经通过修改蕨类植物的生命周期打破了这些限制。开花植物无需将孢子释放到风中，而是制造出留守在花朵组织内部的孢子。这些孢子发育成封闭的微型睡莲叶子，然后形成卵细胞和精子细胞。在蕨类植物上单独存在的睡莲叶子，转而缩减为埋藏在花朵深处的区区几个细胞。这让开花植物解脱出来，无需再去寻找一隅多水之处进行生殖。沙漠、岩脊和干燥的山坡，都无法再阻拦植物的交配，干旱或是晴天也不再构成任何障碍。睡莲叶子缩小并封存起来，也使花朵得以抚育后代，为后代提供营养，并将它们包裹在保护性的种皮中，让它们居于果实内部的最高位，以便捕捉住风，或是被一只过路的播种鸟拾起。

开花植物在生殖方面的创新，使它们成为现今种类最多的植物类群。开花植物的种类逾 25 万种，而蕨类植物只有 1 万多种。大约 1 亿年前，当开花植物演化形成时，很多古老的蕨类植物物种和其他不开花植物物种都被后来者所击败，并被取代了。然而，将现代蕨类植物贬斥为原始的残余物，很可能是一个错误。最近的DNA研究表明，在开花植物崛起之后，现代蕨类植物产生了演化和分化。当开花植物登上舞台时，古代蕨类植物便消失了。然而，开花植物也在不经意间为新一代蕨类植物创造了理想的环境：潮湿的坛城。在这里，喜阴的圣诞蕨和响尾蛇蕨大可顺利地存活下去。

# 6月20日

## 混乱

一阵大风，驱散了天空中连降一周阴雨的乌云。多日以来的第一束阳光穿过树木冠层中的小缝隙，在坛城上投下一片片斑驳的光影。獐耳细辛光滑的叶面在阳光下闪烁着。其他种类的植物虽然没有獐耳细辛的闪亮，却也呈现出深浅不等的绿色光芒。在阴霾的天空下一连度过数日，坛城上的色彩看起来格外鲜活。森林的歌声也显得更加生动了。四周传来一片轻柔的嗡嗡声，那是无数只昆虫翅膀合成的声响，听起来就像从遥远的蜂巢中传来的一般。

虽然早上已经过了一半，太阳出来也已有好几个小时，但是两只蜗牛依然肆无忌惮地躺在潮湿的落叶堆上。它们很可能日出前就已经在这里了，以一种交配姿势彼此缠绕在一起。它们号角状的蜗牛壳面对面、孔对孔，灰白色的肉体则搅成一团。这两只蜗牛正困在一场艰难的谈判和交流中。蜗牛并不像大多数动物那样将雄性的精子传递给雌性，而是双方互换精子。每只蜗牛都要交出精子，同时接受精子。它们的雌性和雄性是融为一体的。

雌雄同体性带来一个复杂的经济学问题：如何确保双方之间的生殖交换公平合理。对蜗牛来说，正如对大多数生物一样，精子制造起来很廉价，但是卵细胞却很昂贵。在单性生殖的动物身上，这种成本差异决定了选择权通常在雌性这边，而雄性这边则通常是不加选择地乱交。在雌性个体不担负抚育后代之职的动物身上，这种现象体现得尤为明显。然而在雌雄同体的动物身上，挑剔与乱交并存于一体。交配因此而变得混乱不堪：每一个个体在接受精子时都小心谨慎，与此同时，又极力试图让对方受孕。

如果蜗牛在配偶身上探查到一丝疾病的气息，它们会拒绝表现出雌性的一面，只交出精子，而不肯接受精子。但是，如果蜗牛找到未曾感染疾病的配偶，它们会欣然接受对方的精子。这种选择性或许有助于蜗牛为数有限的卵细胞选择基因优良的精子。雌雄同体动物对更广阔的社群语境也很敏感。当它们生活在一片潜在配偶的数量极少的区域内时，它们会同时表现出雌性的一面与雄性的一面，但是在更拥挤的环境下，它们的雌性特征会减弱，表现得更像雄性：随随便便就交出精子，却只肯将卵细胞留给最优秀的伴侣。如果配偶已经生育过后代，而且从另一位个体那里接受了精子，情况会更加复杂。一方会彻底拒绝另一方，导致被拒的一方疯狂求欢，硬要将精子囊塞给不情不愿的那一方。三角恋爱令人忧心；六角恋爱则演变成交战地带。

战争绝非隐喻。在某些种类的蜗牛中，交配双方之间的紧张关系上升到了武力对抗：一方朝另一方投掷骨质的标枪，用具有破坏性的腺体摧毁不受欢迎的雄性精子，用肌肉将精子细胞和卵细胞推到战线上。就连蜗牛拥抱的深度，可能也是这种性对抗造成的结果。蜗牛用触角试探性地拍拍对方，兜着圈子，慢慢进入状态，同时随时准备好撤退或是重新求欢。我们并不知道蜗牛在每一阶段最看重的是什么，但是它们漫长的求欢和交配过程都经过了精心的编排，如同审慎的外交一样，又像是结盟双方在婚礼前举办的会议。如此折腾，想必是很费事的。坛城上这两只蜗牛躺在那里，身体绝大部分暴露在壳外，长达半个多小时，这样很容易沦为鸟类或其他天敌的猎物。

对于动物而言，雌雄同体性是一种不常见的性系统。多数动物的雌性功能和雄性功能都是彼此分开，由单独的动物体来执行。然而所有的陆地蜗牛都是雌雄同体，正如某些海洋软体动物和少数其他的无脊椎动物一样。在性活动这方面，坛城上这两只蜗牛倒是与春季的野花有更多共同点，而不是更接近于鸟类和蜜蜂。坛城上所有的春生短命植物和树木都是雌雄同体，很多植物都是一朵花里兼有雄性和雌雄器官。性系统的这种多样性令人迷惑不解。为什么鹪鹩有雌雄之分，鹪鹩赖以栖身的树木就没有雌雄之分呢？鹪鹩喂给雏鸟的甲虫都是非雌即雄，而吃起来同样是这么一小口肉的蜗牛，却全都是雌雄同体。

演化理论学家将这种令人困惑的情形视为一个经济学问题。生物学家对自然选择进行了具体化，将其描述为生物体决定如何调配生殖能量的过程，正如一名商务经理要决定如何最合理地分配公司的资源。

商务经理借助预测和推理来做决策，而自然选择通过不断抛出新的点子，随后刈除其中对生殖无效的成分来维持运行。自然界中不乏新的性观念：每一代新生蜗牛中都会有极少数单性的个体，恰如也有少数鸟类、昆虫和哺乳动物与生俱来就是雌雄同体。这些丰富的原材料，刺激着自然界开放的性别角色市场。

每一个体都只能用一定限额的能量、时间和精力来繁育后代。生物可以像专业公司一样采取行动，将资源专门投入某一种性别中。或者，它们可以改换策略，将资金分开来，投入两个独立的项目，即雄性和雌性。哪种策略是最佳的，得取决于每一物种特定的生态学特征。在某些情况下，个体找不到配偶的概率极高，这时候雌雄同体就是有利的。在动物内脏中独自生活的绦虫不得不自交繁殖，否则它们的遗传系谱就会终止。还有一些不那么引人注目的物种，也就是利用不靠谱的授粉者来实现两性结合的花朵们，它们可能也需要进行自交繁殖。虽然獐耳细辛在坛城上遍地开花，但是如果春季气候过于寒凉，授粉昆虫无法四处飞行，雌雄同体便是唯一的生殖之道。对于新翻过的土地上长出的某些野草来说，情况同样如此。在一片新的栖息地上，这些生物个体可能会发现自己是唯一的移民。因此自我之爱至关重要。雌雄同体性，是那些有可能不经交配直接繁育的物种最理想的性系统。

然而，有很多雌雄同体动物，包括大多数蜗牛在内，并不是独立生活。即使将它们置于孤立的封闭环境中，它们也无法进行自交繁殖。孤独并不是造成雌雄同体性的唯一原因。当一种多面的交配方式最具成效时，演化也会选择雌雄同体性。蜗牛不需要守护生殖领地，它们不唱歌，也不进行丰富多彩的炫耀表演。它们也不为卵提供父母之爱，只是将卵产在落叶堆的浅坑里，便弃之而去。这种相对简单的生育责任，使蜗牛能同时履行雄性和雌性之职，而不必为任何一种性别付出的辛劳做出让步。这对于鸟类和哺乳动物等具有明确性别角色区分的物种来说，显然是不可能的。对这类动物而言，自然选择更愿意将精力集中起来，要么产生雄性，要么产生雌性。用经济学术语来说，蜗牛从兼顾雌雄的混合投资策略中得到更高的收益，而鸟类通过将全部资金集中于一种性别，以得到更高的收益。

坛城上每种生物都具有不同的生态学和生理学语境。经过多年的自然选择，这些多变的语境产生了一系列广泛的性别组合形式。蜗牛这种不分雌雄的拥吻，对多数人看来似乎极其怪异。然而这提醒我们：自然界中的性，比我们最初猜想的更为多变，也更具可塑性。

# 7月2日

## 真菌

一连两天两夜，坛城上大雨滂沱。这场从墨西哥海湾吹来的暴雨连续发动的轰炸，驱走了空中咬人的小虫，带来难得的轻松。过去几周以来，成群涌来的蚊子一直热情洋溢地陪伴在我周围。随着暴雨的停歇，夏天最热的日子接踵而至。空气中热烘烘的湿气有了一种无休无止、无孔不入的秉性；随便动动身体，便会惹出一身臭汗。整个森林都笼罩在潮乎乎的热带气氛中。

橙色、红色和黄色的小斑点在湿漉漉的林地上闪烁，那是真菌的生殖芽。热浪和雨水使真菌的地下部分鼓足勇气，萌发出了子实体。在今天早上五颜六色的真菌中，最好看的要数长在腐烂枝条上的一株杯状真菌。它的颜色是橘红色，形状像一个小球，边缘还带有金色的绒毛，这种真菌被称为长毛猩红肉杯菌(shaggy scarlet cup)[1]。尽管直径不足一英寸，它的颜色却引起了我的关注，诱使我跪下身去，更仔细地观察它。我的眼睛一贴近地面，便看到四处散布的子实体，活像一场在腐烂树叶与枝条的海洋中展开的多姿多彩的赛艇会。

1 —— 俗称猩红精灵杯，或腥红杯，为盘菌目肉杯菌科肉杯菌属的一种真菌。拉丁名为 *Sarcoscypha coccinea*。

这些鲜艳的小艇都属于真菌界中最大的一个分支：子囊菌（sac fungi）。子囊菌之所以得名，是因为这类真菌的孢子都长在小囊中。坛城上这株长毛猩红肉杯菌的生命，也是从一粒孢子开始。直径仅百分之二毫米的孢子，被吹到了如今它寄居的这根枝条上。孢子萌芽，随后长出一根细长的丝，扎入树枝的木头中。由于菌丝极其细瘦，它们能在植物的细胞壁中间自如滑动，钻进细胞之间微小的孔穴中。生长的菌丝一旦进入枝条内部，便渗出消化液，溶解那些看似坚韧的木头。菌丝从解体的木头溶液中吸收糖和其他养分，从而建立新的菌丝，朝枝条枯死的组织内部进一步延伸。长毛猩红肉杯菌虽然被封禁在一个地下的木头盒子里，日子却过得无比快活。

在今天参加这场赛艇会的其他成员中，有一些擅长拆毁枝条，还有一些则更喜欢枯叶层。这些真菌虽然偏好各异，生长方式却一般无二，都是将触角伸进死亡的植物组织中，通过吸收营养，逐渐增大网状的身体，最终捣毁它们的木头房屋。当真菌吃饱喝足后，它们便将家园进一步推向茫茫的遗忘之海。枯死的枝条是一座座处于下沉中的孤岛，真菌必须不断地将后代送出去开拓新的岛屿。正是这种迫切性将真菌带进了我们的感官世界之中。真菌始终躲避着不为我们所见，直到地下的菌丝生长出子实体。那些黄色、橙色和红色的小型船队，向我们指明了坛城下面隐藏的巨大生命之网。

长毛猩红肉杯菌从小杯的内表面长出繁殖体。杯内分布着数百万个炮弹形的小囊，每个小囊都指向天空，里面装有 8 粒微小的孢子。当这些炮弹成熟后，弹头爆开，孢子则被射入空气中，弹射到杯子上面好几英寸高的地方，并逃离笼罩在坛城表面的安静的空气界面层

(boundary layer of air)。每粒孢子都极其微小，肉眼根本看不到。但是当数百万粒孢子同时发射出去时，看起来就会像一缕轻烟。只需轻轻地碰触杯子的表面，发射就会启动。这令我想到，动物或许是真菌孢子重要的传播者，尽管教科书上声称孢子是依靠“风传播”。今天早上，就在坛城的方圆之地内，至少有八只千足虫和蜈蚣（其中有一只正在啃食一枚衰朽的长毛猩红肉杯菌）、几只蜘蛛、一只大甲虫、一只蜗牛、几十只蚂蚁，还有一条线虫。松鼠、金花鼠和鸟儿们在坛城边缘跳跃。子囊菌的子实体极其致密地排列在杯子表面，即使动物们尽量绕道而行，也很难保证不碰到它们。

在坛城中间，一株小冬菇（brown mushroom）将孢子从张开的菌褶中泼洒出来，而不是像子囊菌那样将孢子高高地射向天空。同样地，人们相信风是蘑菇孢子的首要携带者。但是动物们也在这里留下了痕迹。蘑菇的菌帽上有不整齐的圆齿状咬痕，也许是一只金花鼠啃咬出来的。那只金花鼠的鼻子和胡须，这会儿没准已经把孢子蹭到了好几米外的树叶上。

子囊菌和蘑菇的生殖生活十分独特，在整个生命界中找不到类似的现象。它们将“性”的含义拓展到了极致，作为动物的我们，哪怕是在最具有创造性的时刻，也不曾达到过这种境界。真菌没有单独的性别，至少没有我们所意识到的那种性别。它们也不制造精子或卵细胞，而是依靠菌丝的融合来进行繁殖，通过一种真正意义上的融合形成下一代。

坛城中间这株蘑菇最清楚不过地展示了这种奇特的生命循环。当蘑菇孢子萌发时，它们制造出幼年菌丝。幼年菌丝在枯树叶里面生长，寻找配偶。菌丝的生存状态，既不是作为雄性，也不是作为雌性，而是作为截然不同的“交配型”（mating types）。这些交配型在我们看来似乎全都一样，但真菌能用化学信号来感知彼此的差异，只同与自身相异的交配型进行生殖。有些种类的真菌只有两种交配型，而其他种类则有数千种交配型。

当两根菌丝相会时，它们开始跳一支复杂精妙的双人芭蕾舞，并通过交换私密的化学信号来协调舞姿。开幕程序是，一根菌丝发送出它这种交配型所独有的化学物质。如果对方属于同一交配型，那么舞蹈结束，菌丝们互不搭理。如果对方是一种不同的交配型，化学物质便会黏附在这根菌丝表面，促使它做出回应，释放出自身的化学信号。随后，两根菌丝萌生出黏性的附生物，攫住对方，并将菌丝拉拽到一起。菌丝细胞调整内部机制，达到步调一致，然后彼此融合，形成一株新的个体。

新生的真菌是父母双亲的聚合体，但是这种融合并不十分彻底。在真菌体内，亲代的遗传物质依然保持独立，作为两套不同的DNA并存于细胞内部。蘑菇在其整个地下觅食生涯中，乃至在子实体从地下钻出来释放出孢子时，始终保持着这种和而不同（united-but-separate）的组织形式。只有经过数周或数年的独立之后，真正的基因融合才会在蘑菇菌帽下方悬挂的菌褶中最终发生。但是结合是短暂的。遗传物质结合之后，马上要经过两次分裂，制造出孢子。孢子挣脱出来，从诞生之所喷发出来。每个孢子都将随风飘走，或是被一只动物带走，开始新一轮的生命周期。

长毛猩红肉杯菌和其他子囊菌遵循着一种类似的模式。不过，它们的菌丝一直到准备制造孢子的时候，都并未结合在一起。它们生命中大部分时间，始终是作为独立的菌丝在地下度过。只有在成年期，它们才会寻找到另一种交配型，与之结合，并生长出一个小杯子来制造孢子。

真菌性别身份的复杂性，高度体现出其他生命王国中性别的奇异性。动物和植物的生殖无一例外地涉及两种形式的性细胞：营养充足的大细胞，即卵细胞；或是自由行动的小细胞，即精子细胞。真菌却向我们表明，这种二元性并不是唯一可能的组合。真菌的交配型可以达到数千种。

真菌体相对简单的结构或许能解释，它们为什么没有演化出专门的精子和卵细胞。动物和植物的身体复杂，也相对较庞大，需要花费更长的时间来形成。它们一出生，便需要足够的食物来完成早期的发育。真菌却不需要建构精巧的身体。它们简单的菌丝在微小的孢子中就已经完全成型了。制造卵细胞将是浪费精力和时间的。要证实这种观点，藻类就是一个极好的例子。藻类植物具有极其多样的形式：有些非常简单，就像真菌一样，还有一些则更为复杂，就像植物和动物一样。正如我们预想的一样，简单的藻类具有相同大小的性细胞，复杂藻类的性细胞则分化为精子和卵细胞。

或许真菌避开了其他多细胞生物所背负的性别角色，然而它们依然要经历性别分化。只有不同的交配型之间才能进行生殖活动。这看起来没什么意义。从一根寻觅配偶的菌丝的视角出发，交配型的存在似乎构成一个巨大的障碍，将同类物种中多达一半的个体从潜在的配偶群中驱逐了出去。

交配型之谜虽然尚未完全解开，但是细胞内部生命的政治学似乎至少能提供部分答案。正如动植物细胞一样，真菌细胞也是建立在一种同样的俄罗斯套娃的构造基础上。真菌中包含线粒体，线粒体通过燃烧食料为细胞提供能量。在正常环境下，线粒体和寄主细胞之间的关系是互助的。然而，冲突只是潜伏在舞台下方而已。

因为线粒体是古代细菌的后裔，所以它们保留着自身的DNA，像自由生活的细菌一样在细胞内部增殖。增殖速度通常保持适度，因此每个细胞内线粒体的数量正好合适。然而万一出现问题，线粒体的过度增长将会摧毁细胞。如果来自两个不同真菌体的线粒体在单一细胞中相遇，这种不健康的增殖现象就会发生。在这类情况下，不同血统的线粒体之间的竞争，将有利于那些分裂最为迅猛的线粒体。这样一来，线粒体之间目光短浅的抗争，将有可能毁掉整个细胞的长远成功。

真菌的交配型似乎是专门用来防止这种对抗的。交配型之间遵守着一套规则：只有一种交配型能为下一代提供线粒体。由此，交配型为真菌细胞提供了一条途径，使真菌细胞得以平息线粒体间潜在的毁灭性冲突。

然而，有关交配型之起源和演化的理论还并不确定，也面临诸多争议。真菌展示了极其多样的繁殖方式，试图寻找统一解释的人，大多以失败告终。例如，极少数真菌能产生某些结构，看上去几乎与卵细胞一般无二。这或许会扰乱真菌不产生精子和卵细胞的普遍规则。在另一些种类的真菌中，来自不同亲代菌丝的线粒体偶尔混合在一起，打破交配型之间遵守的规则。这种多样性是惊人的，研究真菌生物学的学者很快就会发现这一点。不过，对于动物界和植物界秩序井然的雌雄角色分工而言，这也不失为一个令人耳目一新的补充。

我趴伏在地上，能看到坛城上落叶堆表面四处散布着数百个小肉杯菌和蘑菇。每根腐烂枝条上都有一簇或是好几簇色彩艳丽的小杯子。多数枯树叶上撑着小冬菇的伞盖。我凝视了数月之久的这片林地上，竟在骤然间出现如此多种、如此多量的真菌，这不由得让人想到，森林中还有多少不为人所见的生命呢——哪怕是近距离观察。然而没见到并不意味着不重要。正是这些摧枯拉朽的发动机，使养分和能量持续流向整个森林生态系统。这片森林夏日里旺盛的生产力，也是依赖于地下真菌网络的生命活力。

# 7月13日

## 萤火虫

我在一片雾霭中寻道前往坛城，身体始终处于紧张状态。在半明半暗的暮色中，我小心翼翼地挪动着双脚，极力睁大眼睛朝幽暗中张望，生怕前方有蛇。最让我担心的是北美铜头蛇，其拉丁名为 *Agkistrodon contortrix*[1]，美其名曰“带钩齿的旋风”（hooked-tooth twister）。这些蛇在闷热潮湿的夏日夜晚尤其活跃。今天晚上，北美铜头蛇最喜欢的夏日小吃出现了。无数只蝉正从地下蛹洞中往上爬，蛇当然会虎视眈眈地潜伏在四处。我不乐意让手电筒的反光刺痛双眼，只好慢慢前行，在夜幕中细细搜查铜头蛇酷似枯叶的保护色。

我对捕食者的畏惧，很可能是通过数百万年的自然选择铭刻在心灵之中的。热带灵长类动物夜视能力不佳，如果它们对黑夜掉以轻心，就极少能活得长久。像所有其他活着的生物一样，我是幸存者的后裔，因此我脑海中的恐惧，其实是祖先在悄悄告诉我他们积累下来的智慧。我大脑意识层面中闪现的画面，完全吻合所谓的“动物恐慌症”（zoological fear-mongering）：带着长铰链的尖牙，渗入血液之中的可怕

1 —— 又称高原噬鱼蛇，为蝰科毒蛇。因眼与鼻之间有一个小颊窝，归为响尾蛇亚科。

毒液；眼睛附近用来捕捉轻微温度变化的小窝；还有在十分之一秒中突然跃起的袭击。直到走进坛城，熟悉的环境才缓解了我的紧张情绪。来自家族树的另一声低语告诉我：你所知道的，便是安全的。

当我坐下时，一只萤火虫用闪烁的光芒来迎接我。它的绿光忽而升到好几英寸高处，随后在那里逗留一两秒。夜晚的微光仅够我看清这只小虫和它身上的灯笼。绿色的光芒黯淡下来后，这只小虫一动不动地悬在空中停留了三秒，接着俯冲下来，从坛城上空划过。随后它又重复了这一过程：打着灯笼快速上升，熄灭光芒歇息一阵，再从空中划落，一闪而过。

如果我是真正的萤火虫专家，我没准能从这只萤火虫萤光特有的闪烁节奏和延续时间来鉴定它的种类。可是很不幸，我根本就没有这种能力。白天，我在野外考察指南的帮助下，认出那些在坛城植被上爬行的萤火虫属于女巫萤属（*Photuris*）。夜晚相距遥远的情况下，我可没法判断这只萤火虫是不是女巫萤火虫。不过从这种上升的闪光来看，它应该是一只雄虫。它的光芒是一种开场白，表明它希望与未来的配偶对话。它在落叶堆上空表明诚意，希望得到回应，可是大部分时候都会落空。雄虫点亮灯笼后，便会细细查看林地。它停留在空中，给雌虫一个回应的机会，然后飞走去继续搜寻。

如果坛城上这只萤火虫是一只女巫萤火虫，它的配偶在交配完毕后，将会额外耍一套把戏。一旦雄性女巫萤火虫无懈可击地完成求爱者的任务，与雌虫进行交配之后，雌虫就会将注意力转向其他种类的雄性萤火虫。每种萤火虫独特的闪光次序，通常能使不同种类的雌雄萤火虫区别开来。正如我们对大猩猩发出的性信号毫无兴趣一样，萤火虫也对非同类个体的闪光视而不见。然而雌性女巫萤火虫会模拟其他种类萤火虫的回应信号，勾引异类雄性萤火虫，然后抓住这些满怀希望奔来的倒霉蛋，毫不客气地吃掉它们。新郎官刚走过教堂的走道，便沦为了婚宴上的大餐。从远处看起来惹人心动的新娘子，原来是一只饥肠辘辘的大猩猩。女杀手不仅用猎物充饥，而且将猎物当作化学防御武器的来源。它从受害者身上窃取那些有毒的分子，在自身体内进行重组。万一遭到蜘蛛抓捕，它便释放出这些化学物质，逐走攻击者。在如此温暖的夏夜里，林地上似乎充满了“带钩齿的危险”。

危险只是故事的一部分。萤火虫也带来欢乐，它们闪烁的光芒令我们心醉神迷。像艳丽夺目、姿色动人的花朵，或是美妙动听的鸟鸣声一样，萤火虫的灯笼为我们打开一扇窗户，吹散了阻隔在我们与更真实的经验世界之间的迷雾。当孩子们嬉笑着追逐萤火虫时，他们不是在追逐甲虫，而是在捕捉惊奇。

当惊奇进一步成熟时，人们便会回到经验中去寻找奇迹背后更深的一层。这是科学最高的目的。萤火虫的故事充满隐秘的惊奇。这些小虫闪烁的光芒，令人不由得惊叹于演化之妙：它用毫不起眼的原料，拼凑出了一件杰作。萤火虫腹部末端的灯笼，是由昆虫身上标准的组织材料制成，只是经过了精心的组装，才使得这种昆虫成为闪闪发光的林中精灵。

萤火虫的光来自一种叫作荧光素的物质。就像很多其他的分子一样，荧光素能同氧气结合，转变成一个能量球。能量球通过在运动中释放能量包来排解内部的刺激。这种能量包就是光子，也就是我们所感知到的光。荧光素在构造上与细胞内部很多常见的分子相似，不过，大概是经过几次变化，荧光素变得格外易于被激发。荧光素分子还得到了另外两种化学物质的协助，这两种化学物质的职责是煽动荧光素进入一种过激的状态。

萤火虫给体内的化学物质加压，从而将隐约的微光变成耀眼的光芒。但是光靠这些化学物质，最多能产生一种微弱的弥散光。萤火虫灯笼的结构将这些能量集中起来，变成间歇性的闪光。交配期的萤火虫极其小心地依据间隔节奏来安排婚礼前的对话。灯笼通过调节流向荧光素的氧气量，就能控制间隔时间。灯笼中每个细胞将荧光素分子埋藏在核心部位，然后在周围裹上一层厚厚的线粒体。线粒体通常的功能是为细胞提供能量，但是萤火虫的灯笼却把线粒体当作吸收氧气的海绵。在正常情况下，氧气一旦渗入这些细胞中，就会很快被线粒体燃烧掉，不会有氧气到达细胞中心去激活荧光素。萤火虫灯笼里面的这层线粒体，是一个“关闭”按钮。当灯笼需要发光时，一束神经信号射入灯笼中，促使一种气体，即一氧化氮气体，从位于神经末梢的细胞中流出。这种气体关闭线粒体，氧气冲进细胞内部，使化学物质燃烧发光。

线粒体和一氧化氮，是动物生理系统中极其普遍的两种物质。萤火虫的发光机制将这两种因素结合起来，形成一种精妙的开关——据我们所知，也是一种独一无二的开关。灯笼的建筑结构，好比修补匠的绝妙手艺一般，将普通的细胞与萤火虫的呼吸管，变成一间有充足空气供荧光素使用的屋子。这位修补匠的工作可不含糊。在萤火虫发光用到的全部能量中，95%以上的能量都以光能的形式释放出来。而人造的灯泡则正好颠倒过来，大部分能量都以热能形式浪费掉了。

抬头看夜空，四处一片黑暗。但是当我站起来离开坛城时，我看见林中充满光亮。萤火虫待在地面上两三英尺的范围内，从我站立的位置朝下看，它们就像一堆闪光的浮子，在海面上荡漾起伏。我一面点亮自己的灯照亮来时的路，防止想象中的铜头蛇出没，一面思索着工业制造的低效光源与周围舞动着的那些生物奇迹之间的差异。然而这种比较是不公平的。我是在用一个婴儿与一个传奇相比。我们的灯光背后只有两百年的思想史，而且是在拥有大量化石能源和化学能源的背景下发展出来。人类几乎没有花费任何精力在第一束电灯光的原型基础上做出改进。燃料是无限的，我们何必改进自己的技术？相比之下，萤火虫的构造背后伫立着数百万年的试错实验。对每只甲虫来说，能量供应始终是短缺的，这促使它们制造出一盏浪费极少的灯，而且是以昆虫食料，而不是矿物化合物来做燃料。

# 7月27日

## 太阳光斑

中午时分，坛城上依然是阴沉沉的。全年中白昼光照最强的时候已经到来。夏天臻至顶峰，坛城表面却比一年中其他任何时候都更为幽暗。即便是冬至日，地面上也更明亮些，不似七月间这般阴郁。枫树、山核桃树和橡树的叶子层层伸展开去，贪婪地吮吸着阳光。它们所能窃取的，无非是打在冠层上的光线中极少的一部分。对森林里的草本植物来说，日子更加艰难；无怪乎许多草本植物在春季短短几周的阳光下，便急不可耐地完成了全年的任务。那些没有进入休眠状态的低矮植物都很善于节俭度日，它们的叶子很善于阻截小片遗漏下来的阳光。森林里的草本植物是植物界的沙漠山羊，胃口小，又能耐饥渴。

骤然间，一束明亮的光柱斜斜地穿过笼罩在森林上空的迷雾，透过冠层中一道缝隙，照亮了坛城下方一片足叶草叶子。足叶草在光环下闪耀了五分钟，随后，光束慢慢移到一株枫树幼苗上，随后又是另一株。在一个多小时里，明亮的光束绕了一圈，先是扫过一株獐耳细辛三瓣式的光滑叶片，越过香根芹（sweet cicely），爬上山胡椒树，然后透过包果菊幼苗参差不齐的叶子照射下来。

每株植物在太阳的关注下逗留不到十分钟，之后便重新被重重树荫遮盖了。然而就在光斑短暂的拜会中，这些植物会得到它们每日里半数的阳光配额。山羊们在返回沙漠之前，得到了几分钟的进食机会。然而，意想不到的食料会撑坏一只饥饿的山羊，葬送它的性命。同样，这种突然的光明，对于坛城上的植物来说，可谓是喜忧参半。光照不足的艰难处境最终会使植物虚弱不堪，但是骤然得到过剩的阳光，也会破坏叶片节俭的经济，永久地损害叶片的功能。在光斑照射下，叶片必须迅速调整身体结构，以接受太阳光的强烈冲击。

叶片当然是为了用来捕获光线能量并将其投入机能的运转。具体的实施方案，是调动聚光分子（light-harvesting molecules）来捕捉光束，将光束转变成兴奋的电子。这些电子弹射开去，电子激发产生的动力，则被用来为植物的食品加工厂提供能量。但是当叶片上不期然地接收到过多的光线照射时，充满能量的电子无法尽快得到处理，就会在脆弱的聚光分子周围左冲右突，将聚光分子淹没在这股不受支配的狂潮中。这就好比将一伏特的马达堵在墙壁里面，叶片很快就会被击垮。适合在阴凉处生长的植物格外容易受到混乱无序的电子损害。这类植物叶片中的聚光分子多于处理电子的分子（electron-processing molecules），光斑能轻而易举地击溃它们的内部结构。

为了应对光斑的到来，植物没等聚光分子收集到过多的能量，便清除了部分聚光分子。最初的灾难信号出现时，聚光装置中重要的组成成分暂时离开通常的位置，直到境况缓解后才回到原地。这就好比切断电子马达内部的一根电线，使马达停止运行，随后再把电线两端重新连接起来，重新启动马达。电子的积聚，也会导致扣留聚光成分的薄膜层变得松弛，使能量得以流进内部进行电子处理的地方。叶绿体中包含着所有的光合作用机制，它们应对光斑的方法，是翻滚到细胞的边缘位置，背对着阳光。以这种方式，叶绿体便能保护内部的分子。当光斑移开后，叶绿体回到细胞的上表面层，像睡莲叶一样静静享受森林里微弱的光线。

对于突如其来的光照，植物的应对方式充满了吊诡。它们采取疏通和翻滚策略，似乎急于避开它们孜孜以求的东西。坛城上的草本植物用一天中大部分时间来啜饮一股极细的阳光流，随后，当洪流涌来时，它们便撑起一把伞，掩住自己的嘴巴。然而光斑倾泻而下的力量是如此强大，雨水从雨伞边缘溅落下去，植物就能得到维持生存的口粮。

光斑从坛城上方扫过，照亮了行进途中所有的事物。蜘蛛网在光照下闪着银光，灿烂的阳光让这张无形的网现出了原形。落叶堆变成明亮的沙石色，幽暗的影子浮现出来，使落叶堆突然间变得深浅有致。彩虹色的胡蜂和蝇类，像闪闪发光的金属屑一样散布在坛城上空。

坛城上的昆虫对光圈显得无精打采，太阳光斑在坛城上移动时，它们一直缩在自己的小圈子里。这些昆虫最忠实的扈从，要数三只姬蜂（ichneumon wasps）组成的团队。每当一只姬蜂闯到阳光下，它会立即转身，匆忙撤回。在坛城上方乱窜的蝇类没那么谨慎，它们偶尔发动突袭，冲进黑暗中停留一分钟，或者更长时间。

满心敬畏太阳的姬蜂体内流动着过多紧张的能量。它们狂乱地左冲右突，不停拍打触角和翅膀。它们颤抖的触角在太阳光斑照亮的小世界中每片叶子上下乱撞。每隔一两分钟，姬蜂便会歪在一边，几条腿一起抖动，挣脱蜘蛛在坛城上撒下的罗网。摩挲完毕，姬蜂又跳起来，重新颤颤巍巍地踏上征途。

姬蜂的狂躁行为是有明确目标的。它们要猎取毛虫，在毛虫身上产卵。姬蜂幼虫从卵中爬出，在毛虫体内诞生。随后，幼虫将会啃食毛虫，慢慢地，由内自外，直到最后离开这些活体器官。毛虫啃食并消化叶片，继续坚忍地活着，即便生命已被从内部偷走。这些腹中空空的毛虫成了理想的寄主，可以源源不断地补充被寄生虫劫走的养分。

姬蜂的寄养生活，启发了达尔文最著名的神学言论之一。达尔文认为姬蜂的营生显得格外残忍。这些姬蜂似乎与他在剑桥求学时期维多利亚国教教给他的上帝形象格格不入。他写信给哈佛大学的植物学家、长老会的教士阿萨·格雷（Asa Gray），声称："我无法说服自己，一个仁慈和全能的上帝，竟然在创造姬蜂时，明确表现出让它们在活生生的毛虫体内觅食的意图。"在达尔文看来，姬蜂是书写在自然之书上的"魔鬼问题"。格雷并未信服达尔文的神学论断。尽管他继续支持达尔文的科学观念，但是他从未放弃过自己的信念：演化思想与传统基督教神义论是协调一致的。而达尔文本人备受伤痛的折磨；他身体一直不太好，心爱的女儿夭折，也给他带来精神上的沉重打击。黑暗的岁月逐渐逝去，世俗的痛苦压在他身上，促使他从一个模糊的自然神论者变成怀疑主义的不可知论者。姬蜂是一种象征，标志着他内心背负的伤痛。这些生物的存在，对于维多利亚时期人们从自然界随处可见的神意中认识到的那个上帝，构成一种无情的嘲讽。

神学家试图回应达尔文的挑战，但是有神论的哲学家对毛虫的生活没有丝毫洞见——这或许也无足为怪。他们认为，毛虫没有灵魂，也没用意识。因此毛虫的痛苦，不可能是精神成长中的机制，也不可能是自由意志的结果。另一种说法是，毛虫并不能真正感觉到什么东西，即便能够感觉到，它们也缺乏意识，这意味着它们无法思考自己的伤痛，因此伤痛并不真正构成痛苦和折磨。

这些论断忽视了问题的关键。实际上，这类说法并非论断，而是在重述那些面临挑战的假定。达尔文的主张是，一切生命都由同样的织物构成，因此我们不能轻视毛虫错综复杂的神经产生的效果，而声称只有我们的神经才会造成真正的痛苦。如果我们认可生命在演化中的延续性，那么我们就无法再对其他动物的感受视而不见，听而不闻。我们的躯体等同于它们的躯体。我们的神经，与昆虫的神经是建立在同一种构造基础上。我们来自一个共同的祖先，这暗示着，毛虫的痛苦和人类的痛苦是相似的，正如毛虫的神经与我们的神经是相似的。当然，毛虫的痛苦在性质或程度上可能与我们自身的痛苦相异，正如毛虫的表皮或眼睛与我们的相异。但是我们没有理由认为，非人类的动物感受的痛苦就比人类要轻。

意识是人类独有的天赋，这种观念同样没有任何经验基础。这只是一种假定。即便这一假定是正确的，也无法解决达尔文的姬蜂所提出的挑战。当痛苦植根于一种“能看到此刻之外”的意识中时，所遭受的折磨就会更强烈吗？抑或，当痛苦封闭在一个无意识世界中、痛苦成为唯一真实事物的时候，情况会更糟糕？这大概属于个人感受问题。不过在我看来，后一种情况似乎更为可怜。

太阳光斑从坛城上方晃过，照在我的腿脚上。它继续移动，直接打在我的头上和肩上，形成一幅神光启发的画面。很不幸，太阳女神没有带来任何哲学思索上的突发灵感；相反，她让我脸上和脖子上的汗水开始往下流淌。我感觉到了那股令姬蜂在林地上狂躁舞动的强大能量。

姬蜂的身体是如此纤细，阳光照射几秒，它们的体温就会上升好几度。为了防止被烤焦，姬蜂不停地朝身上扇风，每一秒都要通过空气对流来保持直射的阳光与热流之间的平衡。我身上渗出的汗水，是一只体量巨大的哺乳动物做出的缓慢反应。对我而言，热量平衡是以小时来计算的，而不是以秒来计算的。

太阳光斑最终落在我的右肩上，而后一路向东，离开了坛城。给人带来困扰的姬蜂随着太阳一起走了。当太阳光斑最终流走时，坛城中恢复了阴暗的调子。我在游移的光斑下待了一会，感觉也产生了变化。这会儿，当我再次凝视森林四周时，看到的不是昔日所知的世界，而是一片黑暗天幕中闪耀的群星。

# 8月1日

## 水蜥和郊狼

雨水将落叶堆中的湿气抽到了空气中。在坛城上沾满水珠的光滑叶面之间，隐约可以见到落叶堆中的居民们匆忙的行动。这些探险家中个头最大的是一只蝾螈——一只赤水蜥（red eft）[1]，它盘踞在一块长满苔藓的砾岩上，凝视着这片迷雾。

这只水蜥的腹部和尾巴紧贴着岩石。它用两条宽大的前肢支撑起身体，胸部向上弯曲。头部保持水平位置，纹丝不动。眼睛好似金色的小球，一动不动地盯视着坛城上方。与大多数蝾螈不同，这只水蜥的皮肤即便在浓重的雾霭中看起来也是干燥的，如同深红色的天鹅绒一般。

水蜥的背部分布着两排鲜艳的橙色小点。这些小点向鸟类和其他捕食者发出了警示信号：有毒，请勿靠近！水蜥的表皮中充满毒素，这给了它一种大多数蝾螈都不具备的御敌武器。因此水蜥颇为自信，胆敢跑到地面上闲逛，其他蝾螈则大多潜伏在地下活动。这种大胆的行为也说明了，为什么水蜥具有不同寻常的干燥皮肤。与那些胆怯、怕光的表亲不同，水蜥的皮肤厚实，防水性能相对较强，耐得住日光的照射。

1 —— 拉丁名为 *Notophthalmus viridescens*，为变绿东美螈在幼体阶段的名称。

水蜥静静地等待了一两分钟，突然从出神状态中惊醒，五步跨过砾岩，随后停下来，再次陷入凝滞状态。它极有可能是正在搜寻蚊蚋、跳虫（springtails）或者其他的小型无脊椎动物。它交替进行着安静的守望与突然的袭击行动，悄悄包抄过去，然后一跃而出，抓住猎物。这是一种常见的狩猎技巧。观察一下草坪上的知更鸟，或是寻找宠物猫的人类，你就会发现这些行动都如出一辙。

水蜥行走的方式十分笨拙。它摆动四肢，在地上“划行”。先是一条后腿伸出来，向前方“划”，然后是另一边的前腿，再然后是另一条后腿。随着四肢的移动，它的脊椎左右扭动，拉动几条腿一伸一缩。它的脊椎水平摇摆的样子，看上去活像鱼儿在游水。尽管水蜥的骨骼和肌肉都适应于陆地生存，但是它们行走方式总体上还是鱼类的摆动式。这种左右摇摆的方式，对于动物在水中游动或是在土壤中穿行时克服周围阻力十分有效。然而在二维平面上，来回扭动的办法就失效了——蝾螈每次伸出一条腿，都必须靠三条腿（或者是肚子）来维持身体平衡。一只惊慌逃窜的蝾螈会胡乱挥舞着四肢，在地上拍打得呼呼作响。

那些生活需要速度的陆生脊椎动物，至少已在三个独立的时期对鱼类古老的身体结构进行了改造。哺乳动物的祖先和恐龙的两个分支都分别做出调整，以便解决“陆生鱼类”（fish-on-land）在爬行上的不便。它们的四肢朝里移动，同时向下，使身体重量直接压在四肢上，这样更便于保持平衡，在向前跑动时也不至于一头栽倒。脊椎的左右摇摆，则被上下的弯曲行动所取代。哺乳动物是控制这种屈伸活动的高手，它们能够将两条前腿向前伸，借助两条后腿的力量朝前走，随后再

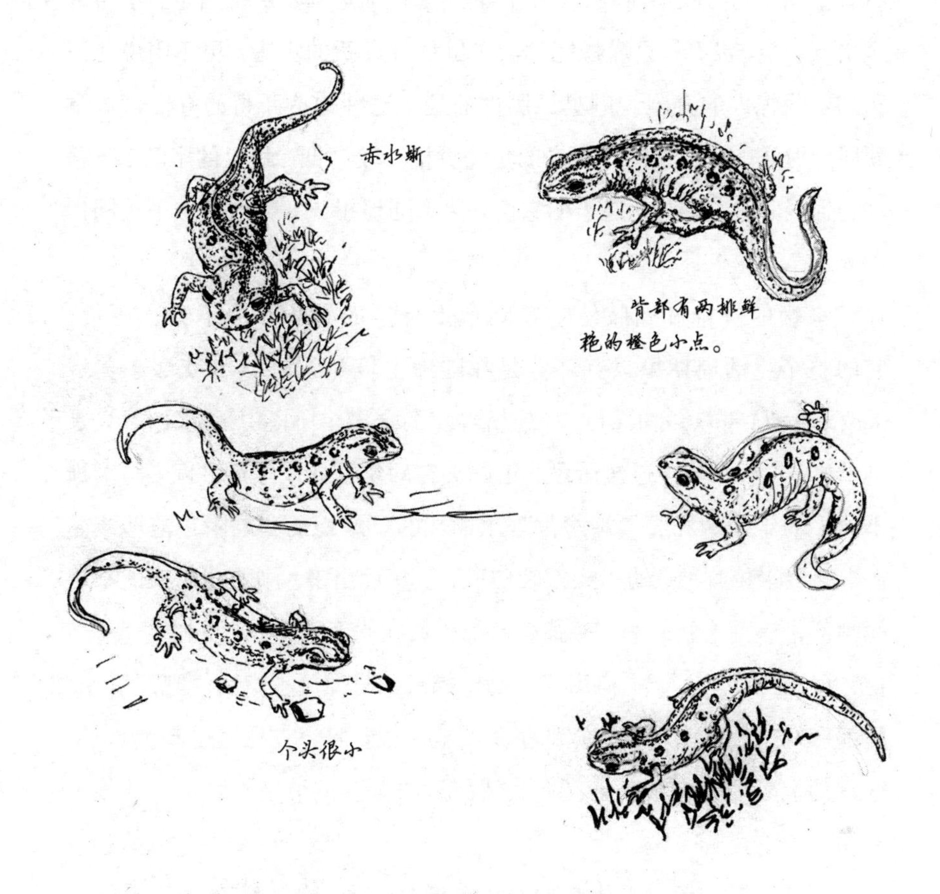


水蜥行走的方式十分笨拙，它摆动四肢，在地上乱蹬。先是一条后腿蹬出来，向前方伸出，然后是另一边的后腿。

它的脊椎水平摇摆的样子，看上去活像鱼儿的游水。

将脊椎朝下弯，收回前肢，与此同时后腿往前迈出，稳稳站定，准备好迈出下一步。没有一只蝾螈能学会老鼠那种跳跃的步法，更不用说非洲猎豹步伐惊人的奔跑。颇具讽刺性的是，这种构造新奇的脊椎，也重新回到海洋中去，试图与古老的鱼类脊椎一较高低：鲸鱼的尾巴上下移动，而不是左右摇摆，这表明它们是来自陆地祖先。美人鱼似乎也同样如此。

水蜥的脊椎和四肢使它在陆地上行走的姿势颇为不雅，不过，它的整个生活周期里只有部分是在陆地上度过。在这种变绿东美螈（eastern red-spotted newt）[1]一生所经历的众多个阶段中，“水蜥”只是其中之一。水蜥处于过渡阶段，正好夹在幼年期和成年期之间。与水蜥不同，幼年蝾螈和成年蝾螈都是水栖性的。蝾螈的卵黏附在池塘或溪涧中的沉水植物上，幼年蝾螈咬破卵，从里面出来。刚孵化出来的小蝾螈颈部带有羽毛状的鳃，一连数月都生活在水下，以小昆虫和甲壳类动物为食。到夏末时节，荷尔蒙给幼年蝾螈的身体施了魔法。鳃部消失，肺部形成，尾巴由一柄宽宽的小桨变成一根长杆，皮肤也变粗变红了。这只爬上陆地的水蜥，已经在激情澎湃的青春期中接受磨炼，改换了模样。

一旦完成变形，水蜥将要在岸上度过一到三年，充分利用森林丰厚的馈赠。在这里，没有跋扈的成年蝾螈来与它们竞争。水蜥像毛虫一样，依靠处于其他生命阶段的同类都无法利用的食物来源，逐渐地长胖。当水蜥长到足够大时，它们便返回水中，再次变形。这次它们变成

1 —— 或称红绿东美螈、东美蝾螈、火焰蝾螈等。

橄榄绿色的游泳健将，长出了性器官和带龙骨的尾巴。成年蝾螈余生都将待在水中，年复一年地进行繁殖。在某些情况下，达到生命最后阶段的蝾螈能活过十多年。

这种生命周期的复杂性让我们看到，坛城上这种动物为什么会有如此奇怪的名字。水蜥（eft）是古英语中对蝾螈（newt）的称呼，人们沿用这种古旧的标签，将未成年期的陆生阶段与性成熟期的水生阶段区别开来。卵，幼年蝾螈，水蜥，成年蝾螈：这一序列让我们不得不回到语言的源头去搜索词汇，以便标定所有的阶段。

当蝾螈回到水体中生殖时，皮肤上的毒素使它们得以在大型掠食性鱼类近旁求生，进驻那些对毒性没那么强的蝾螈来说过于危险的栖居地。人类毁掉溪流，又修建出成千上万个充斥着鲈鱼与其他食肉鱼的池塘。这种举动无意间使变绿东美螈得到了一个它们的蝾螈科亲属所不具有的巨大优势。变绿东美螈攀上"进步号巨舰"船首激起的波浪，搭了个顺风车。

变绿东美螈的反复变形，在蝾螈们种类多得惊人的生活周期形式中，只是九牛之一毛。二月里蜿蜒爬过坛城的那只无肺螈，是在卵中度过它的幼年期。从卵孵化出来，长成微型的成年蝾螈，之后不再进一步变形。因此，无肺螈属的蝾螈根本不需要到水体中去进行繁殖。此处上游地带的变绿东美螈，需要在春季临时出现的池塘中产卵。它们的幼体在水中急切地进食，然后赶在池塘干涸之前，变化成生活在地下的成体。我在坛城上能听见哗哗水声的那几条溪流中，栖居着一种两线蝾螈（two-lined salamander）。这类蝾螈虽然因循由卵到幼体再到成体的一整个过程，但是到成年期仍然待在溪流中。此处下游地段的泥螈（mud puppies）[1]生活在更大的溪涧与河流中。它们直接跳过了“成年”阶段，终生保留着幼年期的鳃，并且在这种幼体形态下长出生殖器官。交配和发育上的灵活性，是蝾螈得以成功繁衍的很大一部分原因。它们依据环境来调整自己的生活，它们生活在各种水体与陆地上，栖居地比任何一类脊椎动物都要广泛。

当那位体现出生殖灵活性的模范代表歪歪扭扭地消失在视线中时，坛城上传来另一位具有最佳适应性的冠军选手的声音。一阵混杂的高亢吠声与嗥声，与稍低的吼叫声和幼犬吠声相呼应。随后，声音交汇成嗥叫和犬吠的混声大合唱。这是郊狼的声音。它们离得很近。从我头顶传来的这阵叫声，很可能是坛城东边三十步远处岩屑堆中的一只母狼在向几只处于青年期的狼崽致意。

郊狼幼崽出生于四月初，正好处在坛城上刚露出绿叶的时节。郊狼父母在隆冬季节求爱、交配。在母狼的整个孕期中，父狼始终陪伴左右，并在狼崽出生后一连数月给它们带来食物。这对于哺乳动物而言是不常见的。如今，狼崽们已经长到足够大，可以离开母狼选来当作筑巢场所的洞穴、树洞或石缝了。郊狼父母把半大的狼崽留在指定的集合地点，让小狼在周围闲逛、戏耍，自己出外去寻找食物。负责觅食的成年狼通常走到离狼崽一公里多远处，随后在黎明和黄昏时分喜悦的嗥叫声中，回来给狼崽喂食、梳洗，并与它们一同休息。极有可能，我听到的正是它们某一次相会的过程。狼崽断奶之后，先是进食反哺的食物，随后食用零碎的生肉。到夏末秋初，狼崽们将独自走出更远。到秋末或

1 —— 又叫泥小狗，因能像小狗一般汪汪叫而得名。泥螈是蝾螈中体型最大的一类。

是冬季，它们将最终走出故居的里程范围，去寻找自己的家。这些漫游者很难找到尚未被占据的合适领土，因此它们要从故居所在地出发，行走数十公里，有时甚至是数百公里。

只是在最近，坛城上才出现郊狼之间活泼的对唱。尽管与郊狼类似的动物可能已经在这里生活了成千上万年，但是这些郊狼的原型在人类到来之前就早已灭绝。人类陆续到来这里，从最初的亚洲人，再到后来的欧洲人和美洲人。那时郊狼生活在西部和中西部的大草原与灌木丛林地中；狼统治着东部森林，从未受到那些体型较小的表亲的干扰。然而，在最后两百年中，狼群的数量急速下降。就在最后几十年中，郊狼全面进驻东边半个大陆。是什么促使这两种犬科动物的运气发生了惊人的逆转？为什么欧洲对北美的殖民使狼群销声匿迹，却导致郊狼胜利横扫半个大陆？

狼在欧洲文化中的象征意义，注定北美狼要受到深重的迫害。美洲移民乘坐“五月花号”来到“新世界”的第一个晚上，狼的嗥叫声惊醒了人们，激起他们内心深处对“旧世界”的恐惧。狼也曾经生活在欧洲，它们的存在已经渗入那些殖民者的神话传说中。欧洲人认为狼是可怕的，并将这种动物转变成了一种象征：狼象征着不加掩饰的罪恶、自然界中对人类不利的种种激情。随着欧洲狼的消失，人与狼之间的距离进一步加大，对狼群的恐惧过于夸大，以至于远远超出了狼群实际造成的破坏程度。因此，当“五月花号”在鳕鱼角（Cape Cod）抛锚时，首先令美洲移民们战栗的，便是狼群可怕的嗥叫声。这种他们从小就学会去害怕却从未真正谋面的动物，终于出现了。当“五月花号”扬帆启程时，英格兰的狼已经灭绝达一个多世纪之久，但是在这片蛮荒的新世界上，似乎遍地都是狼。

这种憎恶并不完全是非理性的。狼是肉食动物，吞吃大型哺乳动物是它们的专长。它们结群狩猎，因此它们能轻而易举地扑倒比它们更重的动物，其中也包括人类。我们是狼的猎物，我们的畏惧是理所当然的。狼的生活习性煽起我们心中恐惧的火苗。狼群一连数日跟踪落单的行人，也可能是在策划谋杀，也可能不是。这种习性奠定了狼在人类文化中的位置：邪恶的象征。事实上，在狼的食物榜上，人类排在极其靠后的位置。但这无关紧要。只要有一两个人受到攻击和追踪，就足以使我们故事中邪恶的大灰狼形象深入人心。

陷阱、毒饵和猎枪，这些直接的迫害构成北美狼群消失的绝大部分原因。然而在无意间，欧洲人也从另一个间接的角度对这些捕食者发起了进攻。我们对木头的大肆开采，以及对鹿的过度捕杀，使北美东部由一片肉食充足的林地，变成不见鹿群出没的农场、城镇，以及采伐过后满目疮痍的景象。大型植食动物的头号天敌被迫退守于一隅。那些在先前的林地范围内啃牧的牲畜，是狼群仅存的猎物。剿灭狼群很快成为新政府的政策。各州雇用猎手，提供丰厚酬金，并在一次同时针对狼群和美洲土著人的行动中，要求“印第安人”每年交付狼皮税，否则处以重罚。狼群居于森林食物链的最高点，一个强大却又危险的位置。狼自身的特性和殖民者的畏惧注定了狼群的命运。当食物链按照北欧的意象重新编织时，它们不得不屈服。

郊狼宁愿在食物链的各处跳动，而不是高居顶点。斧头、耕犁和电锯开辟出林间空地，牧场和杂草丛生的林边地带，它们正好提供了郊狼所需要的东西：大量的啮齿类动物、浆果、野兔，还有家养的小动物。

郊狼的捕食策略灵活多变而不狂热，任何一种食物的丧失都丝毫不会影响它们的生存能力。它们能独自狩猎，也能小群出动，依据环境来改变社会结构。灭狼行动为它们清除了另一个障碍。狼群将不再困扰和压制这些能屈能伸的西方入侵者。

不同于狼群一类的顶级捕食者，郊狼数量众多，这使它们格外易于逃过剿灭行动。正如人们在法国大革命中已经发现过、美国联邦的捕食者无人机部队（predator control arms）和州政府后来也再次发现的那样：荡平上层阶级，远比杀死国王困难。

郊狼也缺少狼所背负的文化包袱。不会有欧洲传来的可怕故事将这种北美本土物种编排进去。郊狼确实也捕食家畜，但是它们不碰人类。因此，虽然养殖羊群的农民会猎杀郊狼，并游说政府下达猎捕令，但是郊狼的嗥叫声不会唤起城镇居民的恐惧之情，也没有哪位父亲会因为担心孩子在后院玩耍时遭遇不测而追杀郊狼。

20 世纪三四十年代，郊狼大批涌入北美的东北角。南部的浪潮来得更晚，始于 20 世纪 50 年代，到 20 世纪 80 年代才到达佛罗里达州。坛城一带出现郊狼，是在 20 世纪六七十年代的某个时候，大约是在两种本土的狼——红狼和灰狼——消失一百年之后。更往西去，郊狼的入侵与狼的衰退产生交叠，狼群中某些孤独的幸存者身上的基因，可能偶尔也被继承下来。在早期的南部郊狼中，有很多郊狼个头极大，皮毛红得出奇，大概就是郊狼和红狼杂交的结果。通过对现存的狼与郊狼和博物馆馆藏的演化前的郊狼皮毛进行 DNA 分析，可以证实郊狼确实与灰狼和红狼进行了杂交。因此，在坛城附近嗥叫的这些郊狼身上，可能也流淌着一丝狼的血液。

郊狼凭借其生物学上的灵活性，涌入了狼群留下的空穴中。随着鹿群数量的增长，郊狼的活动范围扩大，从灌木丛林地进入森林地带。东部郊狼比它们的西部祖先个头更大，在北部某些区域，郊狼缩小捕猎范围，开始专门捕食鹿群。郊狼之前通常以幼鹿为食，但是这些个头更大的新一代郊狼结群狩猎，足以扑倒一只健康的成年鹿。狼的精神似乎又回来了，在它的近亲郊狼逐渐改变的身体上体现了出来——或许是通过某些逝去了的狼的基因。

郊狼在东部地区的殖民，是与森林的一场共舞。伴随东部节奏的改变，郊狼的食性和生活习性也产生了转变和摇摆。它的舞伴——森林，已经增加新的舞步，并恢复了某些几乎已被遗忘的、更为古老的动作。如今鹿群有了一个狂野的天敌，在疾病、野狗、汽车和猎枪之外，增加了一层危险。郊狼包罗万象的食谱意味着，它们对森林之舞带来的影响，远不止是掠食鹿群这么简单。靠果实繁殖的植物得到一位额外的传播者，这位传播者能将种子带到数公里外。小型哺乳动物则生活在对这种野生犬类的恐惧之中。郊狼也减少了浣熊、负鼠的数量，而令养宠物的人惊恐的是，它们连家养的猫也不放过。而小型杂食动物种群的衰减，出乎意料地给鸟儿们带来了一线光芒。有郊狼的地方，便是适合鸣鸟筑巢和哺育雏鸟的安全地带。

郊狼加盟森林剧团，可谓一石激起千层浪。捕食者使猎物的猎物生活得更加安全。森林中其他的部分，无疑也感觉到了这阵波澜的推涌。郊狼在食物链上四处跳跃，既食用果实和以果实为食的啮齿类动物，也捕食兼吃果实和啮齿类动物的浣熊，所以，它对整个生态的影响很难预料。它能帮助种子传播，还是会阻碍种子传播？鼠类数量减少，鸟类数量增多，对于蜱虫又有何裨益？森林的未来，部分就取决于这些问题的答案。

郊狼也教给我们一些有关森林之过往的知识。林中最初的舞者——狼，如今已经消失，然而它们的替身郊狼，却让我们瞥见森林从前优雅而复杂的舞姿。鹿群也是乘虚而入的新一代舞者。它们不仅扮演着自己的角色，还要代替麋鹿、貘类、林地野牛，以及其他灭绝的食草动物。郊狼和鹿在美国东部的成功，既是我们的文化对森林产生深刻影响的一大明证，也依稀再现了美洲移民、枪炮和电锯到来之前这块大陆上的演员与剧情。

虽然坛城坐落在一片老龄林中，但是从周围地界上涌入的潮流，也会给这里的生命之流带来强烈的影响。郊狼出现在坛城上，要归因于欧洲殖民者给北美带来的变化洪流。这股洪流同样影响到水生生态系统，要不是人类在坛城周围几乎所有的溪涧中拦水修坝，开辟大量池塘湖泊，坛城上水蜥的数量将会少得多。

这座生态学坛城，并非孤立地耸立在整饬的冥想宫殿（meditation halls）中。在冥思境界中，坛城的形状经过了精心的设计和划界；这座生态学坛城却不然，多种色调的沙子在变换的色彩河流中来回奔涌，洒遍四野。

# 8月8日

## 地星

在炎炎夏日的唆使下，坛城中心又涌现出一大批真菌。枝条和落叶上覆盖着橙黄色的纸屑。带条纹的檐状菌（bracket fungi）从散落的枝条上探出了头。一种水母状的橙色蜡伞菌（waxy cap）[1]和三种褐色的伞菌（gilled mushroom）[2]从落叶堆的缝隙间伸出来。这些死亡之花中最引人注目的成员，是扎根于一堆叶片之间的地星（earthstar）。它坚硬的外层包被呈星芒状张开，分成六个小片，像花瓣一般外卷。在这褐色的小星体中间，盘踞着一个略微有些瘪了的球，球的最上方有个黑色的小孔。

我朝坛城表面四处扫视一圈，颇为欢喜地发现真菌的数量还真不少。最后，位于坛城边缘的两个白色圆顶引起了我的注意。这两个小圆球从腐烂的树叶层下面的低洼处显露出来。我调整了一下姿势，近距离去观察。高尔夫球！两颗塑料球显得无比丑陋而且不合时宜，就好像扔在小溪里的啤酒罐，或是粘在树皮上的口香糖。

这两颗高尔夫球是从俯瞰坛城的悬崖高处飞过来的。一位打高尔

1 —— 伞菌目蜡伞科下面的蜡伞属，拉丁属名为 *Hygrophorus*。

2 —— 属于一个科，即伞菌科（*Agaricaceae*）。

夫球的朋友告诉我，从悬崖边缘击球让他产生一种振奋的权力感。高尔夫球场一直延伸到悬崖边缘，提供了大量满足这种癖好的机会。打飞的球多数落在坛城西边，当地的小孩捡满一口袋，再拿回去卖给高尔夫球手。

亮闪闪的白色塑料球出现在一片森林里，实在是触目惊心。这些球之所以令人吃惊，也是因为它们是来自一个平行的真实世界。坛城上的群落，是在成千上万种物种的折冲樽俎之间产生出来的；而高尔夫球场的生态群落，是从单一物种的心灵中产生出来的，是单一种植的外来草种。坛城上的视觉领域由性和死亡主宰：枯树叶、花粉、鸟的歌唱。高尔夫球场依照完美主义的生活政策被修饰得一丝不苟。人们培养并修建高尔夫草皮，使它永远保持着童年状态：没有枯死的草茎，没有花朵，也没有成团的种子。性和死亡被抹除了。这是一个奇特的国度。

我面临着一个困境：我是应该把球捡走呢，还是应该任其躺在原地？要是把球捡走，这就违反了我的原则：不去干涉坛城内发生的任何事情。然而如果把球拿走，坛城就能恢复到一种更自然的状态，或许还能为另一种野花或蕨类植物的生长提供空间。废弃的高尔夫球对坛城没有任何贡献。它们不会分解，不会为坛城提供养分。它们也不会成为另一种生物的栖息地。宏大的能量和物质循环，流动到一个被丢弃的高尔夫球上，似乎戛然停止了。

因此我的第一个念头是捡走塑料球，让坛城恢复到“纯净”状态。但是这一念头是有问题的，原因有二：其一，捡走球，并不能使坛城免受工业碎屑的干扰。酸、硫、汞，还有有机污染物，随时都在朝坛城上泼洒。坛城上每种生物体内都带有少量外来的分子层面上的“高尔夫球”。我本人的出现，无疑也给这里增添了几根磨损的衣服纤维、外来细菌，我还会呼出一些陌生的分子。就连坛城上居民的基因密码，也被打上了工业的烙印。飞行的昆虫，尤其是那些曾有祖辈接近人类的飞虫身上，携带着针对多种杀虫剂的抗体基因。捡走高尔夫球，将只是清除最明显的人造物品，勉强维持一种未受人类干扰的“原生态”森林的幻觉。

让森林恢复纯净的念头，从另一个更深的层面来说也站不住脚。人工制品并不是强加于自然之上的污点——那种观念只会加剧人类与生命群落其他部分的分裂。高尔夫球是一种聪明、爱玩的非洲灵长类动物心灵的展现。这种灵长类动物热衷于发明各种游戏来测试自己身体与心智方面的技能。通常来说，这些游戏都是在以稀树大草原为原型精心仿造出来的场所中进行。猿是从大草原中走出来的，如今这些灵长类动物潜意识中依然向往着那些地方。这种聪明的灵长类动物属于这个世界。灵长类动物制造出来的物品，或许同样也如此。

随着这些能干的猿逐渐懂得更好地控制自己的世界，它们也制造出一些未曾想到的负面效应。其中包括新的化学物质，有些化学物质对其他生命是有毒有害的。大多数猿几乎没有考虑过这些不良影响。然而，其中更开明的个体并不愿意看到它们这个物种给周围世界造成的不良影响，尤其是对那些似乎尚未完全遭到破坏的地方造成影响。我便是这样一只猿。因此，当落在林中的高尔夫球刺痛我的眼睛时，我内心会谴责这个球、这个高尔夫球场、那些高尔夫球手，还有酿成这一切后果的人类文化。

但是，因为热爱自然便憎恶人类，这是不合逻辑的。人类是整体的一部分。真正热爱这个世界，就也应当热爱人类的聪明才智和活泼嬉戏。自然界并不需要将人工制品清除出去才能变得美丽或是协调一致。没错，我们不该那么贪婪、不讲卫生、浪费成性、目光短浅。但是我们也不要把责任变成自我憎恶吧。归根结底，我们最大的缺点是对世界缺乏悲悯之心，甚至对自己也不例外。

我决定让高尔夫球留在坛城上。我会继续捡走森林中其他地方的各类奇怪的塑料产品，但是不去动这里的东西。在健行步道和公园里保持一点野性的“天然色彩”是有价值的。我们的眼睛需要从工业产品的纷扰中摆脱出来，得到偶尔的休憩。让树林里保持干净，标志着我们希望成为生命群落中更谨慎的成员。不过，仅仅带着参与的态度，保留一个小天地的本来面貌，包括废弃的高尔夫球等各色事物，这种原则同样是有价值的。

然而，高尔夫球最终无法分解，似乎会妨碍坛城上其他生物的生活。18 世纪和 19 世纪，高尔夫球是用木头、皮革、羽毛和合成树脂制成的，属于可降解材料。现代的“离子强化热塑性塑料”（ionically strengthened thermoplastic）球，却无法被细菌或真菌吞噬。制造商每年生产出一亿个高尔夫球。难道这些球全都注定只能在绿茵场上短暂一跃，随后一生沦为垃圾？我猜想，应当不至于如此。坛城上这两个高尔夫球，将随着下边生物材料的腐烂，在落叶堆中持续下沉。不出几年，它们就会碰到砂石，停靠在坛城下方杂乱的砾石之间。在那里，它们将被磨成离子强化热塑性塑料粉末。我们所在的这处断崖，朝西边一路下降，因此高尔夫球会随着相互摩擦的岩石缓慢地朝下滚动，小球将被碾碎成齑粉。在一层压实的沉积物中，或是在一阵火热的岩浆作用下，小球的原子最终将组合到新的岩石中。高尔夫球并没有像我们以为的那样终止物质的循环过程。它们把人工开采出的石油和矿物质变成一种新的形式，在空中短暂一跃，随后将原子送回去表演缓慢的地质之舞。

高尔夫球还有可能遭遇另一种命运。坛城上那些环绕在小球周边的地星和蘑菇，可能会策划出一种办法来消化球中的塑料，使其重新回到循环过程中。真菌是分解能手，因此自然选择很可能会制造出一种专门啃噬塑料的蘑菇。塑料中封存着大量的物质和能量。成功的演化之道等待着一种突变真菌的现身，这种真菌的消化液将能解开冻结的资产，使之重获生机。真菌，以及它们劫掠行当中同样多才多艺的伙伴——细菌，已经表现出依靠精炼油和工厂污水等其他工业产品为生的能力。高尔夫球或许是下一个突破口。“塑料们，听好了吗？一个伟大的未来，就在塑料之中。”

# 8月26日

## 蝈蝈

“*CHA CHA*！*CHA CHA*！”整个森林都在颤动。

傍晚的坛城幽暗散漫，充满小片模糊的光影。当日光消隐时，合唱的声音更大了。“*CHA CHA*！*CHA CHA*！”——无数只蝈蝈（Katydid）在树林中唱着由两个音节组成的歌声。间或有一位歌手的独唱突显出来，但是大部分情况下，单个成员唱出的三音节和双音节都融混在团体的歌声中：*CHA*！这些昆虫在询问森林，然后做出回答：“凯蒂做了吗（Ka-ty-did）？她没做（she didn't）！”停歇一阵，随后又开始一问一答。叫喊声此起彼伏，汇成一种强有力的声音。节奏保持稳定，延续一分钟或是更久，而后突然变成不同步的嘈杂歌声，再重新达到协调一致。

这种四面响起的歌唱，是森林之强大生产力的听觉表达。太阳的能量转化为树木的能量，随后又转化为蝈蝈的能量。新生的蝈蝈整个夏天都以树叶为食，逐渐蜕变成更大的个体，最终形成拇指大小的成年蝈蝈。森林植物中强大的活力，由此转译为气势恢宏的阵阵歌声。这种蝈蝈的学名叫叶螽（*Pterophylla camellifolia*），拉丁名意思是山茶叶翼（camellia leaf-wing），由此可见它与植物之间的联系。蝈蝈不仅靠嫩叶提供动力、维持生命，外形也酷似一片叶子。

蝈蝈用翅膀发出歌声。它的左翅基部有一条横向的瓦楞状翅脉，叫作挫脉（file）。挫脉正好位于头部后面。右翅上与挫脉相对的地方，长着一个肉垂。蝈蝈弹拨翅膀，使翅膀基部相摩擦，右翅上的肉垂如同拨子一样擦过挫脉，发出一阵嗡鸣声。蝈蝈可不是滥竽充数的业余音乐家。它们变换敲击的强度、角度和长度，就像钢琴大师正式出场一般。蝈蝈的演奏速度，让音乐会上的高手和懂得平的扫弦（flat-picking）[1]的乡村吉他冠军无不望尘莫及。某些种类的蝈蝈每秒弹拨一百多次，再加上挫脉上排列紧密的隆起物，就能发出每秒震动50000次的音频。这种声音远远高于人类听力的上限。坛城周围的蝈蝈是音色更为圆润的演奏家，发出的声波每秒只震动5000到10000次。这些音调比钢琴键盘上最高的音调还高，但是足以让我们听到它们的哀鸣。

蝈蝈的挫脉和拨子并不单独运行。蝈蝈声音嘹亮的奥秘，在于它们翅膀上的一小块膜。这块膜相当于班卓琴（banjo）琴身部位的外膜，能与拨子的颤动产生共振，从而使声音放大。蝈蝈身上的鼓膜绷得很紧，因此共振产生的调子并不同于由挫脉发出的音调。这种不和谐的音调造成一阵相互冲突的震颤，组合形成蝈蝈的刺耳嗡鸣。不同于这些蝈蝈表亲，蟋蟀们的鼓膜产生的调子与挫脉的音调协调一致，因此能发出不受杂音干扰的甜美音符。

正如人类的语言以及很多鸟类的歌声一样，不同地区的蝈蝈歌声也带有地方色彩。美国北部和中西部的蝈蝈歌唱起来不紧不慢，而且具

1 —— 指一种和弦扫弦和低音弹奏交替进行的奏法。

有两个或三个音节："*Ka-ty, Ka-ty-did, she did-n't*"。南部蝈蝈的歌声增加了更多的音节，唱起来更慢："*Ka-ty-did-n't, she-did-n't, did-she, Ka-ty-did*"。在西部，蝈蝈唱得很慢，而且只有一个或两个音节："*Ka-ty, did, did, Ka-ty*"。凯蒂的故事显然有多种阐述方式。这些地方口音的功能或结果都还不为人知。也许，方言能使蝈蝈的歌声适合于不同森林的听觉属性？或者，其中可能反映出隐藏在背后的不同区域间雌蝈蝈偏好的差异，而这些差异能防止不同生态适应性的种群相互杂交？

蝈蝈的合唱被鸣蝉短促、干涩的爆破音打断了。蝉是炎热午后出场的歌手，当黄昏来临时，它们就会退到舞台的后方。蝉冗长的呜呜声，是从一个比蝈蝈的拨子、挫脉和鼓膜更为奇特的器官中发出来的。蝉的身体两侧各有一个嵌在坚硬外壳之中的圆盘。这两个圆盘看起来极其类似带闩的舷窗。舷窗上的闩是硬邦邦的横杆，能向两边来回开合。当蝉身上的肌肉扯动圆盘时，横杆打开，产生一阵颤动。随后，当肌肉松弛下来，每根横杆又弹回原位。每次砰然打开和关闭的声音，都会通过蝉身体内部的膜和一个充满空气的囊来放大。这种凹凸不平的圆盘叫作蝉的鼓室（tymbal），在整个动物界中是独一无二的。

蝉和蝈蝈都从植物中汲取能量。蝉的幼虫在地下过着寄生生活，以吮吸树根中的汁液为生，就像带有吸管的鼹鼠一样。与生长快速的蝈蝈不同，幼年蝉要经过许多年才能达到成熟。因此，今晚这场蝉的大合唱，是一群依靠 4 年甚至更多年树液的浇灌、从洞穴爬上了大树的"鼹鼠"演唱出来的。

雌性的蝈蝈和蝉在树梢上徘徊，哑然无声地倾听着雄性昆虫们的合唱。蝈蝈用腿上的神经来聆听声音；而蝉的耳朵藏在腹部之中。要是雄性歌手们的歌声足够响亮、精力足够充沛，能够引领合唱，倾听者就会靠拢过来，再听一阵，然后进行交配。

当雌蝈蝈和雄蝈蝈缠绕在一起时，雄蝈蝈不仅要交给对方一个小小的精子囊，还要赠送一大袋食物，充当"新婚大礼"。食物囊通常有雄蝈蝈体重的五分之一左右。囊的制造过程十分费力，雄蝈蝈的腹部被食物囊腺体占了大半。对于不同种类的蝈蝈来说，礼物的作用各不一样。某些种类的雄蝈蝈给雌蝈蝈提供食物，让对方用来产卵。另一些种类的雄蝈蝈赠送的礼物能延长雌蝈蝈的寿命。

很不幸，对歌唱的雄蝈蝈来说，潜在的配偶并不是森林中唯一的倾听者。歌唱无疑增大了被鸟类发现的风险。布谷鸟格外喜欢捕食蝈蝈。但是蝈蝈歌手最危险、数量最多的天敌，要数寄蝇（tachinid flies）。这些带刺的坏蛋在成年期以花蜜为食，幼年期则寄生在其他昆虫体内。有些种类的寄蝇专找蝈蝈，它们的耳朵也恰好能捕捉到它们最青睐的寄主们发出的歌声。擅长偷听的寄蝇母亲定向寻找猎物的位置，就近停下来，在那里产下一窝滚动不安的幼虫。幼虫涌向受害者，钻进其体内。正如寄生在毛虫体内的姬蜂一样，寄蝇幼虫由内而外地慢慢消耗蝈蝈的身体。寄蝇母亲那套"闪电式袭击"的策略（hit-and-run strategy），完全是依靠着声音的指引。因此，体内寄生幼蝇的现象，几乎是只有雄蝈蝈才会背负的重担。

夜幕降临。蝉鸣声终于偃旗息鼓，合唱暂告结束，直到明天白昼的炎热将它们唤醒。其他种类的蝈蝈加入了合唱。小角翅蝈蝈（lesser angle-wing）颤抖着发出刺耳的爆破音，活像挂在树上的沙球（maracas）。其他种类的蝈蝈嗡鸣和呜呜的声音从合唱中突显出来，暗示出树上嚼食叶片的昆虫种类之多。

暮色渐浓，我的视觉也模糊了。森林中涌起幽深的波浪，最终将一切都淹没在黑暗之中。

只有森林中令人欢欣鼓舞的响声仍在继续：“*CHA CHA*！*CHA CHA*！”

# 9月21日

## 医药

在早晨强烈的日光照射下，我感到无比的快乐。一条溪涧从我前往坛城的小路上横穿过，十多只迁徙的莺鸟正在溪水中沐浴。此情此景，令我精神为之一振。莺鸟们伫立在清浅的溪池中，浸足了水，使劲抖动，把浑身羽毛都张开了。每只鸟儿溅起一串闪光的银色水珠，似乎在阳光下给自己施行洗礼。

鸟儿们无拘无束的欢乐之情，对我来说是格外的恩赐。因为正是这条溪涧，给我带来了近日的麻烦。两天前，我从坛城走出时，发现溪涧被翻了个遍，石头全都被撬了起来，或是被扔到一边。这种事情之前也曾发生过。偷猎者来这里抓走了他们能找到的所有蝾螈，拖运到别处去做猎饵。溪涧被掏空了。森林里那些蝾螈，将会死在钩子上，或是死在散发着恶臭的饵桶料里。我感到一阵恶心和发自肺腑的愤怒。我继续往前走，心中怒火翻滚，盘旋不去。一路朝山坡上走，内心的伤痛阵阵加剧。当我走到悬崖底部时，心脏在强烈的刺激下开始震颤，心跳无法控制地加速。

接下来，便是艰难地骑车到镇上，在医院待几个小时，输液、吃药。在一两个小时之内，我的心脏恢复了平静。休息几天之后，我又回到了森林里。这就是为什么今天莺鸟们湿漉漉的美丽姿态，在我看来似乎格外甜美，甚至是一种额外的补偿。

在坛城上，我用全新的眼光来看待那些植物。除了一个生态群落之外，现在我还看到一个草药库。这种新的观察方式，要归因于我在医院里服用的那些药物。那两种药都是从植物中提取出来的。阿司匹林最早来自柳树皮和绣线菊属植物的叶片，这种药物潜入我的细胞中之后，能像蚊子和蜱虫叮咬时释放的化学物质一样，阻碍凝血过程。毛地黄类药物则是来自毛地黄（foxglove）的叶片，这种药物与我的心脏细胞结合，改变细胞内的化学平衡，使我的心跳变得更有力，更稳定。

在医院病房里，我最初的感觉是与自然隔离开来了。但是这是一种错觉。自然的卷须无孔不入地渗入病房中，通过药品延伸到我身边。植物在我体内缠绕，它们的分子在一层致密的膜中寻找并控制我的分子。现在，我在坛城上看到了这种联系：每种植物中都隐含着巨大的医药价值。这里并没有柳树、绣线菊和毛地黄，但是坛城上的植物各自有其特有的药效。

在这片山坡上，足叶草是相对较为常见的植物之一。在坛城上好几个地方，都能看到足叶草铺展开来的伞状叶片。足叶草的叶子从林地上的地下茎中长出来，高可及脚踝。地下茎横向生长，在落叶堆中枝枝蔓蔓地穿行，逐渐向外扩张，直到数十片叶子长成一小片，覆盖了方圆好几米。美洲土著早就知道这种植物具有强大的药性。在剂量极少的情况下，其中的提取物可以被用作缓泻药，或是用来消灭肠道内的寄生虫；剂量稍高一点，若是有人误食了，就会产生致命后果。人们将其洒在新播种的庄稼地里，防止种子被乌鸦和昆虫吃掉。

现代研究发现，足叶草中含有的化学物质能杀死病毒和癌细胞。如今，足叶草提取物被用于制作乳膏，治疗病毒引起的疣，提取物经过实验室化学加工后，还被用作癌症化疗药物。如果没有足叶草，就显然不会有这些药物的存在。而这些药物对森林群落中其他成员的依赖也十分明显。熊蜂（bumblebees）给足叶草授粉。它们在足叶草的叶片下飞舞，碰触那些颔首的白色花朵。夏末时节，花朵成熟，结出黄色的小果实。每颗果实与小柠檬大小相当，植物英文名称中的“苹果”（apple），正是由此而来。箱龟（box turtles）与这些成熟的果实有着不同寻常的密切关系。它们一路寻找着过来，将足叶草果实吞咽下去，然后带着一肚子足叶草果实四处游荡。不在箱龟肚子里走一遭，种子通常就无法萌芽。药物学教材绝不会讨论林栖熊蜂和箱龟的生态习性，但是药物的形成过程却必须有这些生物参与。

野薯蓣（wild yam）是另一种具有重要医疗属性的本土植物。坛城范围内并没有见到野薯蓣，不过，野薯蓣分布极广，尤其是在阴凉湿润的林地中。野薯蓣是一种藤本植物，它将柔弱的茎干缠绕在灌木或是小树上，努力爬到一人多高甚至更高的地方。野薯蓣的茎和它的心形叶片都十分纤弱，不耐霜冻，因此，它将手指似的块茎藏在落叶堆下面越冬。野薯蓣的块茎中富含多种与人体荷尔蒙结构相似的化学物质，其中包括黄体酮（progesterone）。美洲土著人也懂得这一点，他们用这种植物来减缓孕妇生产时的痛楚。随后，20世纪60年代，人们对野薯蓣块茎中提取出的化学物质进行加工，制造出最早的避孕药。也有报道称野薯蓣能降低胆固醇，缓解骨质疏松症，减缓哮喘，尽管目前有关这些医疗属性的证据还存在争议。

在这片森林里，足叶草和野薯蓣都很容易找到。很不幸，另一种野生医药植物——西洋参，却不是那么普遍。西洋参的命运给人们提了个醒，让人们看到过度采挖有用的野生植物造成的后果。人们对西洋参的滋补和治疗效果趋之若鹜，导致在北美东部大部分地方，这种一度十分繁盛的森林草本植物被采挖一空。19世纪中期，美国每年出口的西洋参在50万磅[1]到75万磅之间。美国国内使用的西洋参也达到了同样的数量。如今，西洋参日渐稀少，每年出口量消减到不足过去的十分之一。尽管联邦政府和州政府对西洋参的采挖做出了相关规定，市场上对“sang”（当地人是这么称呼的）的需求依然十分兴旺。从坛城沿着道路往下走几公里，商贩们在大路交叉口设立了季节性的货摊，从当地“采掘者”手中收购西洋参根。晒干的西洋参根每磅值500美元，高价的刺激带来强大的动力，促使人们去搜寻新的西洋参。对于经验丰富的采掘者而言，采挖西洋参给当地困难的经济带来了重要商机。

西洋参数量的减少，诱使某些具有远见的商贩和采掘者开始栽培半野生的西洋参种群。他们在森林里搜寻西洋参根，同时播撒下种子。

1 —— 1磅=0.4536千克。

就像箱龟运输足叶草种子一样，人类如今也担当起了种子传播者的角色。这项工作从前由鸟类来实施，尤其是鸫（thrushes），它们将西洋参红宝石般的果实视为可口的夏末点心。对播种的人来说幸运的是，西洋参种子不像足叶草种子那么难对付，不需要经过鸟的肚肠也能萌芽。人工播种行动是否能阻止西洋参的数量进一步减少，目前还是未知数；大多数植物学家依然对这一物种的未来极为担忧。

西洋参、野薯蓣和足叶草都是一些小型植物，以地下营养茎或营养根的形式越冬。这种共同的生活方式解释了，为什么这几种植物都富含医药成分。与奔跑迅速的动物或是树皮坚韧的树木不同，这些伫立不动而且茎秆柔弱的植物非常易于遭受哺乳动物和昆虫的袭击。它们储存养分的地下部分，对潜在的捕食者格外具有吸引力。因为这些植物缺乏逃跑或将自身隐藏于坚硬外壁后的能力，所以它们唯一的防御方案，便是让体内浸满各种化学成分，给天敌的肠胃、神经和荷尔蒙造成毁灭性打击。自然选择设计出这些化学防御物质，是专门为了攻击动物的生理功能。而在谨慎的人类手上，这些毒药能转变成医药。草药学家通过掌握合适的剂量，就可以将植物的防御性武器变成众多引人注目的药物：兴奋剂、泻剂、血液稀释剂、荷尔蒙，等等。

坛城上的医药植物以及流淌在我血液中的药物，只是一个更庞大的族群中的代表：在所有的处方上，四分之一的医药是直接来自植物、真菌和其他生物。剩下的很多医药都是对最初在野生物种中发现的化学成分进行加工制成。然而我们对坛城上物种复杂的化学世界，所知的实在少得可怜。在坛城上可见的二十多种植物体内成千上万个分子中，只有极少数已经在实验室中经过细致的考察。还有一些植物虽然在传统草药医学中起到作用，但是尚未得到科学检验。坛城上无形的生化多样性充满无限可能性，等着人们去探索。

我的生物医学经验已经告诉我，我和坛城上这些栖居者的亲属关系一直延伸到微小的分子层面。在此之前，我所理解的亲属关系，主要意味着演化树上共同的遗传谱系，以及相互联系的生态学关系。而现在我认识到，我的身体极其紧密地维系于生命群落之中。借助远古时代植物与动物之间的生化斗争，我的分子构造促使我同森林缠绕在一起。

# 9月23日

## 毛虫

迁徙的莺鸟闹哄哄地穿过坛城上的树木，就像层层波浪从树枝上掠过。一只刚从北部森林的繁育场所归来的灰冠虫森莺，落在坛城边缘一株低矮的枫树幼苗上，从树叶间找食吃。这只鸟还要飞行2000公里，才能到达位于中美洲南部的越冬场所。因此，觅食是迫切的大事。

坛城上叶片的状态，暗示出这些莺鸟的食物来源。每片叶子都被扫荡过了，留下十多个边缘犬牙交错的孔洞。很多叶子丧失了近一半的叶面。坛城上的毛虫已经把夏天的绿叶转化成了昆虫的身体。这些肉乎乎的身体，又将转而为莺鸟们的长途旅行提供动能。

毛虫是著名的饕餮之徒。它们一生中体重要增加两三百倍。如果人类婴儿的体重也增长这么多，到成年时就会重达9吨，相当于好几支仪仗队合起来的重量。要是这个孩子的生长速度也同毛虫一样，那么他出生后短短几周就能达到成年。

毛虫长得快，是因为它们活着就是为了一件事情：吃叶子。与成年昆虫不同，它们不需要形成坚硬的外骨骼、翼翅、复杂的足肢、性器官，或是精细的神经系统。这些装备可能会分散毛虫的注意力，减缓它们的生长。防御性的刚毛，是唯一得到自然选择许可的、无关乎口腹之欲的装饰。通过集中精力从事进餐工作，毛虫开启了一项鲜有敌手的事业。在大多数森林里，它们所消耗的树叶，比其他植食性昆虫加起来消耗得还多。

一只胖胖的毒蛾毛虫（tussock moth caterpillar）一扭一扭地爬进坛城中。毛虫身披色彩斑斓的羽毛和长毛，这幅艳丽的装扮昭示着从刺毛和内部毒素中透出的恶毒。四丛黄色的冠毛从背部戳出来，像修面刷一样指向天空。毛虫身体每小节上都布满浓密的银色长毛，冠毛就长在长毛中间。毛虫的头部两侧分别伸出一团黑毛，尾巴尖上带有一簇褐色的针毛。透过浓密的茸毛，隐约可见毛虫皮肤上黄色、黑色和灰色的条纹：一副艳丽而又令人生畏的装备。

成年的毒蛾不会在露天里大吃叶片，那样会让它们暴露在危险中。因此毒蛾的体色乏善可陈。雌蛾从藏身的蛹中露出头，然后攀附在蛹上，等待雄蛾前来。雌蛾没有飞行能力，看起来就像一只毛茸茸的睡袋。因为雌蛾不需要四处游荡，所以它不必刻意表现体内的毒辣，只要依靠伪装色就能保护自身。成年雄蛾是强大的飞行者，它用羽毛状的触角嗅到雌蛾的荷尔蒙，与雌蛾交配，然后飞走。雌蛾和雄蛾的体色都是平平无奇的褐色和灰色，雌蛾靠彻底不动弹来保护自己，雄蛾则靠精力充沛的翼翅来保护自己。很多其他种类的蛾子也是如此：自然选择的画笔创作出了一种大胆张扬的幼态个体，和一种低调沉稳的成年个体。

正当我观察着这只艳俗的毛虫时，一只黑蚂蚁爬到毛虫背上，穿过刚毛往里挤，就像一个人在茂密的竹林中行走一样。蚂蚁张开下颚，徒劳地朝毛虫颈部夹了一下。毛虫继续前进，似乎全然不为攻击者所动。蚂蚁从毛虫颈部退回来，朝黄色的冠毛之间咬下去，但是依然没有碰到皮肤。随后又来了一只蚂蚁，个头更小一些，身上是蜂蜜色。新来的蚂蚁爬上去，加入了战斗。两只蚂蚁碰了头，开始并肩作战，各自咬住一丛黄色冠毛。蜂蜜色的蚂蚁被甩下去了，继续往上爬，又滑了下去，黑蚂蚁接着战斗。毛虫往前走，大概是想摆脱它们，但是蚂蚁又围拢过来。黑蚂蚁冲向毛虫，再次发动攻击，一次次咬下去，可是始终未曾触及毛虫柔软的皮肤。蚂蚁掉下去，毛虫立即爬到林地中间一片拱起的枯树叶上，然后停了下来。它是想以智取胜吗？蚂蚁在林地上团团转，就是找不到毛虫。它们绕来绕去，最终离那片叶子越来越远。毛虫爬下来，朝坛城外面一棵大枫树的树干上蹒跚爬去。自由了！

另一只稍小些的毒蛾毛虫就没这么幸运了。蚂蚁正要拖着它的尸体去喂养巢穴里的伙伴。大概是这只毛虫的体毛太短，或者是来不及采取闪避策略？无论死因是什么，现在它已经步入了一个安静的葬礼仪式：死去的毛虫被运往坛城内外蚁群的黑洞。一项研究计算出，每天被拖进一处蚁穴中的毛虫多达 2 万只以上。在亲眼见到坛城上这只毛虫的挣扎之前，我一直以为鸟类是毛虫体表毒毛的主要诱因。但是很显然，这些长毛也能防止蚂蚁咬伤毛虫的皮肤。科学材料证实了我今天观察到的事实：蚂蚁是大多数毛虫的主要天敌。

有一类蝴蝶已经扭转了同蚂蚁的对抗关系。蓝灰蝶（blues），或者说灰蝶（lycaenids），与蚂蚁演化出一种互惠的关系。蓝灰蝶的毛虫体表无毛，极易受到蚂蚁的攻击。但是一般来说，蚂蚁并不咬它们，而是更愿意取食毛虫为它们分泌出的香甜“蜜露”。毛虫给蚂蚁送礼，或许近似于向黑社会交保护费的性质。毛虫交出一些糖分，就能不受蚂蚁的伤害。不过，作为回报，蚂蚁不只是不发动攻击，它们还会主动保护毛虫，为毛虫赶走其他的捕食者，尤其是胡蜂。因此，把蚂蚁比作毛虫雇用的保镖，可能更贴切一些。蚂蚁使灰蝶毛虫存活的概率比其他没有蚂蚁陪伴的毛虫高出十倍。毛虫似乎乐于与蚂蚁生活在一起，有些毛虫还有专门的刮器，用于在叶片上制造出震动，吸引蚂蚁前来。毛虫这种震动，可说是专为它们的保镖唱的歌。

坛城上那只毒蛾毛虫摆脱了蚂蚁的纠缠，爬上一株枫树。树上没有蚂蚁，可是蜘蛛在树干大部分地方刷上了黏乎乎的蛛丝，毛虫走得举步维艰。有几块苔藓上还沾着昨夜的雨水，又形成了一大挑战。毛虫腿上的小钩子没抓牢，害它滑下去好几英寸，才又挣扎着继续往前爬。

毛虫往上爬，便进入了一个并非由蚂蚁主宰，而是由鸟类主宰的世界。蚂蚁通过触觉和嗅觉来寻找猎物。鸟类则依靠视觉。因此，要想不引起鸟的关注，颜色和形状是至关重要的因素。人类也是视觉动物，所以我们着迷于毛虫无比多变的色彩与形态艺术。毛虫的形象在儿童故事中十分显著，很多博物学家将他们对大自然的热爱部分归功于毛虫的魅力。相比之下，蝇类、胡蜂和甲虫的幼虫躲在暗处，不为我们的禽类表亲们锐利的眼睛所见，所以，那些苍白的幼虫对我们也毫无吸引力。

坛城上的毒蛾毛虫采用鲜艳的黄色与黑色之间的尖锐对比来昭示它的毒性。竖起的两撮黄毛，与身体其他部位毛茸茸的银色刺毛构成了惊人的反差。这给观察者留下一个印象：这只动物身上肯定有大量的刺毛、纤毛和毒素。大多数鸟类甚至都不愿啄食这种花里胡哨的东西。在其他有毒的或是带有刚毛的毛虫身上，也能见到类似的装扮。这些物种在明暗调子与色彩反差的主题上，各有自己独到的创造性发挥。

缺乏刺毛或化学毒素防护的毛虫都是伪装高手，而不是高调的宣传家。它们模拟鸟粪、枯死的叶片和树枝、小蛇，或是有毒的蝾螈。自然选择在塑造这些动物时采用一种精妙的笔法，对拟态树枝的毛虫予以叶芽状的结构，让拟态蛇的毛虫幼虫头顶长出以假乱真的眼睛，并在拟态树叶的毛虫体表添加小水滴纹饰。

数百万年来，鸟类一直虎视眈眈地盯视着毛虫，促使毛虫的身体变成了卓绝的视觉艺术作品。令人惊叹的是，鸟的盯视并不只塑造了这些。透过坛城上遭到啃噬的叶片投射于地上的光斑，也是在鸟类明辨秋毫的眼神之下形成的。觅食的鸟懂得将叶片上参差不齐的孔洞与毛虫的出现联系起来。由于毛虫离开许久后叶片依然是那副遭到毁坏的样子，所以鸟类要基于最近在特定树种上觅食的经验，不断地调整觅食模式。毛虫如果在叶片上啃出明显的孔洞，然后停留在孔洞附近，就会很快引起警惕的鸟类注意。因此，只有防御装备齐全的毛虫才敢胡吃乱啃。那些更易于遭到鸟类捕食的毛虫，例如体表没什么毛的小虫，就会小心翼翼地沿着叶缘啃食，不留下惹眼的孔洞，使叶片保持完整的轮廓。有些毛虫将酷似叶片的身体卷起来，缩在被咬掉的叶缘上，正好堵住叶片上的空缺，试图瞒过捕食者的眼睛。坛城上的叶片被乱啃一气，弄得残缺不齐，我估计绝大部分是毒蛾毛虫和它的近亲们干的。

鸟的眼睛塑造和描绘了坛城上的图景。无论是啃食树叶的毛虫，还是遭到啃食的叶子，其形态都折射出毛虫与鸟类在演化进程中的斗争。迁徙的莺鸟似乎只是匆匆的过客，然而它们存在，在其身影离去后，仍将延续下去。

红头美洲鹫非常易于辨识，即使是在很远的距离之外也如此。它的翅膀张开时，好似空中划过的花括号“}”。

# 9月23日

## 秃鹫

在研究冠层上遭到啃食的叶片时，我的目光不自觉地被引向了上方。夏日的冠层通常会缩小我的视域，让我将眼神投注到下方。然而现在我透过树盖间的缝隙向上瞥了一眼。昨天突降的一场暴雨洗净了天空中的尘埃，留下一片纯净的蓝天。夏日的湿气已经沉降，白天的热度给人一种舒适的感觉。这是典型的9月天气，一望无际的天空中飘着几片暖云，预示着狂风暴雨的前奏。这些暖云通常是海湾刮来的热带风暴留下的残迹。

今天，一只红头美洲鹫（turkey vulture）[1]在坛城上空盘旋，它伸展着宽大的翅膀，像一动不动的风帆一样划过天空。这只红头美洲鹫兜了一圈，便冲上天空，朝东飞去，就像被一阵突如其来的气流卷走一般。

坛城坐落的位置靠南部已经很近，在这里，每个月都能见到红头美洲鹫。每年这个时候，当地的留鸟都会与飞越田纳西州迁徙到海湾沿岸和佛罗里达州去越冬的北方鸟类混在一起。有些越冬的鸟类会继续往南飞，一直跋涉到墨西哥甚至更远的地方。这些长途迁徙的鸟一路都

1 —— 拉丁名为 *Cathartes aura*，其秃头和深色主羽酷似雄性的野生火鸡，因此又名火鸡秃鹰。

能找到同伴——红头美洲鹫是中美和南美的常驻留鸟，这使它们成为新大陆分布最为广泛的几种鸟类之一。

与大多数飞鸟不同，红头美洲鹫非常易于辨识，即便是在很远的距离之外也是如此。它们的翅膀张开时，呈现为浅 V 字形，翼尖向外展开，好似空中划过的花括号“}”。它们飞行时醉态十足，一路摇摆翻滚。这种看似缺乏节制的表现具有一个空气动力学上的原因；红头美洲鹫是擅长高飞的飞行家，极少拍动翅膀，在一次连续飞行中翅膀扇动的次数几乎从不超过 10 次。它桨叶似的巨大翼翅捕捉住上升气流和涡流，充分利用空气每一阵向上的推力，以一种省力的便捷方式御风而行。由此促成的是一种缓慢、摇晃的飞行风格，表面看来虽然不雅，但背后隐藏着无与伦比的高效。那副醉态是一种简约的能力，表示它根本不需要灵活、优雅或者速度。红头美洲鹫每日里闲散地在领地上扫视，在它们醒着的时间中，空中飞行时间占到三分之一。

红头美洲鹫不吃别的，只吃腐食。节能省力的飞行风格使它们每天能飞越数万英亩搜罗动物尸体。红头美洲鹫大部分时候都在森林地带觅食。且不说树木的冠层有碍视线，就算光线再明亮一点，那些披着一层保护色皮毛、一动不动的躯体也很难被看到。然而红头美洲鹫能全面彻底地将它们搜查出来。科学家曾故意将死掉的小鸡和老鼠放在森林里，即便用树叶和灌木丛遮挡住，红头美洲鹫通常也会在一两天之内找到这些诱饵。红头美洲鹫只需用它们宽大的鼻孔细细搜寻森林里散发出的各种气味，就能准确地找到食物。

通过气味来寻找一具恶臭的尸体，很难说是什么激动人心的壮举。然而红头美洲鹫所做的远不止于此。事实上，完全腐烂的肉食并不十分合它们的胃口。相反，红头美洲鹫在空中巡游，寻找新近死去的动物身上散发出的微妙气息。与溃烂的尸体上发出的浓重气息不同，新鲜腐肉的气味更为清淡，是由微生物和逐渐冷却的尸体上散发出的极少数几个精细分子产生的。在高处飞翔的红头美洲鹫捕捉到这阵轻微的气息，循着气味飞到地面上，在数千英亩的视域范围内找到目标地点。

在现代社会中，红头美洲鹫的嗅觉有时会将它们引向死胡同（比喻意义上的，意思稍有变化）。它们盘旋在屠宰场的上空，这些地方看起来像普通的库房一样，但是刚运走的肉食的气息还萦绕在空中。输气管道也会造成类似的沮丧。燃气公司往管道中送气时，添加了一种有气味的气体，叫作乙硫醇（ethyl mercaptan），要不然，天然气本身是没有气味的。如果一处阀门出现故障，或是管道接合处裂开，这股有气味的化学物质与天然气一同泄漏出来，就能引起人类的警觉，防止出现爆炸事故。红头美洲鹫也能闻到这股味，而且会集结在开裂的管道周围。这无意间对人们查找管道裂缝起到了帮助。红头美洲鹫与人类嗅觉的交叉，是因死亡的盛宴所致——尸体中天然散发出一股乙硫醇气体。人类深切地憎恶腐烂肉体，所以我们的鼻子对乙硫醇气体极其敏感。乙硫醇的浓度只要达到我们所能嗅到的氨气的下限浓度的两百分之一，就能被人察觉到。而氨气本身已经是一种刺鼻的气体。因此，燃气公司只需要往管道中添加极少量的乙硫醇气体。对红头美洲鹫来说不幸的是，它们也能闻到这些浓度极低的气体，并且会一窝蜂地挤在管道泄漏处。

红头美洲鹫是森林里的清洁者。它们负责执行生态链上最后一道仪式，使大型动物躯体分解为养料的物质转化过程加速完成。秃鹫属的学名认可了这一点：*Cathartes*，也就是清洁者的意思。

食腐者这种看似不光彩的角色，对我们而言是极端令人不愉快的。然而就为了我们所厌憎的那些东西，森林里充斥着竞争。狐狸和浣熊有时会在红头美洲鹫赶来分一杯羹之前偷走尸体。黑头美洲鹫（black vultures）合伙欺负它们的大个子表亲红头美洲鹫，把红头美洲鹫从美食边上撵走。埋葬虫（burying beetle）[1]拖走小型动物的尸体，掩埋起来。

哺乳动物、鸟类和甲虫都是重要的竞争对手，不过相比食腐类的微生物——细菌和真菌，就相形失色了。从动物死亡的那一刻开始，微生物就开始工作，里应外合地消化动物。起初，分解过程释放出气体，有助于指引秃鹫从天空中飞下来。然而秃鹫一旦来到尸体边上，就要与微生物抢夺动物尸体上的养分。在炎热天气下，微生物不出几天便能获得胜利，秃鹫要想填饱肚子，必须抓紧时间。

微生物不需要加速行动，它们有更直接的竞争方法。大多数动物食用腐烂的肉食后都会生病，这绝非偶然。这类疾病部分是由微生物为了独占食物而分泌出的毒素引起的。“食物中毒”是微生物们在自家菜园围栏上竖立的警告牌。在演化过程中，我们的胃口已经屈从于微生物的意志；我们避免吃腐烂的食品，以躲开微生物的防御性分泌物。红头美洲鹫却没有如此轻易做出让步。它们肠道内的强酸以及强有力的消化液能将微生物活活烧死。除肠道以外，红头美洲鹫还有另一重防线。它们血液中白细胞的数量多得异乎寻常。白细胞会找到外来细菌和其他入侵者，将其吞噬并摧毁。红头美洲鹫还有一个格外庞大的脾脏，

1 —— 又名葬甲、埋甲虫（*Nicrophorus americanus*），属鞘翅目，埋葬虫科。

能持续地提供大量奔涌的防御细胞。

红头美洲鹫强健的体质，使它们能在令其他动物呕吐或生病的地方进食。吊诡的是，微生物设置的毒素障碍拦住了其他动物，某种程度上倒是令秃鹫受惠。竞争与合作之间的界限，再一次难以区分。

秃鹫卓越的消化能力，影响到更为广阔的森林群落。秃鹫的消化神经纤维束是强大的细菌歼灭者，因此，秃鹫所担任的清洁者之职，并不止于清理尸体。秃鹫的肠道能杀死炭疽杆菌和霍乱病毒。哺乳动物和昆虫的肠道就没有这种效果了。因此，秃鹫清理疾病的能力是无可匹敌的。"清洁者"之称，确实名不虚传。

令我们这些不大喜欢炭疽或者霍乱的人庆幸的是，北美大部分地带，红头美洲鹫的种群都十分稳定。东北地区秃鹫的数量甚至有所增长，大概是因为鹿群密度的增加——所有的鹿最终都会死亡，并被处理掉。这些好消息中有两个例外。其一，在乡村部分地区，大豆或其他中耕作物（row crop）[1]的种植占据了主导地位，导致秃鹫种群衰减。农业上的单一种植模式无法维持多样的动物生命，也不需要那些收拾尸体的动物。其二，捕鹿和捕兔子的猎手随意开枪，造成更为微妙的安全隐患。铅弹四散开来，一堆细小的重金属射进动物体内，污染了动物尸体。这对猎手及其家人来说很不幸，而对秃鹫来说则更糟糕。秃鹫吃掉的猎物，通常比大部分贪心的开枪者捡走的还多。很多红头美洲鹫都有轻微的铅中毒现象。不过总体而言，这种重金属并未对种群构成威胁，大概是因为多数秃鹫的食物类型多样，也包含大量并非被人类射

1 —— 指作物在生长过程中需要进行表土耕作的农作物。

杀的动物尸体。相比之下，加州兀鹰（California condor）食用含铅尸体的几率，要高于它们的表亲红头美洲鹫。如今只有极少数野生加州兀鹰还活着，人们定期捕捉这些鸟儿，由兽医来清除它们体内的铅弹。北美的狩猎文化促生了一种奇怪的逆转：清洁者反倒要靠别人来清理肠胃。

情况还有可能更糟。在印度，科技与秃鹫之间的碰撞，造成一场更严重的危机。广泛应用于家畜中的消炎药，无意间摧毁了秃鹫种群。药物残留在畜体中，给一度兴盛的秃鹫带来致命打击。印度兀鹫（Indian vulture）正处在灭绝的边缘，由此带来的后果是，腐烂的家畜尸首枕藉于地。蝇类和野狗种群暴增，给公众健康造成可怕的影响。炭疽病在印度部分地区十分常见。印度人感染狂犬病的概率高居世界之首，其中大部分是被狗咬伤所致。据估计，秃鹫的衰减和随之而来的野狗数量的激增，使每年感染狂犬病的人数增加了3000到4000例。

印度的拜火教团体以另一种方式感觉到了秃鹫的消失。依照拜火教徒的葬礼习俗，死者应当被安置在一座“沉默之塔”[1]上。人们将死者尸体摆成一圈，放在这些圆柱形塔的露天塔顶上。几个小时后，秃鹫会将尸体变成骨骸。如今，没有秃鹫来消耗死者的身体，拜火教的教规又反对土葬或火葬，教徒们陷入了一场因物种灭绝而引发的哲学危机。

关于这些秃头的清洁者可贵的工作，印度已经得到一次本不该有的惨重教训。造成这场灾难的消炎药，如今在印度已经被禁用。但是在某些地方人们仍然在使用消炎药，秃鹫种群的恢复还有待时日。令人遗憾的是，同样的药品如今正打进非洲国家的市场，在那里，秃鹫似乎同

1 —— 拜火教的天葬场。

样重要，也同样易于受到危害。

在田纳西州，盘旋于山丘上的红头美洲鹫是常见的景象。它们是如此的常见，以至于我们很容易忘记，这是何等珍贵的场面啊。

# 9月26日

## 迁徙的鸟

迁徙的鸟不断地涌向坛城上空。大多数鸟类正从北方森林往南飞。这片北方森林覆盖着250万平方米的松叶林，从阿拉斯加到加拿大，一直绵延到缅因州，面积堪比亚马孙雨林。这里是数十亿只鸣鸟的繁育场所。当候鸟从坛城上空飞过时，它们会诱使留鸟成群结队地一同飞行。我站在上坡十米处的一块岩石上，向下俯瞰一群群蜂拥向前的莺鸟、山雀和绒啄木鸟（downy woodpecker）。森林里充满它们的*chip*、*chek*和*cheep*的叫声：就像来了一队补锅匠。

鸟儿们已经放下繁殖期的警惕，开始向人靠近。有些鸟几乎跳到了我一臂之内，我可以清楚地观看它们灵动的身姿。它们的羽毛精美绝伦。翅羽和尾羽硬而脆，冠羽很光滑，全身的羽毛在飞动时闪闪发光。鸟儿夏末的换毛已经完成，每根羽毛都完美无缺。

对于坛城鸟群中的黑枕威森莺来说，新生的羽毛必须维持一整年。在植物枝条、细沙粒和风的作用下，羽毛会被磨损。到盛夏时节，羽毛将变得纤细，边缘残缺不齐。然而黑枕威森莺将这种岁月的磨损变成了于己有利的优势。它们把自己磨成繁殖期的模样。现在，它们的冠羽和喉部已经成了淡黄色，但是随着羽毛外层边缘的磨损，底下黑色的繁殖羽显露了出来。这是一种简约的策略；其他鸟类大多依靠长出新羽毛来获得繁殖期的体色，而每根羽毛都要用成本不菲的蛋白质来合成。

山雀、啄木鸟和黑枕威森莺夏季的繁殖期一结束，没等离开坛城，就会长出新生的秋羽。而鸟群中大多数鸟类要飞往更往北的地方，到加拿大的云杉林和灌丛中去换羽毛。这些鸟类的名字，例如木兰林莺（magnolia warble）[1]和田纳西莺（Tennessee warble）[2]，其实都背离了它们的生态习性。人们最初对这两种鸟进行描述和命名，依据的是南方各州的候鸟“标本”。这种历史独特性凝结在了它们的名字之中。那只被制成标本的木兰林莺，是在密西西比州一棵木兰树上觅食时被射杀；那只田纳西莺，则是在田纳西州的坎伯兰河沿岸遭遇不测。开普梅莺（Cape May warbles）[3]、纳什维尔莺（Nashville warblers）[4]和康涅狄格莺（Connecticut warblers）[5]，全都是广阔的北部森林中的鸟类。约定俗成的

1 —— 中文名为纹胸林莺。

2 —— 中文名为栗颊林莺。

3 —— 中文名为灰冠虫森莺，上文中有提到。

4 —— 中文名为黄喉虫森莺。

5 —— 中文名为灰喉地莺。

动物名称掩盖了有关这片大陆上的鸟类生活的巨大实情。北方森林孕育了北美禽类中的贵族——林莺。大多数林莺都只在北方筑巢，或者大部分情况下都在北方筑巢。坛城每年要迎来迁徙大潮的两次冲刷。这阵大潮的大小和力量，都源自这片居住着狼獾和猞猁的土地。

从南边传来一阵独特的声音，打断了北方鸟类铃音般的清脆叫声。一只黄嘴美洲鹃（yellow-billed cuckoo）在树冠上咯咯叫，随后爆发出一阵虚张声势的*kuks*声，打鼓一般唱着它的歌。我看着这只鸟在坛城上方跳跃，像猴子一样从一根树枝蹦到另一根树枝上。它跳动着，将大镰刀似的喙伸进团成一簇的叶片中，与此同时翅膀几乎不张开。它抓到一只蝈蝈，没等折回高处隐秘的树冠，便一口吞下了那只肥胖的昆虫。

坛城周围林子里杜鹃数量极多，但是它们生性胆怯，而且偏爱乔木，这意味着它们通常难得一见。像先前别的杜鹃一样，这只黄嘴美洲鹃罕见的光临令我受宠若惊。这只杜鹃行动起来像灵长类动物，声音听起来像是在敲击中空的树干。它吃其他鸟类不能吃或是不愿吃的昆虫。它有一张硕大的喙，所以它能吞咽大蝈蝈，甚至是小蛇。毛虫防御性的硬毛抵挡得住其他的鸟类，却阻止不了杜鹃。无论光滑的还是毛茸茸的，它一概能吞进食管。有时它也会轻快地啄掉毛虫身上的硬毛，但更常见的情况是连皮带肉囫囵吞下。杜鹃肚子里显然填满了毛虫的刺毛，上面的倒刺全都安安静静地躺在杜鹃的肠壁里边。

杜鹃热衷于打破其他的鸟类行为准则。它们并不建立明显的领土，而是在繁殖场所上空随意游逛，寻找食物聚集区，然后很快地扎营，繁育后代。雏鸟生长迅速，浑身的羽毛简直是突然之间就完全长成了。成鸟换毛是件随心所欲的事情。杜鹃并不像其他鸟类那样次序井然地在一定时期内褪下旧羽毛、长出新羽毛，而是随意换毛，渐次地换，从夏季栖居地一直延续到越冬场所。兴许是影响精神活动的毛虫毒素使杜鹃不再密切关注当下的情况，或者，更有可能的是，杜鹃换毛的策略就像它们的繁殖风格一样，目的在于充分利用当地爆发出来的丰富食料，然后挨过粮食匮乏的艰难岁月。就连它们的迁徙行为也是松松散散。南美的鸟类学家曾捕捉到极幼小的杜鹃，这有力地暗示出，“迁徙”的杜鹃中有一些会羁留在越冬场所繁育后代。

在今天坛城上所有的鸟类中，杜鹃是旅行得最远的。安第斯东部的亚马孙森林是它的越冬之所。大多数林莺的旅程稍短一些，只到墨西哥南部、中美洲和加勒比海岸。就此刻而言，坛城几乎连接着整个新大陆。关于貘和巨嘴鸟的记忆与关于苔原边缘的思想碰撞；来自厄瓜多尔和海地的矿物与来自马尼托巴湖（Manitoba）和魁北克的糖分一同在高空飞翔。

今晚，林莺将为坛城建立更远的联系，超越地球的疆界，将有关星体的认识带入森林的事务中。经过一整天的休息调养，这些迁徙的鸟将在凉爽而静谧的黑夜中展翅南飞。飞翔的鸟儿们将扫视长空，找到北极星，利用北极星的位置来确定南去的方向。鸟类自小便获得了这种天文学知识，那时候，它们待在巢穴中仰视夜空，搜寻天空中这颗位置始终不变的恒星。它们将这种记忆携带在湿乎乎的大脑中，然后在秋季凝视天空，依靠星座来指引方向。

这种星座知识虽然引人注目，却并不是一种完全可靠的定向方法。夜晚多云天气里，星体会变得模糊不清。还有一些小鸟出生后，可能是在茂密的森林中或是常年阴雨的地区长大。因此，迁徙的鸟还有一些其他的导航技巧。它们观察日出日落，它们懂得沿着山脉的南北走向，它们还能探查到无形的地球磁场线。

迁徙的鸟开放一切感官来体悟宇宙，将太阳、星星和地球合为一体，汇成推动它们南飞的巨大浪潮。

# 10月5日

## 预警波浪

我一动不动地坐着。时间悄然流逝。一只金花鼠从坛城对面的边缘走过，离我几乎不到一米远。它停下脚步，爪子和鼻子在落叶堆中乱翻乱嗅一气，随后消失在嶙峋的乱石背后。这是一次难得的偶遇。与生活在城郊和野营地上的表亲们不同，这片山麓上的金花鼠是非常容易受惊的小动物。只有当我静坐不动很长一段时间后，它们才肯靠近我。静坐行动颇具成效。我深受鼓舞，索性趴下来，隐入岩石中。

清风徐来。远处传来鸟的鸣啭。森林里水声幽静。一个小时过去了。

接着是一阵急促、嘶哑的喷气声，就在我身后一两步外。我屏住呼吸。那只鹿又爆发出一阵惊恐的声音，随后又是两声。一团白影从眼前闪过，那只动物蹦跳开去，一边跑一边打着响鼻。鹿的惊慌如同一颗巨石投入了宁静无波的空气中，在坛城上空激起尖锐的能量。

鹿喷气的声音立即引起三只松鼠的窃窃私语。八只金花鼠加入进来，发出一连串急速的 *chips* 声。波浪从坛城上推展开去。山坡下面一只鹅开始叫唤，*whippa-whippo-whop*，当它使劲叫唤时，头上的羽毛也一根根倒竖起来。远处的金花鼠紧接着中断的乐曲往下唱，一直将歌声带到耳力所及的范围之外。

那只鹿因贸然闯到一个趴着不动的人类身边而发出的惊呼，已经传到了数百米外。这场骚乱，尤其是金花鼠的骚动，花了一个多小时才平息下来。

坛城上的鸟类和哺乳动物生活在一张无所不包的听觉网中。每位成员通过声音相互建立联系。森林里的新闻在这张网上泛起涟漪，将有关肇事者的方位与活动的最新消息传递出去。久居都市的人类需要花点力气，才能听到这些传播的信号。我们习惯于忽略"背景声"，只选择性地听取内心希望听到的声音。我在林中或静坐或行走，大部分时间脑子里都意绪如潮，思前想后。我估计这是一种普遍经历。只有在意志力的反复作用下，我们才能回到此刻，回到感观世界中。

现在，当我们回到听觉世界，出乎意料，我们发现森林新闻编辑室关注的焦点，居然是我们！我们庞大、吵闹，而且肥胖。很多动物都从我们更具捕食者特性的一面来看待我们。有些动物不曾正面接触过我们的枪炮、陷阱与锯子，但是它们很快会从经验丰富的同伴们那里学到这些。关注令其他动物惊恐不安的东西，对一只动物来说是有好处的。我们像老鹰、猫头鹰和狐狸一样，每当试图靠拢去观察森林之网，几乎总会在新闻公告上引起骚动。蹲下来坐好，待着不动，静静打发时间，是我们顺利潜入森林网络的唯一途径。然后，我们体验到新闻电报业务时而平静，时而咔嗒不停。例如，徒步旅行者的欢声笑语还没到，船首的波浪已经提前几分钟传过来了。更轻微的扰动，诸如树枝掉落，或是一只乌鸦展翅高飞的声音，会向听觉网输出更平缓、持续时间更短的脉冲波。而那只鹿撞到我时发出的惊呼，则是汹涌的大浪，是新闻公告上醒目的标题。

随时收听网络中传来的声音，对林中的动物们显然是有好处的。倾听者意识到潜在的危险，就能提前开始考虑如何应对。但是主动提供信息波浪，好处并不明显。看到一只捕食者的时候，你为什么要呼叫呢？为什么不偷听别人的动静，而自己保持沉默呢？当捕食者靠近时，通过大声尖叫来提醒自己注意，似乎是毫无意义的。

对亲属就在近旁的动物而言，出于保护家庭成员的需要，发出警告呼叫是值得的。尽管夏季已接近尾声，但是坛城周围一些金花鼠和松鼠依然有幼崽要照顾，所以它们短促的尖叫和颤抖能提醒幼崽提前做好准备。但是很多动物的家庭成员并不在场，它们也会用到警告呼叫。因此，其中必定还有其他的好处。有些警告信号意在主动与捕食者交流，在危急时刻引起对方的注意。通过向捕食者表明自己的身份和位置，它们得到一种看似矛盾的好处。从捕食者的视角来看，猎物已经看到你靠近，而且准备好逃窜，很可能难以捕捉。捕食者最好是花点时间去寻找一只漫不经心的猎物。因此，警告呼叫给呼叫者带来了直接的好处：明确宣告此次攻击成效不大，从而获得安全。大概意思就是，“我已经看见你了——你抓不到我。拜拜。”

白尾鹿将这种宣告变得更为明确。它们从捕食者身边逃走时，尾巴上下拍打，向逐猎者闪现出白色的臀部和尾下部分。它们奔跑中还穿插着向上跃起的动作，这点时间本可以用来向前冲。这种炫耀和弹跳表演，除了告知捕食者对方已经被看见之外，必定还有一种作用。逃跑已经是一种明确的信号，表明这只鹿发现了捕食者。很可能，这只鹿是在展示它强健的体魄，表明它有能力逃走。只有健康的鹿才有精力在逃跑途中玩些花哨的动作；病弱的鹿不可能冒着生命危险来进行浪费时间的弹跳表演。这种观念虽然还没有在白尾鹿身上得到全面的验证，但是瞪羚身上与之类似的一些令人迷惑的炫耀之举，似乎确实是真实反映身体状况的信号。

在林中植物之间，也存在一张与动物听觉网相类似的无形网络。昆虫啃食叶片时，就会触发寄主植物的生理反应。这不仅能阻止昆虫进一步伤害寄主植物，而且能让邻近的植物提高警惕。受损叶片调动内部基因，产生一些化学成分。有些化学防御物质蒸发出来，散布在伤残植物周围的空气中。邻近植物叶片潮湿的内部组织吸收这些化学分子，就像人的鼻子嗅到香水味一样。这些分子溶解并进入周围细胞中，便会启动一些同样的基因，如同最初发出预警的植物那样，制造出化学防御物质。这样，受损植物周围未受伤害的同类就不那么合昆虫的胃口了。树木都在侧耳倾听。

当我在森林中或坐或行走时，我并不是作为一个“主体”去观察“客体”。我进入坛城中，本身也陷入了密布的通讯网和关系网中。无论我是否意识到，我都改变了这些网络。我惊动一只鹿，吓走一只金花鼠，或许还踩到一片活生生的叶子。绝对客观的观察，在坛城中是不可能的。

这些网也改变了我。每一次呼吸，都为我体内带来空气中成百上千个浮动的分子。这些分子是木头散发出的清香，还有成千上万种生物共同产生的芬芳。有些植物气味极其宜人，我们用人工手段加以培植，从中提炼“香料”。至少有一种香料——茉莉酸甲酯，就是植物之间传递危险信号的预警物质。我们的嗅觉品味，大概也反映出一种与自然界中的斗争建立关系的愿望吧？

然而香料是个例外。森林中大多数被我嗅到并直接融入我血液中的分子，是在无意识层面进入我的身体和心灵之中的。我们与植物气味之间的化学渗透所产生的效果，很大程度上还无人研究。西方科学并不曾屈尊去严肃看待这个问题：森林，或者森林的缺失，有可能是我们生命中的一部分。然而森林爱好者非常清楚地知道，树木影响到我们的心灵。日本人认可了这种知识，并将其变成一种实践活动，即"森林浴"（*shinrin-yoku*），或者说在森林中进行空气浴。参与到坛城上的信息共同体中，似乎为我们提供了一种衡量自身潮湿的化学内核健康程度的指标。

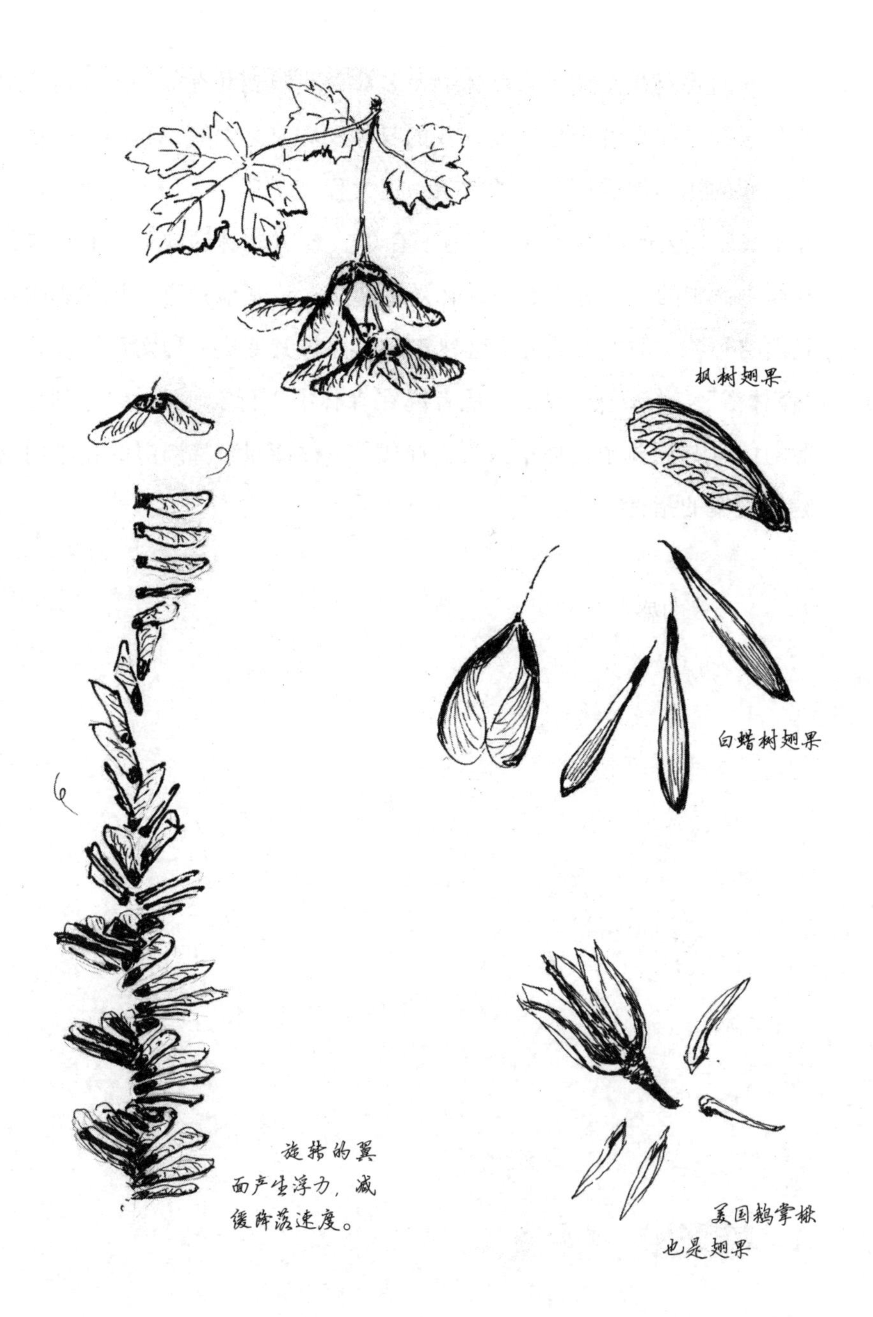
枫树翅果
白蜡树翅果
旋转的翼
面产生浮力，减
缓降落速度。
美国鹅掌楸
也是翅果

# 10月14日

## 翅果

森林的色彩正在逐渐改变。坛城上那棵山胡椒树大体上还是绿的，零星几片叶子上出现了斑驳的黄点。紧挨着山胡椒树的白蜡树颜色已经褪去，最外层的树叶变白，眼看就要凋零。头顶上，枫树和山核桃树依然披着夏日的盛装，但是山坡上一株高大的山核桃树满树叶子已经变成黄褐色和金色。偶尔有几片落叶坠下来，给落叶堆表面铺上新的一层，动物踩上去，便会发出一阵宁谧的吱嘎声。

一枚带翅的枫树种子从我脸上拂过。它在一团模糊的光中旋转，就像杂技艺人耍弄的一柄飞刀。种子盘旋着下降，随后撞上一株石芥花的叶子，从林地上两片枯叶之间掉下去，擦过一块砂卵石，翼翅朝上，扎入腐殖质层的罅隙中。这是个萌芽的好地方——此次降落相当幸运。

枫树四月的花朵最终成熟，经过几个月缓慢的生长，直升机似的种子在林地上散落了一地。极少数种子在落叶堆幽暗的缝隙中找到归宿，但大多数种子都暴露在干燥的树叶或岩石表面。对于从树冠上坠下来进行旋转飞行表演的所有枫树种子来说，最终的命运，决定于着陆地点的特殊属性。粗糙的表面最擅长捕捉风中飘落的种子，因此长满苔藓的岩石上攫住的种子比光秃石块上多。树木背风面积聚的种子也比迎风面更多。动物采食者要么在食用过程中摧毁种子，要么在不经意间起到传播和播种的作用：它们将种子储存起来，却再没来过问，可能是因为健忘，也可能是因为死亡。

就选择初始的萌生地点而言，靠风传播的种子几乎是无能为力的。它们不能像獐耳细辛的种子那样被带到肥沃的蚁穴中，不能像樱桃种子那样被放置在一堆肥料中[1]，也不能像槲寄生那样被鸟类的喙涂抹在一株适宜的树枝上。然而，枫树种子无法选择最终目的地，并不意味着它们没有力量。种子将在最终落地之前展示它的技能。

今天早晨，坛城上没有坠落的种子。这会儿，午后临近傍晚时分，种子如同密集的雨点一样落下来，打得噼啪作响，听起来就像燃起了一阵山火。这绝非偶然。将种子维系在母株上的长条状组织，在干燥的午后是最脆弱的。午后也是风力最强盛的时候——树木瞄准时机放飞种子，抓住了最好的一阵风。当然，树木并没有统一的空中交通管制系统来告诉种子应该何时起飞。相反，决定何时放飞种子，以及如何放飞种子的，是连接种子与母株的物质，以及种子与母株间结合的形式和强度。数百万年的自然选择，已经对这些放飞机制的构造进行了精心调整。

树木的策略远不止于将种子倾洒在干燥空气中。飞翔的种子前方有两条道路。“低端路线”将它们从冠层上带到母株周围的林地上。这些种子最多能旅行到离家一百米开外。“高端路线”则将种子带到冠层

1 —— 指樱桃果肉本身能提供肥料。

上方，闯进开阔的天空中。在那里，它们能旅行数英里。

很少有种子采取挑战重力原则的高端路线，但是这条道路对枫树物种的命运至关重要。远途携带种子的传播者，对物种的遗传结构、物种在支离破碎的地景上持续生存的能力，以及在冰川撤退或是全球变暖的境况下物种向前推进的速度，都极少造成强烈的影响。如同人类历史一样，生态和演化的叙事，依赖于少数横跨大陆、在远方安家落户的个体的行为。

枫树试图将种子送进猛烈的上升气流中，买到一张“五月花号”的船票。它们实现目的的方法是，有选择性地在向上吹的旋涡气流和大风中放飞种子，而在向下吹的气流中紧紧抓住种子不放。很多靠风传播种子的树木将种子集中在树冠顶上，增加了种子放飞后抓住上升气流的机会。坛城上的枫树有一个额外的优势。这里的盛行风毫无遮挡地吹过下面的峡谷，随后在经过坛城所在的陡峭山坡时向上偏转。当坛城上的种子与重力作斗争时，风会给它们提供一股向上的助推力。

每棵树都将包裹着最浓密的种子，看起来黑压压的一团“种子云”喷洒在树木的周边。不过从理论上来说，种子云能扩散到整个大陆上。向上看一眼，便能证实，扑落在坛城上的枫树种子，几乎全都是毫不费劲地从树上滑落下来、留守家中的品种。混杂其间的，是极少数来自森林其他地方的竞争者，或是极罕见地借助一股上升热气流旅行过来的一颗种子——这颗种子就像秃鹫一样，从不远数十英里或数百英里飞行而来。

种子云泼洒的范围之广，使种子传播研究很难开展。对于绝大多数留在母株附近的种子，我们很容易收集到相关信息。那些飞向高空中的后代几乎是不可能追踪的，然而它们正是每一物种宏大历史叙事中的重要角色。

由于缺少一架“雄蜂”侦察机来追踪高飞的种子，我将注意力转向了坛城周围的枫树种子。它们的形式极其多样，翼翅的形态格外引人注目。有些种子的翼翅面积比其他种子大三倍。少数种子是“直线控”；有一些像飞去来器（boomerang）一样向下弯曲，还有一些向上拱起。在大多数种子上，翼翅与种子结合处切割出一个槽，但是有些种子上就没有槽口。槽口的角度和深度各不一样，翼翅的肥厚程度也是如此。坛城上上演着一场植物界的飞机秀，各种形态的机翼令人眼花缭乱。其中有少数形态是人类工程师绝对不敢尝试的。

借助形态的多样性，坛城上的种子能以各种截然不同的风格降落。最显而易见的，是那些并不飞翔，而是垂直落下的种子。五分之一的种子着陆时，都会落在它的同伴边上。这些成双成对的种子根本不旋转，而是直坠而下，一头扎进树下的土地中。有些单块式（singletons）的种子只有极小或是发育不良的翼翅，这种情况也不会产生旋转，而是直接下坠。不过其中也有例外。大多数种子自由下落一两秒，然后开始旋转。翼翅转动时，翼肋（rib），也就是翼翅上较肥厚的边缘先划过天空，紧接着是单薄的翼脉（vein）。旋转的翼面产生上升力，减缓降落速度。与一枚如同石头一般砸下来的种子相比，飘移的种子能滑翔到离母株更远的地方。然而，在空中逗留的时间延长，被一阵狂暴的上升气流卷向高空的可能性也会增加。无论是经由简单的下降，还是幸运的上升，风吹散树木的种子云，减少了同类物种之间的竞争，并将那些具有潜力的后裔投掷到一片广阔的天地中。

植物学家将自身能产生上升力的种子称为翅果(Samara)。用科学术语来说，翅果并非种子，而是一种特定形态的果实。这种果实由母树的组织形成，种子包裹在果实里面。白蜡树和美国鹅掌楸的果实也是翅果，尽管它们都不能像枫树果实旋转的桨叶那样产生巨大的上升力。枫树果实的不对称性，给它带来一个优势。枫树翅果上具有一个尖削的前缘，如同鸟的翅膀，或是机翼一般，非常适于在空中飞行。白蜡树和美国鹅掌楸的翅果两边对称，无法达到枫树那种精妙的旋转效果。它们的果实降落时，围绕长长的轴心快速翻转，阻碍了翼翅与风的接触。这类树种较少依赖于自身的飘浮力，更多地依赖于果实掉落时风的强度。相应地，白蜡树和美国鹅掌楸将翅果抓得很紧，只有在风势较强时才肯任其离去。

枫树翅果生活在一个鲜为人知的边境国度中，这个国度正好处在两种空气动力学之间：一种是诸如汽车和飞机之类快速移动的大型物体的空气动力学，一种是尘埃之类缓慢移动的微小物体的空气动力学。飞机在空中穿行时，周围的摩擦力相对较少。而尘埃极其微小，在空中飘浮时随时会受到摩擦力的阻扰。换句话说，物体越小，它的世界越接近于一罐冷冻的糖浆：很难从中穿过，却很容易飘浮起来。翅果的大小和速度使其处在下等的——或许是恰到好处的——枫树糖浆中。工程师已经表明，这种糖浆般黏稠的空气在旋转桨叶前缘处形成一股涡旋气流。这阵轻微的旋风会对旋转翅果的上表面产生吸引力，减缓翅果的下落。

枫树翅果的不同形态所造成的空气动力学后果很难评估。不过，有研究者通过将种子从阳台上扔下来，得出两条总体的结论。首先，宽大的翼尖造成干扰，很可能减慢翼翅的旋转，使飘浮力减小。类似的，弯曲的翼翅比笔直的翼翅更难以产生飘浮力。因此，在实验室设置的相同气流条件下，翼尖肥厚的曲线型翅果飞行能力更差。而坛城上大多数翅果都具有肥厚的翼尖，弯曲的翼翅。这些翅果都是一种难以寻觅的完美形式之缺陷版（defective versions）吗？还是说，关于肥厚翼尖和弯曲翼翅，乃至“有缺陷的”翼翅所具有的优势，枫树知道一些我们并不清楚的情况？

森林里混杂着一阵阵旋风和扑面而来的清风。在我看来，翅果的形式是风的复杂性在植物界具体化的表现：每股旋涡气流都有一种对应的翼翅，每阵狂风都有一种对应的弯曲方式。生物形式的多样性，并不仅限于翅果，而是森林里的普遍主题。细致地观察一下，这里所有的结构，叶片、动物肢体、树枝，或是昆虫翅膀，几乎都揭示出林中随处可见的丰富多样。有些不规则性源于个体所处的不同环境，但是绝大多数都具有深层的遗传根源，其产生要归因于有性生殖过程中DNA的重组。

生物个体之间的微妙差异，似乎是自然史中一个微不足道的细节。但是这种差异性是演化过程中一切变化的基础。没有多样性，就不可能有自然选择和生物适应性。达尔文深知这一点，在《物种起源》头两章中，他专门讨论了物种变异问题。翅果的多样性直接指向演化之手无形的运作过程。那些尤为适应坛城风向的下一代枫树，将被从这些丰富多变的形式中挑选出来。

# 10月29日

## 面容

上周森林里一场倾盆冷雨的狂轰滥炸，给地面铺上第一层可观的落叶。这会儿，炽烈的日头烘干了落叶堆，动物们稍有动静，便会引起响亮的沙沙声。天气一回暖，蟋蟀和蝈蝈们又活跃起来，精力充沛地唱着歌：蟋蟀躲藏在落叶下面，发出有节奏的高频声波；角翼蝈蝈倒挂在树枝下面，奏鸣着刺耳的颤音。与春季鸟儿们拂晓时的合唱不同，秋季孕育的蟋蟀在正午时分音量达到最大。这时候，它们体内吸饱了白昼的热量。

清晰的昆虫之歌，被嘈杂的噼啪声打断了。一只灰松鼠蹑手蹑脚向坛城走过来，不时将鼻子伸进落叶堆中嗅一嗅。这只松鼠似乎躁动不安，体内无序冲撞的能量使它浑身颤抖。它继续时而跳动时而搜查，一直跑到一棵树边上，慌慌张张地爬上去，消失不见了。几分钟后，这只松鼠又爬出来，脑袋先露出来，嘴里叼着一颗山核桃果。它用乌溜溜的黑眼珠瞥我一眼，然后僵住不动了。它的脑袋一直歪着，尾巴伸得笔直，与树干平行。它在观察。随后，不安的情绪传递到尾巴上，引起一阵颤动。尾巴上的毛炸开来，从一柄刷子变成了一把摇动的扇子。

我静静地凝听松鼠尾巴有节奏的拍击声。无论如何，这根蓬松的尾巴有足够的实力在树干上敲出警告声。这种表演我曾见过多次，但是从未如此近距离、如今日般安静地凝听这种微妙的敲击声。这不仅是因为我的观察能力太差——很可能我并不是信号的“目标接收者”。轻微的敲击声很难在空气中传播，而颤动能在木头中高效地传递。这棵树上其他的松鼠，尤其是那些躲在树洞里的松鼠，将会通过耳朵和四肢听到这种警告呼声。

这只松鼠一点点地朝下走，时而停驻下来敲击两声，时而朝树干下面猛冲。它跳到地上，跑向树干的另一侧。它从树背后伸出头，最后瞥了我一眼，便咬紧那颗赢取的山核桃果，蹦跳着跑开了。

这只敲击树干的松鼠并不孤单。就在离我不到五米的范围内，至少还有四只松鼠在稀疏的树叶中出没，高处枝丫间还有更多。在这片森林中，只有少数树木上的坚果尚未坠落。邻近坛城的那棵山核桃树便是其中之一。这样一来，这棵树成了松鼠趋之若鹜的地方。松鼠冬季的生存，全靠体内的脂肪和储存的坚果。征粮者之间的竞争激起疯狂的厮打，直打得龇牙咧嘴，叶片乱飞。

我静坐着倾听，不知不觉间从午后坐到了傍晚。在蟋蟀持续不断的柔和颤音中，松鼠急切的声音此起彼伏。光线开始变暗，一种新的声音闯入我的意识中。声音从我身后的山坡上传来。我实在不想转身吓走那位不速之客，便稳坐着不动，全神贯注地倾听那种声响。与松鼠用鼻子拱动树叶或是蹦跳的声音不同，这是一种平稳、持续的沙沙声。声音越来越大，就好像有一只大球在落叶堆上滚过。奇怪的声音到了身后，正对着我。我稍有些迫不及待了。慢慢地，我扭动脖子，希望能偷偷看一眼。

三只浣熊摇摇摆摆地朝我走来，12只爪子在落叶堆上踏得窸窣作响。它们的行动专注、平静，而且有着明显的目的。它们似乎是从山坡上溜下来的；就像哺乳动物中的毛虫一样，它们披着一身毛茸茸的银灰色皮毛。这几只浣熊比我在这些地区见到的成年浣熊稍小一些，也许是今年春天才生下来的小熊。

我正好坐在浣熊的前进路线上，它们走到一步之外，才突然停下来。我的脖子扭错了方向，它们已经跑到我的视线之外去了。我只好将注意力集中在耳朵上。浣熊站在那里，发出呼气和喷气的声音，用鼻子四处搜寻。半分钟后，一只浣熊轻轻打了个响鼻，发出柔和的、小猪一般的呼噜声。于是，三只浣熊继续开路，从我身旁一两步远的地方绕了过去。当它们出现在我视野中时，没有显出一点惊慌的样子。随后它们便从山坡上溜下去了。

我对这些浣熊的第一反应是惊奇，因那阵奇怪的声音分成三路靠近而惊诧莫名。随后，浣熊迷人的面容便浮现在眼前：黑色天鹅绒般的眼罩，外面镶着纯白的边，眼睛如黑曜石一般，圆圆的耳朵神气活现地竖立着，还有一个秀气的鼻子。全部器官镶嵌在一圈圈银色的皮毛中。有一点是显而易见的：这些动物非常讨人喜欢。

这些念头立即让我的动物性自我（zoological self）羞惭万分。博物学家本该摆脱这类评价。“可爱”是小孩子和外行说的话，尤其是用在一只像浣熊这样常见的动物身上。我试图将动物视为其本身，视为独立的生命，而不是把我内心中情不自禁跃出来的情感欲望投射到它们身上。但是，无论情愿与否，情感始终存在。我真想抱起一只浣熊，挠挠它的下巴。毫无疑问，对动物学家那种科学式的傲慢来说，这是莫大的耻辱。

达尔文可能会对我的处境深有同感；他知道面容的情感力量。在《人类和动物的情绪表达》（*The Expression of the Emotions in Man and Animals*）中，达尔文解释了人类和动物的面容是如何反映出情感状态。神经系统促使我们将内在情感写在脸上，哪怕我们的理智更愿意掩饰内心活动。达尔文声称：对面部表情细微差异的敏感性，是我们生命中的核心部分。

达尔文重点考察了将情感转化为面部表情的神经与肌肉机制，并暗示性地断言，观察者能对面部表情进行准确的解读。在20世纪早期和中期，动物行为演化研究的首批倡导者之一康拉德·洛伦兹（Konrad Lorenz），公然主张达尔文先前的断言。洛伦兹将面容作为交流形式来进行分析，剖析了在演化过程中动物对面部表情保持敏感有可能带来的好处。洛伦兹还将达尔文的分析推广开去，考察了人类喜爱某些动物的面容而不喜欢另一些动物的原因。

他的结论是，当我们观看动物时，对人类婴孩面容的喜爱会误导我们。我们觉得长着小孩面孔的动物“惹人怜爱”，哪怕这种动物真实的性格一点也不可爱。洛伦兹认为，大眼睛、圆滚滚的身形、头大身子小，还有短小的四肢，都会引发我们内心中一种去拥抱和爱抚的本能。情感错位同样适用于其他面部类型。骆驼的鼻子长在眼睛的上方，致使我们觉得它们傲慢无礼。鹰坚硬的眉骨高高耸起，嘴巴闭合成一条狭窄、坚定的线条；我们在它们脸上看到的是霸气、专制和战争。

洛伦兹认为，我们用来评估人类面容的准则，对我们眼中动物的形象造成了强烈的影响。我猜想洛伦兹是正确的，不过只有部分正确。人类与动物的接触已经延续了数百万年。无疑，我们已经具备分辨一头浣熊是不是婴儿的能力。这种能力想必对我们帮助很大。在我们的祖先中，能够正确地解读其他动物将会带来的危险或益处的人，想必比那些全然没有动物敏锐性的人具有更大优势。我猜想，我们对动物的无意识反应，不单是由评估人脸的准则塑造而成，同样也是由演化过程中这些规则的误用造成的。我们喜爱对我们不构成生命威胁的动物，也就是说，那些体量小、颌部纤秀、眼神游移且顺服的动物。我们畏惧那些敢于直视我们，脸上颌部肌肉突出，四肢比我们更迅速、更有力的动物。在我们与其他动物漫长的演化关系中，家养动物是最后一个章节。那些能与动物伙伴展开高效合作的人开始豢养猎犬，依靠山羊来获取肉食和奶，用牛来耕地。农本主义者（agrarianism）需要懂得如何更好地解读其他动物的性格特征。

当浣熊悠哉地进入我视野中时，祖先们通过我大脑内精密而复杂的结构这样告诉我："这几个小东西腿短，颌部秀气，身体胖墩墩，不构成多大威胁。身上看起来肌肉发达，不适合当肉食；它们不怕人，弄一只来喂养大概会很好玩；迷人的脸，像小婴孩一般。"这一切来自过去的讯息悄无声息地涌上心头，使我浑身涌动着对这些动物的恋慕。随后，我试图用话语来解释这种渴望。然而，这种不知不觉被吸引的过程，完全是在理智层面之下发生的，也是在话语和语言层面之下发生的。

或许我不必因为第一时间产生强烈的爱慕之情而感到羞惭。我从一个动物学家世故的眼光出发、自负地解读为耻辱的那类情感欲望，实际上是我本人的动物属性（animal nature）中接受的一种教育。智人（*Homo sapiens*）是一类善于察言观色的物种。我们一生无时无刻不在进行情感判断，每当我们看见一张脸，便会下意识地迅速得出结论。浣熊的脸使我感受到一种因心理活动与逻辑理性不相协调而带来的冲击，意识层面一时间陷入困顿。但是，我对浣熊的反应，只是我每日数十、数百次体验到的那些反应的一种延伸。

当浣熊慢慢走开，在枯叶上踩得吱嘎作响时，我突然觉得，我对森林的观察，为我反观自身的天性竖起了一面镜子。这面镜子放在这里，比放在人造的现代社会中更为清晰。我的祖先同动物们一起，在森林和草原群落中生活了成千上万年。正如其他物种一样，我的大脑以及我内心的情感活动，都是由这数千年来我们与生态的交往建构而成。人类文化虽已影响、混淆并改变了我的情感倾向，然而并未彻底取代这些倾向。当我回到森林中时，尽管只是作为观察者，而不是完全参与到森林群落中，我与生俱来的心理特征也会情不自禁地显露出来。

# 11月5日

## 光线

这个星期，我的脚步声已经发生了显著变化。两天前，林地上铺着厚厚一层被阳光烤干的落叶。要想静悄悄地活动是不可能的；走在上面，就像在一片炸薯片球中穿行一般。如今，秋天干枯发脆的落叶已经消失了。雨水将卷曲的叶子浇得软绵绵的，动物在湿润的地面上行走，一点声息也没有。

雨水紧随持续一周的干旱而来，喜爱潮湿空气的动物们在落叶堆下躲避了数日后，正陆续往外爬。在这些小动物中，最显眼的是一条蛞蝓[1]，它正从一片苍翠的苔藓上滑过。我曾经在森林里其他地方见过这些东西，不过还是第一次在坛城上瞅见一条蛞蝓，也是第一次看到一条正午时分出来活动的蛞蝓。与我们这个地区花园里泛滥成灾的欧洲蛞蝓不同，这种蛞蝓是本土物种，只在它出生的林地中栖居。

常见的欧洲蛞蝓背上有一个隆起的小块，正好位于头部的后方。这一小块光滑的皮肤是蛞蝓的外套膜（mantle），覆盖着它的肺部与生殖器官。坛城上这只本土蛞蝓属于黏液蛞蝓一类（*Philomycid*）。这个属的

1 —— 又称水蜒蚰，俗称鼻涕虫。

成员全都具有特有的外套膜，铺展在整个背部上，好似酥皮点心外面凝结的糖霜。所以，黏液蛞蝓属比它们的欧洲表亲看起来更体面一些，身上不会有令人不快的裸露之处。这种具有延展性的“覆盖物”也提供了一块用于图绘各种美丽花纹的画布。坛城上这只蛞蝓是亚光银色的底色，外加黑巧克力色的装饰——那是一种沿背部中央画出的细线，从覆盖物的边缘一直指向中线位置。

在雨后清新的苍苔映衬下，这只蛞蝓身上的花纹非常显眼，形成层次丰富的对比色。当蛞蝓滑到铺满地衣的岩石表面时，效果改变了。色彩和形式融入斑驳的岩石表面；美丽依旧，但却是与周围环境合为一体的伪装之美。

我正全神贯注地打量那只蛞蝓，树冠上面突然传来一阵沉重的雨声。我回过神来，披上防雨外套，眼睛继续盯着蛞蝓。然而我受骗了：根本没有雨，而是风吹落叶的沙沙声。叶片的呼号平息下来，给坛城上厚实的垫积层又加了一层。垫积层上的叶子多数是之前一两天落下的。雨水的重量，将那些顽强攀附在枝条上的叶子打落了下来。两天前，森林冠层还披着厚重的金属色：山核桃树的古铜色，还有枫树叶子的金色。今天树上还吊着零星的残叶，然而大势已去了。

终于，雨水降临。起初是啪啪嗒嗒豆大的冰冷雨滴，渐渐汇成一场均匀的大雨。更多的叶片在雨中摇落。一只树蛙在橡树树干上大声聒噪，用四声突然爆发的欢歌迎接雨水的到来。蟋蟀陷入了沉默。蛞蝓继续探险，在湿滑的空气中怡然自得。

我缩在防水外套中，在这情势陡变的森林中体会到一种出其不意的美感。这几乎不合情理——秋雨预示着冬天的寒冷和生命的萧瑟。

然而，被夏季带走的某些感觉又回来了。当我凝视着雨幕时，我意识到，我正飘浮在开阔的森林冠层下一片弥漫开去的光芒中。我所见到的森林，似乎更为深邃，更为丰富。我从一团幽暗的亮光中解脱出来，尽管我先前浑然不觉这团幽光的存在。

坛城上的草本植物似乎也感觉到这种变化。晚春时节发芽，随后又在夏季枯萎的香根芹，已经生长出一团嫩绿的植株。每株植物上都有一些娇柔的新叶。这些低微的草本植物，大概是想在稀疏的冠层下争取到几天额外的光合作用时间。尽管好景不长，但是现在投射到坛城表面的光线，已经值得植物努力长出新生组织了。

没有了团团如盖的树叶遮蔽，林地上显得更明亮。然而我的反应——我估计也是部分草本植物的反应，既是由于光线强度的增加，也是由于光影的形式与氛围。叶片凋零，光照范围扩大，将善调丹青的森林之手解放了出来。

夏季，强烈的光线被限制住了，被缩减到一个狭窄的范围内。在浓密的树荫下，黄绿光占据主流；蓝光、红光和紫光全都暗淡失色，这些颜色构成的组合色也是如此。在冠层之间跳跃的日光，以热烈的橙黄光为主。然而透进来的光束极其有限，全然不见蓝色或纯白色的天幕。在冠层中缝隙较大的地方附近，暗绿色树影在天空中散射光的映衬下显得越发深浓。太阳紫铜色的光芒，几乎很难投射下来。在夏季的冠层下生活，无异于在晦暗的舞台灯光下表演。

此刻，红光、紫光、蓝光和橙光混合出数千种色阶和色调：灰色的天幕，沙石色和藏红花色的叶子，蓝绿色的地衣，银色与墨黑色的蛞蝓，还有暗褐色、赤褐色和深蓝灰色的树枝。森林里的国家美术馆开放了它的藏品。黄光与绿光的世界，是梵高的《向日葵》和莫奈的《睡莲》。尽管是名作，却只是全部藏品中极少的一部分。在其中畅游了一季，现在我们得以徜徉于美术馆，陶醉在深浅丰富、范围广泛的视觉体验中。

森林中光线的改变，令我无意间感到无比的轻松和释然。这暗示出人类视觉感官的某些性质。我们渴盼丰富多彩的光线。在一处布景中待得太久，我们便会渴望新的环境。在一成不变的天幕之下生活的人们，之所以会产生视觉疲劳，大概也因为此。白喇喇的单调日光，抑或连绵不绝的云幕，剥夺了我们希望见到的视觉多样性。

坛城上的光环境远不只影响到我的审美体验。植物的生长要靠光线来调节，多数动物的进食和繁殖活动亦是如此。对光线变化保持敏感，是林中生物们生活中核心的部分。林地上的草本植物秋季生长，热情拥抱先前被树叶遮挡的光波。树木枝条依据光线的强度和色彩，朝向阳光充足的开阔处生长，形成分离的枝杈。植物细胞内部，聚光分子每一分钟都在随着光线变化做出反应，依据需求不断聚合、解散。

动物也会随着光线改变调整自身行为。有些蜘蛛依据森林各处光线的特定亮度与色彩来调节蛛丝的颜色。树蛙通过皮肤内部色素的上下移动来改变体表色泽，与外部环境融为一体。招摇的鸟儿在最适于展示自己羽毛色彩的光线环境下搔首弄姿。

红色羽毛的鸟类在森林冠层和冠层下方具有格外丰富多变的色彩。诸如主红雀和猩红丽唐纳雀（scarlet tanagers）之类的鸟儿，单独出现在鸟类指南的某一页上，看起来似乎艳丽夺目。然而在暗绿色的森林里，光谱中红色的部分十分微弱。一只“鲜艳的”红色鸟，在森林的浓荫掩映下显得暗淡无光。一旦这只鸟闯进一片直射的日光中，色彩便闪现出来，羽毛熠熠生辉。红色的林鸟只需在太阳光斑下跳进跳出，就能从“闷罐子”变成招摇之徒，然后再变化回去，一切都在眨眼之间。以我的经验来看，啄木鸟尤其擅长此道。此处的七种啄木鸟，全都具有红色的冠毛或头冠，也都是操纵光线的高手。当啄木鸟静悄悄地觅食时，它们消隐到周围环境中，但是当它们要宣告对某片林地的所有权，或是向配偶卖弄风情时，它们就像黑暗中燃烧的火炬，令人一见难忘。

引人注目的表演固然深入人心，但还不是善于利用光线的鸟儿们最高妙的技巧。更难达到的是晦暗模糊的效果。动物试图伪装时，不仅要符合周围环境的色调与色阶，体表的纹理结构也必须与背景色保持一致。只要与周遭环境稍有异样，便会造成视觉上的不一致，很可能露出马脚。在森林中，鹤立鸡群的方法有千千万万种，但要想泯然众人中，却只有少数几种办法。

伪装演化是一种精益求精的过程。在此过程中，场所的特殊性至关重要。那些只在一种视觉背景中活动的动物，比如专栖于山核桃树树皮上的蛾类，比起在不同背景之间游移不定的种类，更有可能演化出伪装色。居无定所的动物们依赖其他形式的自卫手段，例如快速逃跑、有毒化学物质，以及保护性的刺针。

对具有伪装色的物种而言，隐入特定的微栖居环境（microhabitat）中，是一种重要的短期适应措施。就长远来说，这类特化性征可能是个圈套；伪装成环境色的物种，命运维系于栖居环境。在山核桃树树皮上形成完美伪装的蛾类，只要山核桃树的数量充足，便能顺利存活。但是如果山核桃树数量衰减，这些原本毫无防卫能力的蛾类，在新的视觉环境下，将会被目光敏锐的鸟类扫荡干净。即便山核桃树继续繁茂生长，专栖于山核桃树树皮上的蛾类受生态型所限，也不大可能演化出新的生活方式。而它们那些依赖于其他防卫手段的表亲，则能开发探索新的栖居地，不会蒙受伪装色失效招致的惨重代价。在某种意义上，教科书上成功的伪装演化案例——英国白桦尺蛾（English peppered moths）在周围树木因污染而由灰变黑的情况下，演化出黑色翼翅——并不能具有代表性地反映出蛾类遭遇的演化压力。具有伪装色的动物极少能产生如此侥幸的突变并轻而易举地适应新的背景色。复杂的视觉环境，捕食者精锐的目光，使伪装演化比教科书上描述的更令人担忧，也具有更大局限性。

蜿蜒爬过坛城的这只蛞蝓，体色与下面的地衣和湿润树叶正好一致。它额外要了个视觉花招，增强了这种直入主题的伪装形式。黑色素形成不规则的火苗，在覆盖物边缘跃动，起到分散蛞蝓身体轮廓的作用。这种断裂图形在并不存在边缘的地方营造出欺骗性的边缘视觉效果，分散捕食者眼睛和大脑中神经处理器的注意，用貌似毫无意义的图形掩盖了真正的边缘。诱骗性的图形认知系统具有惊人的效力。对鸟类觅食行为所做的实验表明，断裂图形——即便这些图形仅仅由徒有其表的色彩构成，在效果上也能匹敌，甚至超过简单的同色伪装。

断裂图形并不依赖于色彩与结构上与周围背景的精确一致。因此，具有断裂花纹的动物能隐藏在很多不同的背景中，避开伪装色完美匹配单一栖居环境的动物所受到的限制。这只蛞蝓在绿色的苔藓中依然能得到保护，哪怕它的体表并没有绿色。它虚假的边缘，使天敌看不出可食部分的真实形状。只有持续的凝视，才能揭开它的伪装。在空中扫视的捕食者可没工夫像我这样坐下来观看一小片苔藓，长达一个小时，甚至更久。

捕食者并不是没有对策的。人类视觉生态中的某些特殊性，或许部分能用捕食者与猎物之间的视觉回避（visual sparing）来解释。二战期间，军事决策者注意到，色盲的士兵比视觉正常的士兵更善于看清伪装色。更近期的实验已经证实，异常二色视者（dichromats，眼睛具有两类色彩接收器的人，即所谓的红绿色盲）比正常三色视者（trichromats，具有三类色彩接收器的人，人群中更为普遍的状况）更善于揭穿伪装色。三色视者的视线固着于色彩变化，因此容易受到误导。而二色视者能从三色视者忽略掉的构图中看到边界。

二色视者具有更卓越的图形观察能力，这似乎是不幸的突变带来的一种独特而又无足轻重的巧合。然而两条事实表明情况并非如此。第一，二色视者在人群中十分常见，在所有男性中高达 2% 到 8%（这种基因突变发生在男性的性染色体上）。如果说这种状况是一种适应不良现象（maladaptation），那么发生的频率未免太高。这种现象的普遍性表明，在某些环境条件下，演化或许是青睐于这种状况的。第二，我们的表亲——猴子，尤其是新大陆猴（New World monkey），也是同一物种中二色视者与三色视者并存。在这些动物中，二色视者占种群成员的一半，甚或更多。这再次表明，二色视者并不仅仅是一种偶然的缺陷。通过实验观察狨猴（marmosets）的觅食行为，我们发现，在光线暗淡的环境下，二色视者比三色视者更有优势，或许是因为它们能看到三色视者忽略的图形和结构。在明亮的光线下，优劣颠倒过来；相比二色视者，三色视者能更快地找到成熟的红色果实。这些猴子视觉方式的多样性，可能是对森林中光线环境多样性的一种反映。

新大陆猴通常过着集体群居生活，因此同一群体中兼有两类视觉形式。这对每个成员都有好处——在各种光线环境下，它们都能找到食物。同样的解释是否适用于人类，目前尚不可知。我们也是在一种扩大了的群体社会语境下演化而成，因此，如今二色视者之所以存在于人群中，很可能是因为过去的自然选择。具有部分二色视者的群体，或许比纯粹的三色视觉群体的生存状况更优越，从而使二色视觉的基因属性一代代传递下来。这些猜想虽然耐人寻味，但目前尚无人考察过人类在近似古人类环境状况中的视觉表现，因而也不曾得到验证。

我对森林中光线变化的反应，是在潜意识间展现在我的审美意识之中。我们很容易无视这类审美反应，视之为与森林无关的、纯粹人为的产物。还有什么比一个人受到太多文化影响的审美情趣更不自然的呢？然而，事实上，人类的审美官能，确实反映出森林的生态特征。我们对色阶、色调和光线强度的敏感性，受缚于我们的演化遗传。就连我们视觉能力的多样性，可能也是人类祖先生态特征的再现。

在我们生活的文明世界中，光线通常令人熟视无睹，就像闪烁的电脑屏幕或广告牌一样。秋日坛城上变化的光线，霎时间促使我意识到森林中更微妙的光芒。我的意识来得太迟。香根芹早在一周前，便已知道秋光的降落，并舒展开了新生的叶片。数个世代的自然选择教会了蛞蝓关于光的知识，标记就铭刻在它的覆盖物上。蜘蛛、主红雀、啄木鸟，还有树蛙，全都知道森林被点亮了。它们调整了自己的行为、蛛丝、羽毛和体表皮肤，以便适应森林中充沛的光线。当最后几片金黄色的叶片随着雨水坠落时，我也开始看到光的变化了。

# 11月15日

## 纹腹鹰

我们已经跨过一条季节的分界线。冰雪重回坛城，给低俯的草本植物盖上一层毛茸茸的水晶毯。一周多以来，霜冻已经断断续续地掠过冠层。然而秋季的霜冻降临到大地上，还是头一次。与那些掉落叶子以免受到霜冻损害的落叶树木不同，很多草本植物能在严寒中持续生存。它们在细胞中填满了糖分，作为抗拒霜冻的举措。它们的叶片中也充满紫色色素，在细胞正常的吸光机制（light-absorbing machinery）遭到冰封之后，能够提供保护，防止细胞受到日光的损害。獐耳细辛和包果菊之类的草本植物，先前一片苍翠，如今边缘也现出了深紫色，这标志着冬日即将来临。在整个冬季，这些叶子将依靠暖和天气里少量的光合作用能量艰难度日，一直延续到春季复苏的新叶长出才慢慢凋萎。

尽管早晨天寒地冻，坛城上依然有许多动物出没。随着白昼的温度攀升，小昆虫涌现出来，落叶层上爬满蚂蚁、马陆和蜘蛛。这些无脊椎动物是鸟类丰富的食料来源。有些鸟是新近从更北端的森林里飞过来的难民。那里的暴风雪已经切断了它们的食物来源。有一只冬鹪鹩在我端坐于坛城上时飞了过来。它落在我对面，用针状的喙啄啄我背包上的褶皱，又啄啄我的外套下摆，然后冲上一个荚蒾灌丛。它落在一根枝条上，歪着脑袋，用一只黑色的眼珠打量我。接着，它翅膀一拍，飞进几米外一堆散落的树枝中，乌黑的小身躯消失在零散的枝条中。这时它的行动更像是一只老鼠，而不是一只鸟。鹪鹩们常见的呢喃私语，少说也出现一个星期了，然而如此近距离地受到这只鸟的考察，还是让我深感荣幸：它们通常会表现得更为警惕。

迁徙的林莺如今已经离开坛城，飞到了中美和南美。与那些鸟儿不同，鹪鹩的旅程相对较短。它们整个冬天都在北美森林中逗留。在多数年份里，这是一种成功的策略。这些鸟儿能免于成本高昂的跨大陆飞行，迅速返回繁殖场所。但是冬鹪鹩更喜欢在地面上和倒伏的树木之间觅食，因此非常容易受到严冬的侵袭。南部森林里的寒冷，再加上深厚的积雪，在某些年份可能会造成冬鹪鹩大规模的死亡。

这只好奇的鹪鹩来访，是我今天与鸟儿们第二次不寻常的邂逅。我在林中行走时，一抹艳蓝色的光，从坛城中央径直冲过来。这是一只纹腹鹰（Sharp-shinned Hawk）。它张开翼翅和尾巴，收住了俯冲的势头。眨眼间，它又冲上天空，飞到 20 英尺高处去了。它的翅膀弯曲，身体保持平直，划出一道上升的弧线，落在一根枫树枝条上。随后，它竖起尾部和长长的尾羽，静静地待了一会。接着，翅膀和尾巴摆成静止不动的T字形，从山坡上滑下去。

这只鸟的行动看起来毫不费力，极其流畅，如同一颗卵石从冰面上滑过一般。当它滑进朦胧的树丛，消失在视线中时，我感觉到重力就像一条束紧的带子，将我禁锢在大地上。我就像石头一般，而且是一块笨重的巨砾。

这只鹰高超的飞行技巧，依赖于重量与力量之间审慎的比例关系。纹腹鹰的重量很可能仅有200克，相当于我体重的几百分之一。它胸部的肌肉有几厘米厚，比很多人的胸肌还厚实，构成全身重量的六分之一。因此，肌肉收缩一次，就能让它冲上高空，就像一只被奋力踢上天的沙滩球。

人类试图效仿鹰。中世纪的跳楼者（medieval tower-jumpers）和旧金山海特·黑什伯里区的迷幻者（Haight-Ashbury trippers）[1]向天空中寻求自由，然而他们得到的，始终是同样毫不留情的、冷冰冰的回答。唯有借助化石燃料提供的强大推力，我们才得以超越身体极限，打破地心引力的束缚。要想仅靠自身之力飞上太空，我们需要对身体进行精心改造：要么胸部肌肉厚达6英尺，要么身体其他部分缩减到不可想象的程度。相对沉重的骨架来说，我们生得过于孱

1 —— Haight-Ashbury，也译作“嬉皮区”，是嬉皮士的发源地。嬉皮士主张爱、和平和自由。tripper通常指旅行者或徒步旅行者。约翰·列侬在谈到他的歌曲“*Day Tripper*”时，将其解释为“周末才过把瘾的嬉皮士”。

弱。伊卡鲁斯（Icarus）飞上天空逃离克里特的故事[1]，在指出骄傲自大的危险上或许是有指导意义的，然而在空气动力学上，却是相当拙劣的教材。早在太阳晒化粘在羽毛上的蜡之前，重力就会教他学会谦卑。

重量与力量之间的平衡，是鸟类其他生物学特征的基础。活动范围局限在地面上的动物全年携带着生殖器官，而鸟类在繁殖结束后睾丸和卵巢就会萎缩，变成极小的粒状组织。同样，鸟类抛弃了牙齿，换来单薄如纸的喙部和强大的砂囊。落在汽车挡风玻璃上的鸟粪，是鸟类全套策略中另一个部分。鸟类排出白色结晶状的尿酸，而不是液体状的尿液，从而免除了膀胱带来的负担。

鸟的身体只有部分是充实的。大部分地方充满空气囊，很多骨骼也是中空的。这些管状骨骼给人类带来了意想不到的礼物。中国的考古学家发现一些用丹顶鹤（red-crowned cranes）翼骨制成的笛子，距今已有9000年。人们在骨头上刻洞，制造出一组音阶，近似于现代西方的“do，re，mi”。新石器时代的艺术家将飞行的魔力转变成了另一种风中诞生的快乐。

鹰的身子像用气泡包装起来的一样轻。借助厚实的胸部肌肉，它们格外易于飞上高空。鸟的体温偏高，达到40摄氏度以上。因此，组成肌肉的分子能快速产生强大的反作用力，使肌肉收缩的强度比哺乳动物那种松散的牵扯要大一倍。鸟类肌肉内部遍布的毛细血管，将

1—— 出自古希腊神话。名匠戴达鲁斯（Daedalus）用蜡制作成翅膀，和他的儿子伊卡鲁斯一同从天空飞走，逃离克里特。伊卡鲁斯过于高兴，忘记父亲的告诫，飞离太阳太近，翅膀被融化，坠海而死。

血液从心脏部位输送过来。相对身体比例而言，鸟的心脏比哺乳动物的心脏大一倍，也比鸟类的祖先，即爬行动物那种不完善的心脏结构更为高效。鸟类还有一套独特的单向呼吸方式，它将身体其他部位的空气囊作为风箱，使空气持续流过肺部湿润的表面，保证血液中氧气充足。

这一系列引人注目的生理结构，促成的远不止是飞行——鹰是在空中舞蹈。在短短10秒内，它急速刹住俯冲势头，垂直上升，与此同时转身，朝另一个方向掠去，接着振翅高飞，划出一道上升的弧线，最后猛然刹住，双足稳稳地落在一株枫树枝条上。我们见惯了鸟儿精确而优美的飞行，已经不以为怪。当主红雀落在食料槽上，麻雀在停车场上的汽车周围扑腾时，我们本该惊讶不已，目瞪口呆。相反，我们不经意地走过，就好像一只在空中做出高难度芭蕾舞动作的动物毫不出奇，甚至平淡无趣。鹰从坛城中心骤然冲起时，将我从这种因司空见惯而造成的麻木状态中惊醒了。

鸟类翼骨的结构，与人类前肢的构造相同。因为我们可以想象到——至少部分能想象到——鸟类翅膀的上举和弯曲动作。但是鸟羽上多了一层奇异的纤羽，这就超乎我们直观的理解范围了。人体上与之最相近的是毛发，然而鸟羽的结构精巧，而且可控性强。与之相比，我们那些简单的蛋白质线既松软，又缺乏生命力。每根鸟羽都是一把扇子，由排列在一根中心支柱，即羽轴周围的许多小片相互勾连而成。羽轴通过一簇肌肉牢牢固定在皮肤上，鸟儿正是利用这些肌肉来调整每根羽毛的位置。鸟的翼翅由众多更小的翅膀整齐一致地组合而成，这使鸟类具有令人叹为观止的高超控制力。

鹰在林中飞行时，羽毛向下鼓风，推动翅膀向上。翅膀向下弯曲，上表面的空气比凹形的下表面处流动更快。快速流动的空气施加的压力更小，因此鸟类又得到了一重推力。鹰急速降落或是改变飞行方向时，需要将翅膀收成锐角，阻断平滑的气流。后方扰乱的气流起到刹车的作用，将翅膀朝后拽。鹰的急刹车技巧极其娴熟，落在一根枝条上而身子纹丝不动，对它而言似乎是轻而易举的事情。

当时坛城上那只鹰正在狩猎。纹腹鹰大部分时候以冬鹪鹩一类的小型鸟类为食。既宽又短的翅膀，使它在树枝间如鱼得水，而且能在追逐猎物时全力加速。它用长长的尾巴掌舵，穿过枝条交错的森林，猛然跃起，并用镰刀般的利爪，从下方攫住飞行的小鸟。任何逃进树洞或是灌丛中的猎物，都会被它用瘦长的腿抓出来。

纹腹鹰的身体构造有一个美中不足的地方。它浑圆的翅膀末端粗钝，容易激起杂乱的涡旋气流，对飞行造成干扰。这些涡旋气流的牵引，使纹腹鹰在持续飞行时，比猎鹰和其他翅形尖长的鸟类更加费力。此外，纹腹鹰的翅膀还不够像扇子，无法像秃鹫那样一飞冲天。它是一种标准的林鸟：在松树和橡树枝条之间能穿梭自如，但身体构造并不适合长途飞行。纹腹鹰在飞越较远的距离时，时而振翅飞翔，时而短暂滑行一段，采取的是猎鹰的持续飞行与秃鹫的轻松滑移之间的一种折中。这项工作非常无聊，与那些更成功的长途飞行者不同，纹腹鹰一路上必须不时停下来觅食、休养。

田纳西州的纹腹鹰并不迁徙，但是此处也会迎来一些冬季从更北部飞回的纹腹鹰。近些年，纹腹鹰秋天南飞的浪潮已经明显衰减。最初科学家猜想，可能是环境污染或者栖居地的丧失导致迁徙鸟类数量下降。但是情况显然并非如此。更多纹腹鹰选择待在冰寒的北方森林中，而不是飞回南方越冬。这些羁留下来的纹腹鹰在居民住宅区附近游逛，利用北美地区一种引人注目的新的生态因素维持生存。这种新的生态组成因子，就是后院里的鸟食器。

我们对鸟类的热爱，促成了一轮新的迁徙。这种迁徙的新奇之处在于，它是植物从西方向东方的迁徙，而不是鸟类从北方向南方的迁徙。北美大草原上成千上万英亩垦殖出来的土地上，产出几百万吨向日葵种子，源源不断地运往东方。这些沉甸甸的储备粮从木箱子和玻璃管道中一点点地流出，给东部森林里冬天粮食匮乏的鸣鸟带来稳定持续的食物来源。纹腹鹰因此得到可靠的食料橱，森林变成了它们越冬的家园。鸟食器不仅扩大了森林里的食物储藏，更为重要的是，这些器具还引来成群的鸣鸟，形成纹腹鹰便利的觅食场所。

我们思慕鸟的美丽，这种恋慕之情外露出来，便激起了层层的波浪。波浪扩散开去，冲过草原和森林，也包围了坛城。从北方迁徙来的纹腹鹰减少了，坛城上纹腹鹰的生活会稍轻松一些。对鸣鸟来说，冬天也不那么危险了，冬鹪鹩种群数量或许正在悄然增加。鹪鹩数量的增加，或许会促使蚂蚁、蜘蛛种群减少，进而波及植物群落，因为春生短命植物的种子需要靠蚂蚁来传播；或是波及真菌群落，因为蜘蛛的数量减少，真菌蚋（fungus gnat）种群的数量也会增多。

我们的一举一动都引起水波的震荡，将人类欲望产生的结果传送到世界之中。纹腹鹰形象而具体地展现了这些向外扩展的波浪，它的飞行奇迹重新唤起了我们的注意力。我们与世间万物的密切联系被赋予了一种宏伟壮丽而又真实可见的形式：我们看到自身与其他生物亲密的演化关系在扇形的翅膀中铺展开来；我们看到维系北方森林与大草原的一条结实而真切的纽带；我们也看到了贯穿森林的食物链之残暴与精妙绝伦。

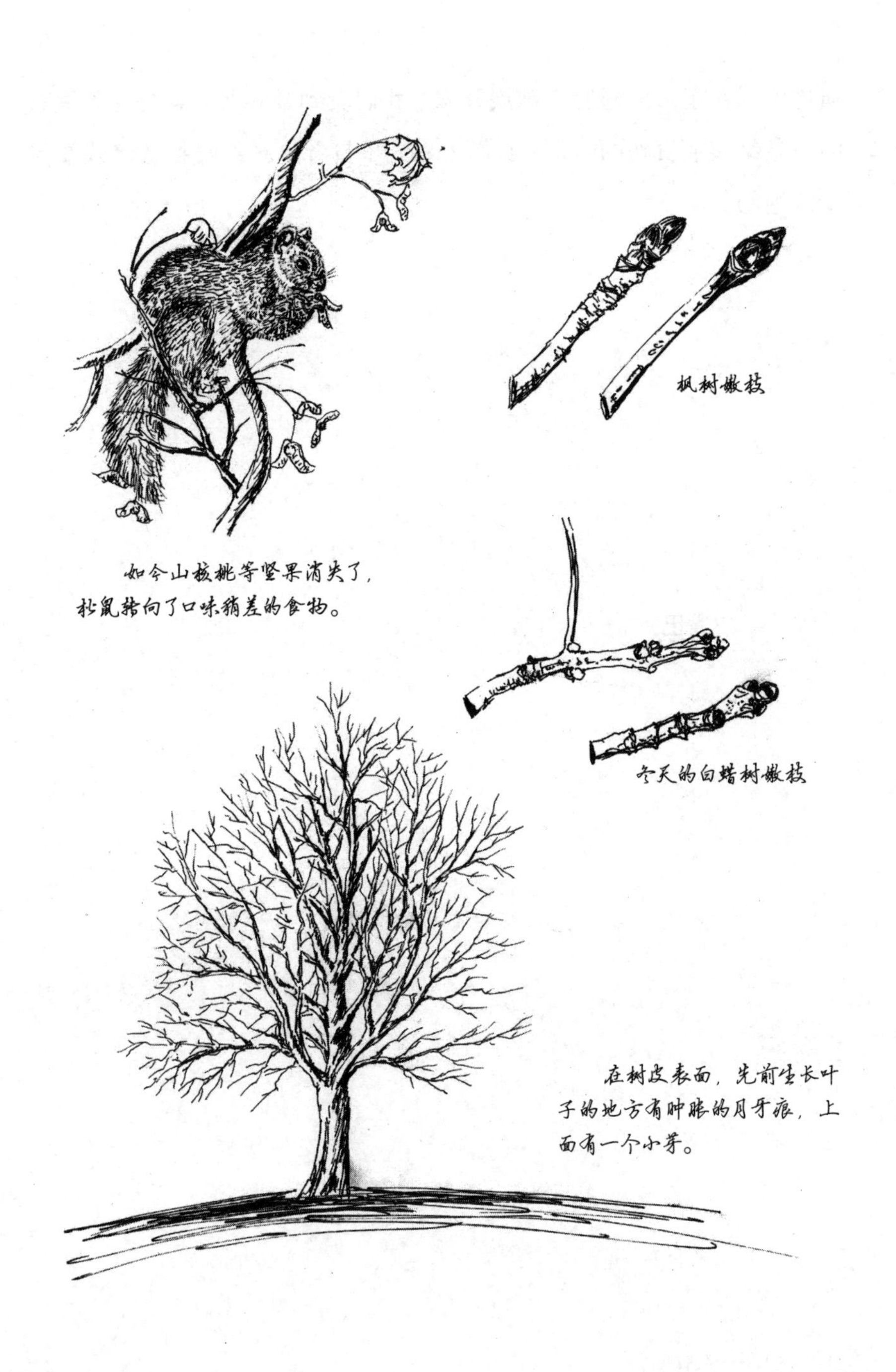


如今山核桃等坚果消失了，松鼠转向了口味稍差的食物。

在树皮表面，先前生长叶子的地方有肿胀的月牙痕，上面有一个小芽。

# 11月21日

## 嫩枝

坛城上的树枝光秃秃的。枝丫支棱着，用黑色的线条描绘出错落的花纹，分割了视线中澄净的天空。就在我头顶上，一只松鼠在枫树梢头细得令人难以置信的枝条上晃悠。松鼠的后腿紧紧抓住一根枝条，同时用前腿和嘴巴去拾取那些还没掉落的团成一簇的果实。种子壳和小枝条在松鼠的惊扰下如雨点一般洒落在地上。完整的种子也飘降下来，在微风中慢慢旋转，坠落在坛城西边好几米远的地方。几周以来，我还是第一次在枫树上看到松鼠。不久前，山核桃树上肉厚个大的坚果是更好的选择，可是如今坚果消失了，松鼠转向了口味稍差的食物。

松鼠的毁灭性劫掠造成的更大损伤之一，就躺在我面前。这根枫树嫩枝有我的前臂一半长，枝头分叉，挂着好几簇光秃秃的种子柄。起初，我轻轻扫了一眼，不经意地忽略了它。随后，随着我的目光掉转回来，细节陡然呈现出来。树皮上的文字还没被真菌弄得漫漶不清，因此这根从树冠上掉下来的幼嫩枝条的故事写得明明白白。

嫩枝的黄褐色树皮上分布着一些奶油色的嘴巴，每张嘴的唇部都顺着枝条的延伸方向平行裂开。这是树皮上的气孔（lenticles），肉眼刚好能够看到。空气从气孔中进入，流进下面的细胞。当嫩枝长成成熟的枝条，或以后变成树干时，气孔会逐渐减少，隐藏于树皮上的裂痕基部。幼嫩的细枝需要高密度的气孔来支持生长活跃的细胞，正如小孩的肺部相对身体比例来说比成年人的更大。

在树皮表面，先前生长叶片的地方浮现出更大的、肿胀的月牙痕。每个叶片留下的月牙痕上面有一个小芽，有些地方叶芽已经脱落，留下一个圆形的凹槽。嫩枝将会从叶芽中生长出来，随后，大多数嫩枝将在一年中死亡。这种生长方式似乎十分浪费。几年后，数百根嫩枝中只有一两根留存下来，变成粗大的枝条。这种过分铺张的行为，是生命经济体系中的普遍主题。我们的神经系统也是如此形成的：先长出众多分支，形成复杂的网络，然后萎缩成一种更简单的成熟状态。社会交往也是如此。在一个新组成的鸟群中，各个成员之间纷争不断，但是很快就会缓和下来，形成一种更简单的等级制度，每只鸟都只同直接上级或直接下级发生争吵。

树木、神经和社交网络，都是在不可预测的环境中生长起来的系统。枫树幼苗不可能知道何处的光线最强，神经网络不可能知道即将学习哪些知识，雏鸟也不可能知道它将要面临的社会秩序。因此，树木、神经和社会等级制度，都要尝试数十种乃至数百种不同的方式，从中选取最佳方案，力求适应周围环境。光线之争决定着嫩枝的生与死，树木多变的形态结构，正是在无数特定的小事件影响之下逐渐形成。一棵生长在空地上，拥有充足阳光的树木，枝条会从树干低处开始朝四面铺展开去，形成开阔的圆形树形。而坛城上的树木则极少具有低矮的树枝和浓密的圆柱形树冠，这是由于过于拥挤，对光线竞争激烈所致。自然选择演化过程也与此类似：每一物种都产生出无数变异性状，从中挑选出极少数的优势性状。在我眼前这株短枝上，这一过程已经初现端倪。枝条上较老的部分光秃秃的，侧枝已经掉光了，而枝梢则形成分岔，密生着一团幼嫩组织，如同弯曲的火柴杆。

嫩枝光滑的树皮上每隔一段便有一圈小环，就像细细的手链一般。这些小环是芽鳞（bud scale）留下的疤痕。芽鳞呈现为勺状，冬天覆盖在休眠芽外面，起到保护作用。在树木为庇护生长端而做出的努力中，光阴的印记被刻绘下来：树皮上每年都会留下一圈芽鳞痕。小环之间的距离昭示出当季生长速度的快慢。从这根枫树枝条的梢头向下数：今年生长了1英寸，去年是1英寸，再往前两年，一共是3英寸。最老的一段枝条被松鼠踩折了，然而从残存的部分能看出，那一年生长了6英寸。过去五年中，这根嫩枝的生长一直在逐渐减缓。

我将注意力从枫树枝条转向坛城上那些幼苗的芽鳞。它们会告诉我与枫树嫩枝一样的故事吗？在坛城中间那株齐膝高的绒毛白蜡树（green ash）上，枝梢立着一枚仪态万千的叶芽，头冠鼓鼓囊囊，由两片大叶子组成，侧翼则由两片较小的泪滴状叶子组成。裹在这个胖乎乎的惊叹号外面的芽鳞形状呈现为粒状，颜色则是红糖色。去年的芽鳞留下的痕迹，就在下方1英寸处，可见今年没怎么增长。去年的情况稍好一些，而前年的生长达到了两英寸，四年生的木质格外长，达到了8英寸。莫非最近两年有哪些方面的因素不够理想？

坛城西边一株枫树幼苗上显示的模式，与枫树嫩枝和白蜡树一般无二，只是不同年份之间的差异没那么明显。北边两英寸外，一株枫树和一株白蜡树的生长打破了这种模式。这两棵树的嫩枝过去两年中增长了10英寸。这些树长得郁郁葱葱，靠近东边的枝条尤其繁茂。树木对天气的反应并不完全一致，影响其生长的，是某些更为复杂的因素。

生长速度的差异，部分是由幼树之间对光线的竞争造成的。坛城中间那株绒毛白蜡的生长速度日益减退，可能归因于周围那些更高大的白蜡树和枫树的繁茂生长。四年前，这些大树还不够高，尚未遮蔽坛城中间这块区域。在过去三年中，这些大树逐渐洒下更多的阴凉，使白蜡树陷入饥饿状态。

除了特定区域树木之间的光线竞争之外，其他事件也会影响到植物的生长。就在坛城东边，森林冠层中有一个巨大的空洞。两三年前，一棵老龄的鳞皮山核桃树（shagbark hickory）倒下了，连带着压倒好几株小树。我虽然没有看到那棵山核桃树轰然倒下的一瞬，但是我见过其他树木倒下的情形。一开始，树木发出步枪扫射的声音，木材逐渐断裂，树干断开。随着树木向下倒的速度加快，巨大的轰鸣声越来越响。树干造成的冲击，就像一面巨大的低音鼓一样，在让人听到声音的同时，也能感受到那种震颤。随之而来的是一股气味。破碎的树叶散发出甜得发腻的气味，混杂着断裂的木头和树皮潮湿而苦涩的气味。如果树干没有断裂，大树被连根拔起，地面会呈现出一个大坑，圆形的根系能一直达到 6 英尺深。那种混乱的情形令人过目难忘：小树被压倒，树冠上的藤本植物被拉拽下来，卷曲的残枝撒落一地。颓然倒地的树木就像搁浅的鲸鱼一样，只有倒下后，我们才会看到它是何其庞大。一棵大树的坠落，能殃及森林中好几座房屋那么大的区域，尤其是在有其他树木被连带着压倒的时候。

树木倒下后，光线趁虚而入。没有被倒下的树木击中或压死的幼树如今沐浴在阳光下，茁壮地成长。它们已经等待了太久。它们虽然比较矮小，看起来还很幼嫩，但是许多幼树很可能已经有数十年，甚至数百年高龄了。它们在遮蔽环境下缓慢地生长，隔上几年就要枯死一回，然后重新从根部发芽，一点点地往上长。它们拿时间做赌注，一直等到有隙可乘，重见天日。

在冠层中打开的天窗下，光线的性质也会改变。相比某些波段的光线而言，叶子更善于吸收另一些波段的光，尤其是红光。“远红光”（far red）则会从叶片中穿过。远红光，或者说红外线，对人眼来说是不可见的。因为红外线的波长太长，我们的眼睛无法接收到。然而植物能同时“看到”红光和远红光。生长中的嫩枝利用这两种波段的光线之间的相对比例，来判断自身相对于其他植物的位置。在冠层下面拥挤的环境中，远红光占据主导地位，因为更有竞争力的植物叶片吸收了红光。不过，在显露出来的一线天空下面，红光的比例急剧上升。嫩枝的应对措施是改变自身形态，朝四面铺展枝条，梢头伸进光线中。

树木凭借叶片中的一种化学成分来产生“色视觉”。这种化学分子，即所谓的光敏色素（phytochrome），能够以两种截然不同的形式存在。两种形态之间的开关按钮由光线来控制：红光促使分子进入“开启”状态；远红光促使分子进入“关闭”状态。植物利用这两种形态来评估周围环境中红光与远红光的比率。在冠层空隙中淡红色的光线下，处于“开启”状态的光敏色素占据主流，促使树木朝向空隙处长出茂盛的枝条。在林中阴凉地带，远红光占据主流，树木向上长出纤弱的枝干和稀稀落落的几根侧枝。植物体内各处遍布光敏色素，因此，树木就像睁大了眼睛一般，浑身上下都能感觉到色彩。爱默生[1]自诩为丛林中睁开的

1 —— 拉尔夫 · 瓦尔多 · 爱默生（Ralph Waldo Emerson，1803 ~ 1882），美国超验主义者。

“一只透明的眼球”，或许，他也会赞赏树木在这方面的卓越能力。

正处在空隙下方的植被，无疑在光线的浇注之下改变了。然而，阳光也会从冠层的裂隙之间流泻到周围的森林中，甚至流入坛城中。坛城终年依偎在团团如盖的枫树与山核桃树的庇护之下。位于坛城东边的幼苗生长更快，朝东的枝条也比朝西的同龄枝条更有活力。此处山麓朝东北边倾斜，因此，经由天窗投射进来的光线，进一步增强了原本就存在的不平等。

地面上低矮的草本植物，也受到冠层中空隙的影响。在坛城上靠西边的区域，全然不见包果菊的踪影；坛城中央出现几株矮小的包果菊；再往东，则渐渐长出了齐脚踝深的包果菊植株，看起来生机勃勃的样子。这些植物的生长正好与林中的空隙相应，在天窗中心位置处，能长到齐膝深。其中最高的那些植物在完成一年中第二轮和最后一轮的生长后，到明年开花时，高度会达到我肩膀的位置。其他的草本植物，比如獐耳细辛和香根芹，则丝毫看不出因光线强弱变化而呈现出不均匀分布的迹象。生长在坛城上浓荫密布的西半边区域的植株，似乎与东半边区域的植株长得同样茂盛。这种表面的一致性，可能掩盖了一些更微妙的影响，因为这些植物对上层光线所做出的反应，并不是往高处生长，而是结出更多的种子，或是伸展出更多的根状茎。

不出 5 年，空隙就会被那些争先冲向冠层的幼树填满。处在空隙边缘的成年树木将会伸进空隙中，从幼树头顶夺走光线。10 年后，一两株幼树将会获胜，而数十株失败者将会凋亡。相对而言，这种斗争十分短暂。成年树木一旦达到冠层高度，就能活过好几个世纪。然而，小树之间激烈的竞争，极大地影响到森林的结构。在田纳西州各处风格各异的森林中，没有任何一个树种能在冲向冠层的赛跑中始终获得胜利。这反映出土壤类型和气候环境的错综复杂。

冠层所受到的干扰，是一个范围广泛的连续统。倒下的山核桃树和折断的嫩枝，是处于连续统上的两个点。位于连续统一端的，是严重的干扰，例如飓风。这类干扰极少光临，在田纳西州这个地区，一百年最多遇到一次。位于连续统另一端的，则是松鼠的践踏在枝丫交错的冠层中留下的小洞。这些小洞的规模较小，存在的时间也不长，至多带来一些太阳光斑，激发短命植物和矮生幼树的生长。木头的腐烂和冬季的冰雹，也会使冠层上出现小孔隙。每隔几小时，我就能听到一阵大树枝断裂的声音，这在冬季的时候尤其明显。中等程度的干扰也很常见，暴风雨显然是最主要的来源。

相比一马平川的城镇地带的暴风雨，林中的暴风雨具有一种更原始的性质。倾盆而下的大雨令人振奋，叶子的气味、灰色的光线和刺骨的寒冷则带来一阵感官上的愉悦。然而，一场真正能吹折树木的大风暴将感官推得更远——不再是振奋抑或颤抖，而是恐惧。随着雨水的滴答声转为咆哮，冠层受到大风的强大推力。树干拉锯般前后摇摆，弯曲到令人难以置信的程度，然后猛然弹回来。我的全部感官都觉醒了，眼睛飞速移动起来。随后，地面开始震荡。树干在来回的摇摆中拉拽着树根，将树根从地上拔了出来。我就像在一艘偏离航线的小船的甲板之上行走一样，两脚跌跌撞撞。暴风雨混淆了人的感觉：奔涌而下的雨水模糊了我的双眼，风在树叶间的怒号充塞着我的耳朵；脚下整个大地都在晃动。这种混乱的感觉凝聚成一阵向前狂奔的冲动，然而，除非附近有岩石或其他遮蔽物，否则跑到哪里都不安全。每隔一阵子，便会有断裂的残枝从树枝间坠落下来。人的想象力被充分调动起来，每声脆响都变成了木柴坠落的声音。在这样的暴风雨中，我要么会仓惶地奔去避雨——如果有避雨之处的话，要么倚靠在一根看起来坚实的树干上，感受它施加在我背部的推力。我最担心的是一根完全长成的大树凌空倒下，然而恐惧无处释放，我只能睁大了眼睛坐在那里，直到暴风雨停息。当暴风雨达到顶峰时，我的无助感反而会得到一种奇怪的慰藉。面对这个狂怒的世界，我所做的一切都无济于事，因此只能屈服，而随之而来的是一种奇异的状态：尽管身体紧张兴奋，内心却是一片澄明。

这片山麓每年都会受到数十次狂风暴雨的侵袭。不过这些风暴持续的时间都不长，造成的损害通常也集中在小块区域内：某处一片树龄稍长的枫树林，或是一株虽然高大但是根部扎得不深的七叶树（buckeye）。森林里到处是这类事故造成的空隙。对某些树种，例如糖枫来说，冠层中的缺口提供了向高处发展的快速通道。不过，枫树是耐阴树种，因此它们不需要冠层中的缺口也能生长。然而对其他的树种来说，空隙是唯一的希望。美国鹅掌楸，在更小的程度上还有橡树、山核桃树和胡桃树，都需要在明亮的光线下生长。因此，这些树木的持续生存依赖于森林各处不定时出现的小缺口。坠落在坛城上阴凉处的美国鹅掌楸种子几乎不可能萌芽，也很难活过头一年。那些落在坛城以东20英尺的种子，将能满足自身对阳光的需求，有望成为百万分之一颗最终实现潜能、冲上冠层的种子。

矛盾的是，冠层的重生需要冠层自身撕开一条口子，让光线投射到地面上。空隙的动态分布产生任何变化，都将影响到森林的生存能力。这让我格外关注坛城附近的空隙背后生长出的那棵纤细的树。这棵树自春天以来已经长高了好几英尺，两英尺宽的心形叶片霸道地伸进了开阔处。这是一棵毛泡桐（*Paulownia tomentosa*），或者叫女王树（Princess Tree）。这类外来树种生长迅速，如今正在东部森林中肆意扩散。它们入侵冠层中的空隙，战胜本土物种，从而占据了森林。泡桐属，以及与之一同入侵的臭椿（*Ailanthus altissima*）——又称天堂树（Tree of Heaven）——均能结出成千上万颗靠风传播的种子，从而飞速地蔓延。它们尤其青睐路边地带和遭到砍伐的森林，但是如同大多数先驱物种一样，它们也很乐意入侵森林受到轻度干扰后留下的空缺。

快速生长的入侵物种，对那些需要充足阳光才能生长的本土物种——如橡树、山核桃树、胡桃树和美国鹅掌楸等——的再生格外有害。泡桐属和臭椿属植物一旦在空隙中落地生根，就会扼杀那些生长缓慢的本土物种。在因野火、人工采伐或是房地产开发建设而受到严重影响的森林里，非本土物种能快速地削弱本土物种的多样性。

关于嫩枝的研究似乎深奥难懂。然而这种印象是极端错误的。通过从芽痕开始往后数，测算每年的生长速度，我不仅看到本土物种和异域物种之间的斗争，也读到一本记录地球大气状况的账簿。每根嫩枝每年增长几英寸，在整个森林里，几英尺几英尺地叠加起来，就构成了世界上最大的碳储存库之一。

如果我们算上全部的新生组织——嫩枝、叶子、日益加粗的树干和延伸出去的根系，坛城上每年从空气中吸收的碳，很可能达到10到20千克。同等碳含量的木柴堆积起来，大小相当于一辆小汽车。就整个地球表面而言，森林里的碳含量总计逾1千万亿吨，相当于大气中碳含量的两倍。如此巨大的碳储备，是我们对抗灾难的缓冲剂。如果没有森林，其中大部分碳将以二氧化碳气体的形式飘浮于空气中，可怕的温室效应将会使我们备受煎熬。

我们燃烧石油和煤，与此同时将埋藏许久的碳储备重新释放到大气中。而森林使我们免受由此导致的气候变化带来的剧烈冲击。我们燃烧的碳，有一半被森林和海洋吸收了。最近，森林的这种缓冲效应已经消失了——树木吸收大气中过剩的碳的速率毕竟是有限的。尤其是，我们还在加速燃烧化石燃料。无论如何，森林依然庇护着我们，防止我们的挥霍无度造成更可怕的后果。关于嫩枝和芽痕的研究，也是关乎人类未来福祉的研究。

# 12月3日

## 落叶堆

我俯身向下，躺在坛城边缘，准备扎到落叶堆下面去潜游一番。我鼻子下面的红色橡树叶又干又脆，被风吹日晒得干巴巴，正好免受真菌和细菌的侵袭。像落叶堆表面其他的叶子一样，这片橡树叶将保持完整形态，几乎直到一年后，才在来年夏季的雨水中变成碎屑。这些表层的落叶构成一层外壳，既提供遮蔽，又为下面好戏的开场铺垫好了舞台。在上层叶片的掩护下，下面那些凋零的秋叶在落叶堆下黑暗、潮湿的世界中悄然腐化。年复一年，大地像喘息不定的腹部一样，在10月间猛然吸入一大口气，而后随着生命活力散布到森林的躯体中，逐渐平复下去。

红色橡树叶下面的那些叶子潮湿而无光泽。我掰开由三片枫叶与山核桃树叶组成的一块湿乎乎的三明治。各种气味翻腾到空气中：首先是刺鼻的腐烂味，接着是新鲜蘑菇强烈而好闻的气息。四周萦绕着一股更为浓郁的泥土芬芳，表明这是一块健康的土壤。这全部感受，便是我最大限度下所能“看到”的土壤微生物群落。我眼部的光线感受器和透镜过于庞大，无法解析从细菌、原生动物和很多真菌上弹射出来的光子，而我的鼻子却能觉察到微生物界散发的气味分子，使我得以透过盲目一瞥究竟。

这几乎就是我们所能看到的全部。在我扒开的这一块土壤上，生活着数十亿个微生物，其中只有 1% 能在实验室中进行培育和研究，剩下 99% 的微生物相互之间具有极其密切的依赖关系。我们根本不知道如何模拟或复制这些关系，若是将这些微生物从整体中孤立出来，它们就会死亡。土壤微生物群落是一个巨大的谜，其中大多数居民都默默无闻地生活着，不为人所知。

当我们凿开谜团的边缘，随着无知的障幕逐渐消隐，涌现出的是无数珠宝。土壤中扑鼻而来的泥土气息，源于微生物群落中最灿烂的一颗珠宝——放线菌类（actinomycetes）。这是一种奇特的半群聚性的细菌，土壤生物学家从中提取出很多极其成功的抗生素。正如毛地黄、柳树和绣线菊等植物在自愈过程中产生的化学物质一样，这些分子是放线菌类用来与其他物种抗衡的武器。放射菌类分泌出抗生素，战胜竞争者，或是直接杀死天敌。我们通过医药真菌学，将这种斗争变成了对于我们有利的因素。

放线菌类在土壤生态中扮演着多种重要角色，生产抗生素只是其中的一小部分。这类细菌群体存在极其多样的觅食习性，正如整个动物界中的情况一样。有些放线菌类寄生在动物体内；还有一些附着在植物根系上，吸取植物的汁液，同时阻止更危险的细菌和真菌入侵。有些栖居在植物根部的放线菌类会反戈相击，在地下暗中谋杀寄主。放线菌类还会覆盖在大型生物的尸体上，将尸骸分解成腐殖质，也就是富有生产力的沃土中那些神奇的黑色成分。放线菌类无处不在，只是极少进入我们的意识中。不过，我们似乎对它们的重要性有一种直观的认识。我们的大脑有特定的连线，能闻到它们独特的“土腥”味，并且认识到这种气味是土壤健康的标志。有些地方的土壤已经失去肥力，或是过于潮湿、过于干燥，不利于放线菌类的生长，闻起来就会有一股苦涩的味道，令人感觉不快。也许，人类狩猎采集时代漫长的演化史，已经教会我们如何用鼻子去辨识肥沃的土壤，让我们在无意识间同那些界定人类生态栖位（ecological niche）的土壤微生物联系起来。

微生物群落中其他的成员，更加难以从这种源自大地腹心的复杂气味中辨析出来。真菌孢子造成辛辣的腐烂气息；细菌分解者从落叶残骸上释放出甜丝丝的气味。一丝丝微弱的甲烷气体从放线菌类微生物藏身的泥淖地带飘出来。还有很多微生物生活在我鼻力所及的范围之外。细菌从空气中攫取养分，传递到生物经济体系中。另一些细菌从生物尸骸中获取养分，重新送回空气中。原生动物则以包裹在腐烂叶片外面的真菌和细菌为食。这个隐秘的微生物世界已经存在了十亿年，乃至更久。尤其是细菌，从30亿年前，也就是生命最早期的岁月伊始，它们就一直依靠那些生化把戏来养活自己。我闻到的气味，来自一个神秘的世界。这个世界辽阔而深邃，复杂而古老。

微生物或许是不可见的，然而我透过土壤之窗，看到了更多其他的内容。亮闪闪的白色真菌束在黑色叶片上纵横爬行。粉色的半翅类昆虫（hemipteran bugs）在橙黄色的蜘蛛周围跃动。一只幽灵般的白色跳虫在去年的枯朽树叶留下的黑色碎屑上爬行。一切都生活在微缩世界中。一枚枫树种子像大厦一样耸立在动物们的头顶，使大厦的主人相形见绌。最大的生物是一段须根，也就是一株植物（或许是一株幼苗或者树木）上极小的一部分。它几乎不比一根大头针粗，但却堵住了我从落叶堆中挖出的那个小洞。

这段须根是一根光滑的奶油色绳索，上面伸出许多毛茸茸的纤毛，向四面辐射开去，扎进土壤基质中。每根纤毛都是根部表面纤弱的延伸物，也就是每个植物细胞上伸出去的触角。这些纤毛在沙粒中爬行，伸进吸附在土壤上的水膜（films of water）中。纤毛使根部的表面积显著增加，得以捕获那些原本不可能企及的水分和养料。这些纤毛的作用至关重要，如果将根部拔出或是进行移植，弄断那些千丝万缕扎进土壤中的纤毛，植物就会枯萎并死亡，除非有园丁给它额外浇水。

根部纤毛从土壤中吸收水分以及分解的养料，并输送给植物地上部分，为叶片解渴，提供植物生长所需的矿物质。这种自下而上的运动，通常是依靠太阳的蒸发力来推动。木质部维管束中水分的蒸腾作用，将拉力一路向下传递。不过，根部纤毛并不单单像抽水泵那样从土壤中汲取养料物质，它们同土壤之物理与生物性质的关系是相互的。

根部献给土壤的最简单的礼物，是氢离子。根部纤毛将氢离子吸取出来，促使束缚在泥土颗粒中的养分的松绑。每个泥土颗粒中都带有一个负电荷，因此，带正电荷的矿物质，例如钙或镁，均吸附在泥土表面。这种吸引力有助于留住土壤中的矿物质，防止矿物质在雨水中流失。然而，这种束缚也会妨碍植物通过流入根部的水分获取矿物质。根部纤毛的回应是，使泥土颗粒中充满带正电荷的氢离子。这些氢离子置换出土壤表面吸附的矿物离子。游离出来的矿物质飘浮在泥土周围的水膜中，顺着水流涌进根部纤毛。最有用处的矿物质很容易被置换出来，因此根部纤毛只需释放出少量的氢离子，即可获得回报。那些来势更猛的氢离子，诸如随着酸雨降落下来的氢离子，能置换出一些毒性更大的元素，例如铝。

根系也为土壤提供了大量的有机物质。与地面上叶片的腐烂分解不同，根系的馈赠多数是主动分泌出来，而不是作为废料扔给大地的。枯死的根系无疑能增加土壤中的养分，然而生命力旺盛的树根向土壤周围倾注的糖分、脂肪和蛋白质之多，令死亡的贡献相形见绌。根系周围富含养分的胶质鞘带来繁忙的生物活动，而在靠近根部纤毛的部位尤为显著。好比午餐时间的三明治商店里一样，土壤中大部分生命都簇拥在狭窄的根部区域，或者说根圈部位（rhizosphere）[1]。此处微生物的密度比土壤其他地方高100倍；原生动物簇拥过来，以微生物为食；线虫类生物和一些微小昆虫推推搡搡，在拥挤的微生物群中穿行；真菌也将触须伸进这碗富于生命力的浓汤中。

根圈的生态学很大程度上还是一个谜，它像白纸一般脆弱，因此很难开展研究。植物显然促进了土壤的生命活力，然而植物自身又得到了何种回报呢？根圈周围生物多样性的爆发，或许能保护根系不受病虫害，正如生物多样性丰富的森林比光秃秃的田野更不易于受到野草的侵袭。但这只是猜想。我们是站在一片黑暗的丛林边缘的探索者，窥探着土壤内部奇特的状况，能够指出一两个最显著的新奇之处，对整体却毫无了解。

虽然根圈周围的丛林模糊不清，但是其中存在一种极其重要的关系，即便最粗心大意的探索者迈过了它的牵绊，也会回头再望，吃上一

1 —— 根圈是指植物根系周围的那部分土壤。

惊。在这种令人惊异的关系中与植物形成搭档的另一方，在我扒开落叶堆打开的窗口中露出了形迹。真菌束如同一张地下的蜘蛛网，遍布于大部分土壤中。有些真菌呈暗淡的灰色，它们看似随意地朝四面延伸，覆盖了所到途中的一切事物。还有一些白色的真菌束生长成起伏的波浪形，像三角洲上的支流一样形成分叉，而后又汇合。每根真菌束，或者说菌丝，粗细都只有根部纤毛的十分之一。菌丝极其纤细，因此能挤进微小的土壤颗粒之间，并渗入大地，比那些粗笨的根系快速便捷得多。一小把土壤中，可能只含有几英寸长的根部纤毛，却包含一百英尺长的菌丝。这些菌丝缠绕在每颗沙粒或泥沙的周围。很多真菌独立行动，自行消化掉叶片和其他死亡生物腐烂的残骸。不过，有一些真菌设法挤进了根圈部位，与根系展开协商。这种协商是一段古老而又至关重要的关系的开始。

真菌和根系用化学信号互致欢迎。如果进展顺利，真菌会欣然伸出菌丝来拥抱对方。在某些情况下，植物相应地生长出微小的须根来让真菌入驻。在另一些情况下，植物允许真菌渗透到根部细胞壁中，将菌丝伸进细胞内部。菌丝一旦进入内部，便分出许多根手指，在根部细胞内部形成一种微型的根状网络。这种结构看起来是病态的。如果我的细胞以这种方式感染上了真菌，那我就是个病人了。而在根系与菌丝的联姻中，菌丝渗入植物细胞，却会有益于植物健康。植物为真菌提供糖和其他复杂的分子；真菌则报以丰富的矿物质，尤其是磷酸盐。这种联盟的建立是基于两个王国的力量：植物能从空气和阳光中制造出糖分；真菌能从土壤微小的罅隙中采掘矿物。

菌—根共生体，或者说菌根（mycorrhizal）内部的关系，最初是在普鲁士国王试图人工栽培松露时偶然发现的。普鲁士国王的生物学家未能培植出这种珍稀菌类，却发现产生松露的地下真菌网络与树根密切相连。这位生物学家随后指出，真菌并非他最初以为的寄生物，而是担任“乳母”之职，将养分传递给树木，增加树木的生长速度。

当生物学家和真菌学家透过显微镜下的根系切片，逐渐了解植物界时，他们发现，所有植物的根系中或是根系周围，几乎都包裹着真菌。很多植物没有真菌相伴就无法生存。还有一些植物虽然能独自生长，但是如果根系不与真菌结合，就会发育不良、残弱不堪。真菌层是大多数植物借以从土壤中吸收养分的主要组织；根系只是连接真菌网络的通道。因此，植物是合作的典范：光合作用因为古代细菌嵌入叶片中才成为可能，呼吸作用同样是由内部的助手提供动力，根系则在益生真菌构成的一张地下网络中充当连接器。

最近的实验表明，菌根进一步发展了这种关系。植物生理学家在植物养分中添加放射性原子，追踪森林生态系统中物质的流动，由此发现，真菌充当植物之间的导管。菌根在拥抱植物的根系时显得轻浮而随便。貌似独立的植物，实际上与地下的真菌恋人水乳交融。当坛城上空的枫树从大气中获取碳，并将碳转化为糖分后，糖分便被传送到树木根系中，进献给一株真菌。随后，真菌要么将糖分留作已用，要么传递给山核桃树，或是另一棵枫树和山胡椒树。在大多数植物群落中，个体性只是一种幻觉。

生态科学尚未完全消化有关地下网络的新发现。我们依然认为，在森林中占据主导的是无休止的光线和养分之争。菌根的资源共享，会给地面上的斗争带来何种改变呢？光线之争肯定不是幻觉吧？会不会有一些植物利用真菌来充当热情友善的骗子，依靠其他植物过寄生生活？或者说，真菌真能缓和并消除植物之间的差异吗？

无论这些问题的答案是什么，那种陈旧的“血红的牙齿和利爪”的自然秩序观，很显然必须有所改变了。关于森林，我们需要一种新的隐喻，这种隐喻将有助于形象地体现出植物之间既分享又竞争的关系。也许，人类的观念世界是最贴切的类比：思想者在为获得个人的智慧（有时是名声）而抗争，然而他们需要从共有的资源库中吸取养分，与此同时，他们自己的工作也给资源库带来新的补充，推动“竞争者”思想的发展。我们的心灵就像树木：如果没有培养土中的真菌提供养分，它们就会发育不良。

真菌与植物的伙伴关系奠定了坛城的基础。这是一种古老的联姻，可以追溯到植物首次犹豫不决地踏上陆地的岁月。最早的陆生植物是一缕缕蔓生的线，既没有根，也没有茎和真正的叶。不过，它们有渗入细胞中的菌根真菌帮助它们适应新世界。这种伙伴关系的证据，蚀刻在纹理致密的植物先驱化石中。这些化石重写了植物史。我们早先以为，根系是陆地植物上最早存在的部分，也是最基础的部分。然而结果表明，根系只是演化中后来的产物。真菌才是植物最早的地下搜刮器；根系之所以形成，很可能是为了搜寻并拥抱真菌，而不是为了直接从土壤中寻找养分，吸取养分。

在演化之路上，合作荣获桂冠。现在，它的桂冠上又赢得了一枚珠宝。

生命史上的重大转变，大多是通过像植物与真菌这样的协同合作来达成的。一切大型生物的细胞内部都栖居着共生细菌，不仅如此，就连这些生物的栖息地，也是经由共生关系促成，或是被这种关系改良过的。陆地植物、地衣和珊瑚礁，无一不是共生现象的产物。从世界上清除这三者，剩下的几乎就是一片赤土：坛城将会变成一堆岩石，上面盖着一层灰蒙蒙的细菌。人类自身的历史也映射出这种模式：土地革命之所以能将人类解放出来，使人类空前繁荣，同样是凭借人类与小麦、玉米和水稻取得的相互依赖，凭借人类命运与牛、羊和马类命运之间的紧密结合。

演化的发动机要靠基因的自我利益来引燃。然而这一过程中体现出的，不仅有自私自利，也有合作行为。在大自然的经济体系中，有多少强盗大亨，就有多少贸易联盟；有多少私人企业家，就有多少团结经济。

对土壤内部的管窥蠡测，使我瞥见关于演化和生态的一些新的思考方式。话说回来，这些思考方式真有那么新吗？或许，土壤科学家只是在重新发现和拓展那些人类文化业已知道，而且已经囊括到人类语言中的东西。我们对生命和土壤了解得越多，语言中那些象征词汇就变得越贴切。“根系”、“基础”，这些词语不仅反映出生命与处所的一种物理联系，而且反映出生命与环境的互惠关系、生命与群落中其他个体的相互依赖，以及根系对栖居地中其他部分的积极影响。这些关系全都融合在一段极其悠远的历史中，以至于个体性开始消解，脱离背景变得绝无可能。

# 12月6日

## 地下动物世界

我们对动物界的日常经验，以两类动物为主：脊椎动物和昆虫。在生命树上，这两个分支占据人类文化中动物学视野的大部分，然而它们仅代表多种多样动物结构中极小的一部分。生物学家将动物界划分为35个类群，或者说35个门（phyla），其中每一个门都由特定的身体构造来界定。脊椎动物和昆虫代表35个门中的两个亚门。

为什么鸟类和昆虫捕获了我们的注意力，线虫、扁虫和动物世界中其他的成员却被留在我们意识之外尘封的暗室中呢？一个简单的答案是：我们并不经常碰见线虫。或者说，我们以为并不经常碰到。更深层的答案试图解释，为什么种类丰富的动物中绝大多数成员都不为我们所知？我们不断朝外走，朝周围看，为什么却碰不到我们的邻居？

尽管我们经验丰富，但是很不幸，我们生活的地方，在世界上所有的栖居环境中，是一处奇特而极端的角落。我们遇到的动物，是极少数同样栖居于这个特异生态位中的动物。

我们与其他动物疏远的首要原因，是我们庞大的身体。我们比大多数生物大成千上万倍，因此我们的感官过于迟钝，无法察觉到那些在我们周围和身上爬来爬去的小人国居民。细菌、原生生物、螨虫和线虫在我们身上占山筑巢，因尺度上的鸿沟而不为我们所知。我们生活在经验主义者的噩梦中：一个真实的世界，就存在于我们的知觉范围之外。感官欺骗我们长达数千年。只有当我们掌握了镜片技术，制造出清晰、完美的透镜之后，我们才得以透过显微镜，最终认识到，我们先前的无知是何其可怕。

我们生活在陆地上，这进一步拉开我们与动物界其他成员之间的距离，增加了巨人症造成的障碍。动物界的主要分支中，十分之九出现在水中，即海洋、淡水溪涧和湖泊中，土壤内部含水的罅隙中，或是其他动物体内潮湿的环境中。也有一些例外是生活在干燥地带，其中包括陆生节肢动物（多数是昆虫），以及少数爬上了陆地的脊椎动物（脊椎动物多数是鱼类，因此即便对脊椎动物而言，陆地生活也是不寻常的）。演化已经将我们拉出潮湿的洞穴，而我们的动物亲属还留在后面。生活在我们这个世界中的都是极端分子，这使得我们对生命真正的多样性产生了一种错误的观念。

我在土壤中的首次潜游，帮助我逃离那座怪异的生态隐修所，略略接触到栖息于地层下面的宝藏。这次发现激发了我的渴望，因此我再次钻下去。我在坛城周围选取了三个点，分别扒开一小丛叶片，在落叶堆中刨出一个小洞，分别用放大镜往里面观察，之后重新掩上叶片。下面的情景与地上世界构成惊人的反差。地面上，除了飞过头顶的一只山雀，森林里似乎独我一人。然而在落叶层下面一英寸处，到处爬满了动物。

我在突袭行动中发现的最大的动物，是一只蝾螈。它蜷缩在一片卷成杯状的橡树枯叶中，大概相当于我的拇指指甲那么大，但是比我遇到的其他动物都要大几百倍。这只蝾螈是小鱼中的鳄鱼，而盯视着它的，是一头眼睛近视的鲸鱼。

当我透过放大镜仔细观察时，我看见在蝾螈背后的真菌束和枯叶上，有一些忽隐忽现的运动和轻微的波动。我瞪大眼睛，直看得双目胀痛，也无法看清弄出这些响动的小动物们。我已经碰到了知觉壁垒（perceptual wall）。幸好，壁垒这边还有很多东西可看。最常见的生物是跳虫，或者叫弹尾目昆虫（collembolans）。如果这座坛城是典型的陆地生态系统，在其疆界内，跳虫的数目将会多达10万只。因此我每次掀开一片叶子，至少都能发现一只跳虫也就无足为怪了。用肉眼来看，它们只是一些模糊的小点，但是透过放大镜，我可以分辨出六条从桶状身躯上伸出的粗短的腿。我观察过的那些跳虫全都是苍白而潮湿的，没有眼睛。这些“动物软糖”是棘跳虫科（onychiurid family）的成员。它们缺乏色素和视力，表明它们已经特化为地下生活的种类；与其他跳虫不同，这些动物从不在地面上游逛。棘跳虫丧失了弹跳器官，即弹器（furca），跳虫正是因弹器而得名。背负在肚子上的一把强劲的弹弓，对一只终生待在土壤罅隙中的动物来说，大概也没什么用处。棘跳虫在遭遇天敌时，并不弹跳着逃离，而是从皮肤腺体中释放出有毒的化学物质。这些化学物质能击退捕食性的螨虫和土壤中其他常见的食虫动物，不过，用来抵御鹪鹩和火鸡的啄食，效果可能就差得多。鹪鹩和火鸡身体更为庞大，出现的几率也更低一些。

10万只跳虫制造出许多小粪团。坛城上包含有一百万颗跳虫“炸弹”，每颗炸弹都是一个微型的包裹，里面装着腐熟的真菌或植物。细菌和真菌孢子未经消化就从跳虫肠道中排出，因此，跳虫既充当了微生物群落的传播者，又充当了土壤中的头号肥料制造者。跳虫在消化道的另一端也发挥了重要的影响。尽管具体的关系尚不明确，但是跳虫似乎增强了真菌与植物根系之间的菌根联系（mycorrhizal association）。它们以真菌束为食，由此促进某些真菌生长，压制另一些真菌的生长。跳虫就像牧场上的奶牛一样，通过不断啃食，同时排出粪便为大地施肥，就能调控草料的生长。

跳虫在土壤生命中占据重要的地位。不幸的是，这种重要性并未反映在它们的分类特征上。跳虫有六条腿，而它们奇特的口器（口器内置于头部一个具有伸缩性的口袋中）和独特的DNA结构表明，它们是昆虫的姊妹群。跳虫正好夹在昆虫与其他无脊椎动物之间，因此只有极少数生物学家认可它们，它们的生活也鲜为人知。然而，它们是为演化提供了土壤，我们这个地上世界的昆虫居民们正是从中产生。

在我选取的土壤样本中，跳虫是数目最多的一种动物。但是它们身体极小，总量加起来不到森林土壤中所有动物总重量的5%。相对于跳虫在生态学上的重要性而言，这种动物的种类也少得可怜。世界上有100万种昆虫（还有10万多种蝇类），而跳虫只有6000种。因此，当我在坛城周围溜达时，我遇到的很多跳虫，看起来似乎都是一个类型。而我在每块土壤样本中发现的其他动物则彼此不同，由此可见这些动物在分类特征上高度的多样性。

在所有可见的动物中，数量之多仅次于跳虫的是其他的节肢动物：蜘蛛、蚊蚋和马陆。节肢动物全副武装的身体构造，被演化之手改造成了工程师天马行空的设计世界。身体外部的装甲，在蝇类身上是扁平的翅膀，在蜘蛛身上则是尖尖的螯角。节肢状的腿部也是变化万端，有纺丝线的钳子，啃食蘑菇的口器，还有全地形攀爬步足（all-terrain climbing boots）。就身体形式的多样性而言，没有任何一类动物堪与节肢动物匹敌。不过，所有节肢动物的身体形式，都是基于同样的基本构造：体表外壳分节，定期脱落，以便于节肢动物的生长。

坛城上极具代表性地展现了节肢动物的身体构造，但节肢动物并不是此间的唯一。在坛城土壤腐败的树叶之间，有一些小蜗牛正在觅食。其中有些种类是那些在坛城表面觅食的大蜗牛的青少年版，还有一些种类则终生居住在腐烂潮湿的环境中。蜗牛壳是绝佳的盔甲，然而相比节肢动物包裹严密的节肢状外套，就显得更为简单了，功能也较为单一。蜗牛并不蜕皮，无法将整个身体裹在甲壳里面。所以，蜗牛壳的开口处很容易受到攻击。坛城上很多蜗牛的壳唇上具有齿状衍生物，伸出来遮挡住壳口，从而部分降低了风险。有些衍生物长得极其厚实，蜗牛将软体部分伸出壳外觅食时，几乎没地方挤出来。

蜗牛的成功，归功于它们运用舌头的巧妙方式。它们是世界上最成功的舔食者——地球表面鲜有逃过它们关注的地方。蜗牛的舌头，又称齿舌（radula），是一块排列着众多小牙齿的挫板。蜗牛的舌头伸出来，再拉回去，刮挫着下面的任何东西。齿舌缩回嘴里时，要经过一片坚韧的下唇，这样便促使齿舌向后卷，让上面的牙齿竖立起来。每颗牙齿都像推土机上的一根利刃，朝表面下方深挖，将食物铲进嘴巴里。传送带与木工刨形成的交叉，就是蜗牛打开世界大门的钥匙。我们观察一块砾岩，看到的是光秃秃的石头；蜗牛体验到的，却是铺在砾岩表面的一层黄油和果冻膜。

当我继续向地下潜游时，我又发现了另一种身体形式——“蠕虫”。有些蠕虫看起来很眼熟，比如身体分节的蚯蚓，以及蚯蚓们娇小的亲属，即线蚯（enchytraeids 或 potworms）。不过，我的注意力在这些熟悉的身影上停留不到几秒，便被另一种更奇特的蠕虫吸引过去了。这只蠕虫趴在一片叶子残破的边缘上。只有透过放大镜，我才能看到它。叶片上覆盖着一层水膜，它就待在水膜里面。在我观看的时候，这只蠕虫弓起身子，在空中甩一甩，然后又落回水中去了。这种摇摆行动表明，它是一只线虫。与蚯蚓和线蚯不同，这只线虫的身体不分节，头部和尾部渐细，变成两头尖。坛城上可能有十亿只线虫，其中大多数都很小，只有借助高倍显微镜才能发现它们。有些线虫是寄生型的，有些是摄食广泛的捕食者，还有一些以植物和真菌为食。就觅食方式和生态角色的多样性而言，只有节肢动物能胜过线虫。不过，由于线虫极小，而且喜水，它们的生活并未引起科学家的关注。极少数对这类蠕虫有研究的学者夸口说，如果清除掉宇宙间所有的物质，只留下线虫，地球的轮廓将由一团团雾蒙蒙的蠕虫构成。在这片乳白色的雾中，动物、植物和真菌的形态将依然清晰可辨。因为线虫的专属性很强，最初栖居在那些动植物和真菌上的线虫始终具有明确的特征。告诉我你身上有什么蠕虫，我就能说出你是谁。

在对坛城土壤的上层表面发动的这场突袭中，我发现各种各样的动物身体构造，种类之多远胜过动物园里所能见到的全部。大批动物在我脚下爬行、蠕动、蜿蜒。站立于坛城之上，我却似乎是孤身一人。土壤中的温暖和湿润促成了这场蔚为壮观的动物秀，然而如果土壤得不到足够的养分，这些理想的环境将会化为乌有。死亡是土壤主要的养料来源。一切陆生动物、树叶、尘埃、排泄物、树干和菌盖，全都注定要回归土壤。我们所有人都注定要穿过黑暗的地下世界，用我们的骸骨来滋养其他生物。人类经济中没有任何机构堪与土壤这种无所不包的垄断相比。经济社会中，某些部门可能比其他部门更有权力，但是没有任何行业能从其他的一切行业中抽取利润。银行或许是最贴切的类比，但是现金交易经济又与之不同。在大自然中，一切都逃不过以赛亚的预言:"他们的根必像朽物，他们的花必像灰尘飞腾。"[1] 分解者和它们的商务伙伴用活跃而多变的活动，使土壤变得充实起来。地上世界貌似占据主导地位，实则只是一种幻象。尘世间至少一半的活动，都在地下开展。

归根结底，我们受限于庞大的体魄和陆地生活形式而无法触摸的，不仅仅是丰富多样的动物世界，而且是生命生理学的真正本质。我们是装点在生命表皮层上的笨重饰品，我们在表面驰骋，仅仅隐约意识到那些构成身体其他部分的众多小生物。窥视坛城表面下方的世界，就好比轻轻地贴在皮肤上，感受身体内部的脉动。

1 —— 出自《圣经》以赛亚书 5：24。此处依据和合本译文。原文为："火苗怎样吞灭碎秸，干草怎样落在火焰之中，照样，他们的根必像朽物，他们的花必像灰尘飞腾；因为他们厌弃万军之耶和华的训诲，藐视以色列圣者的言语。"

# 12 月 26 日

## 树梢

正午时分，晴空如洗，坛城上却不见一线日光。此处的山坡朝东北边倾斜，正好背离太阳，坡上的崖岸挡住了直射的阳光。歪歪斜斜的光束照彻崖岸，也点亮了树梢，地面上 12 英寸高处画出一道光与影的分界线。这道分界线将逐日下沉，直到二月时节，太阳高高升起，在睽违许久后重新拥吻大地。

坡下 50 米外，4 只灰松鼠在一株枯死的棘皮山核桃树高处明亮的枝条上游荡。我看了整整一个小时，它们大部分时候都伸着四肢，懒洋洋地坐在阳光下。这几只松鼠看起来亲密无间，不时相互咬咬后腿或尾巴上的毛。偶尔有一只停止日光浴，啃几口长满真菌的枯树枝，然后返回来，安安静静地坐在另外几只松鼠旁边。

这幅宁静的场面，令我莫名地欢喜。也许是见过和听过松鼠之间太多的争吵，今日的融洽，才显得格外甜蜜。不过，这种快乐背后还有更多的内容；我那接受了过多教育的心灵所背负的某些担子放下了，这令我如释重负。野生动物乐于彼此为伴，在它们的世界中其乐融融。它们如此贴近，又如此真实，动物学和生态学方面的教科书与学术著作却对此只字不提。现在事实就摆在眼前，质朴简单得不足一提。

这种看法并不在于科学是对还是错。相反，科学加深了我们与世界的密切联系，在这点上，科学相当成功。但是，一味以科学方式来思考问题，也存在一个危险：森林被变成了图表，动物成了纯粹的机器；大自然的运行变成干净利落的曲线图。今日松鼠的欢闹，似乎是对这类狭隘观念的反驳。大自然并不是机器。动物有感觉。它们鲜活而生动；作为人类的表亲，它们拥有血亲关系赋予我们的共同体验。

它们似乎也喜欢太阳。在现代生物学的教程中，这种现象是从未出现的。

很不幸，有太多的时候，现代科学不能或者不愿去正视或体会其他动物的感受。"客观的"科学策略，无疑有助于我们对大自然取得部分的了解，并摆脱某些文化偏见。现代科学在分析动物行为时偏重一种客观分离的态度，是出于对维多利亚时期的博物学家及其后继者观念的回应——那些人将整个大自然视作一种隐喻，用来为他们的文化价值做辩护。然而，分离的态度只是一种策略，目的在于打开局面，而不是要在全部活动中贯穿始终。科学的客观性一方面推翻某些假定，另一方面接纳了另一些假定。这些假定披着学术严肃性的外衣，很可能促使我们在看待世界时产生自大和冷漠的心理。当我们将科学方法适用的有限范围混同为世界的真实范围，危险就降落了。将大自然描绘为流程图表（flow diagram），或者将动物描述为机器，可能会起到用处，当作权宜之计也未尝不可。然而，切不可将这种有用性混同为一种确切无疑的信念，以至于误认为我们有限的假定反映出了世界的形态。

适用范围有限的科学那种自大的精神，迎合了工业经济的需求，这绝不是一种偶然。然而，机器可以买卖，可以丢弃；欢乐的表亲们却是不能买卖和丢弃的。两天前，就在圣诞节前夕，美国森林管理局（U.S. Forest Service）将南阿拉斯加州的唐嘎斯国家森林（Tongass National Forest）30万英亩老龄林对商业采伐开放。这相当于十亿多个一米见方的坛城。箭头在一张流程图上移动，木材数量曲线图来回变动。现代森林科学与全球商品市场严丝合缝地整合起来——两者间的语言和价值观无需翻译。

科学模式和机器隐喻是有用的，但也是有限的。它们无法告诉我们人类需要知道的全部内容。在我们加诸自然之上的理论之外，还隐藏着什么？这一年中，我极力放下科学工具，努力去倾听：不带任何假想地接近自然，不计划进行数据抽样，不安排旨在向学生传达答案的课程内容，也不借助任何机器和探测仪。因为我已经窥见，科学是何其丰富，它在范围和精神上又是何其有限。很不幸，这类倾听训练，在正规的科学家培养方案中是没有一席之地的。这种训练的缺失，造成了科学中不必要的失败。由于缺少这种训练，我们的思想更为贫瘠，可能也蒙受了更多损失。一种善于倾听的文化，会给它的森林带来怎样的圣诞前夕礼物呢？

当松鼠沐浴在阳光下时，我脑海中闪现的念头又是什么呢？我想到的并不是背弃科学。我对动物生活的体验，有助于我更丰富地知道它们的故事，而科学是深化这种理解的一种有效的方式。我意识到，一切故事都部分包裹在虚构之中——这形形色色的虚构，或是出自简单化的假想，或是出自文化短视（cultural myopia），以及故事讲述者的骄傲。我学会陶醉于故事中，而不是将故事误当作世界明澈而妙不可言的本质。

横斑林鸮高踞于山坡下面的一棵树上，发出短促的尖声怪叫。

郊狼开始放声嗥叫。

# 12月31日

## 观望

傍晚惨淡的日光映照着峡谷另一边朝西的山坡。大树的树皮上染上一层淡淡的红光，光线反射回来，给森林增添了一片紫灰色的光辉。落日西沉，一条阴影线从山坡上扫过，温暖的回光逐渐消失，森林沉入幽深的昏暗中。日头继续下落，太阳光掠过高山，折射到天空中。深红色逐渐在天际弥漫开来，幻成蒙蒙的一片。蓝色的天幕褪去，最初变成淡淡的紫，随后转为灰色。

十天前，也就是冬至那天，我也曾见到阳光的这种游移。当时，对面林中陡坡上逐渐攀升的黑暗与光明的交界线引起了我的注意。这道交界线沿着山脊线一路往上爬，直到阴影抵达峰顶时，明亮的阳光在瞬间陨灭。就在阴影线触及地平线的瞬间，藏在我东边林坡上的郊狼开始放声嗥叫。它们吠叫、哀号了半分钟，然后陷入沉寂。狼群合唱的时间把握得非常精确，正好是在太阳从山坡上滑落的时刻出现。这似乎是一种巧合。我们——郊狼和人类，或许都在观望山坡上灿烂的场景，也都因太阳消失的情景而心潮澎湃。据我们所知，郊狼的嗥叫行为是因为对日光和月相的变化都十分敏感。因此，这些动物有时或许会对着夕阳哀号，这种猜想并非毫无道理。

今天晚上，郊狼要么是安静下来，要么是离开了。没有它们陪伴，我便独自观看这变化的光影。然而，森林里并不寂静。鸟儿格外喧闹，也许是白日的温度远远上升到零度以上，这给它们带来了活力。这会儿，鹪鹩和啄木鸟啁啾归巢，在渐浓的暮色中敲击着树干，高声喊叫。当太阳完全没入地平线以下，大惊小怪的鸟儿们安静下来时，一只横斑林鸮（barred owl）高踞于山坡下面一棵树上，发出短促的尖声怪叫。这只猫头鹰反复发出凄厉的号啕，一连叫了十多声，大概是在呼唤它的配偶。冬季这个时节，正好是猫头鹰的交配期。

猫头鹰偃旗息鼓，森林陷入一片悄寂。这种寂静，比我记忆中任何时刻都来得深沉。鸟类和昆虫噤声不语。风纹丝不动。人类活动的声音，远处的飞机，还有道路上的喧嚣，一发消失了。东边一条溪流温柔的细语，是唯一可闻的声音。就在这种格外静谧的氛围中，十分钟悄然流逝。接着，风势转速，吹得树梢嘶嘶作响。高空中一架飞机轰鸣着，远处一家农场里传来含混的嗡鸣声，在峡谷上不断回响。因为这周遭的寂静，各种声响都变得格外生动。

地平线上的色彩和光芒都流逝了，陷入一片深蓝。大腹便便的月亮，已经圆了四分之三，在空中低低地闪耀。森林中阴影弥漫上来，我的目光逐渐模糊了。

慢慢地，星星从夜幕中闪现出来。白昼的能量消退，让我觉得舒适自在。突然，心脏猛然紧缩，恐惧如同利刃一般刺中了我。郊狼撕破了宁静的空气。它们就在近旁，比以往任何时候都来得更近。它们疯狂的嗥叫声从几米远处传来。叫声逐渐增强，变成尖锐的长声呼啸，盖住了低沉的吠声。我的意识瞬间转移。恐惧的利刃集中于一个想法：这些野狗会把我撕得粉碎。老天，它们正在高叫。

这一切都不过在数秒之间。随后，我重新恢复意识，郊狼的合唱还没结束，恐惧之刃已经涣然冰释。这些郊狼绝对不可能骚扰我。我很幸运，它们没有嗅到我的气味，否则它们不会跑到离我如此近的地方。我的恐惧很快就过去了。但是就在那一瞬间，我本能地想起远古时代的教训。亿万年的狩猎生活留下的深刻记忆，无比清晰地在脑海中轰然炸开。

郊狼的歌声沿着峡谷传到数英里之外，引发远处谷仓和田野里家犬的吠声。年复一年的选择演化也改变了狗的心灵，我们农耕时代的祖先们鼓励它们在听到野外亲属的嗥叫时不断吠叫。郊狼和狼都不敢靠近家犬刺耳的叫唤，这种畏惧使易受攻击的家畜得到一道声音防护。人类、野生犬类，以及家养的狗，都生活在被演化搅成一团的声音中。在森林之外，这种相互缠结的关系体现在救护车的警笛上。警笛发出警报声，如同野狼的哀号，激起人内心深处的恐惧。家养的狗也听到了远古的回声，因此朝着路上的救护车嗥叫不已。森林伴随我们进入文明社会，埋藏在我们的灵魂深处。

狼的嗥叫声戛然而止，如同响起时一般突兀。在黑暗中，我眼前一片茫然。郊狼的爪子落地无声，我无法知道它们是否离开，也不知道它们是如何离开的。最有可能的是，它们在自身的畏惧本能指引下，从人的身边远远绕过去，偷偷溜去干夜晚的勾当，捕食那些小动物去了。

坛城上重归寂静。我沉浸在对当下的思索中，静静体会一种熟悉的回归感。回到坛城中，静坐数百个小时，这种训练移除了横挡在森林与我的感官、思想和情感之间的某些障碍，使我能够以一种前所未知的存在方式，参与到森林之中。

尽管有这种归属感，我与这个地方的关系却并不简单明了。在同一时间中，我既感觉自己与这里极其贴近，又感觉无比遥远。当我逐渐了解坛城，我更清楚地看到自身与森林的生态关系和演化关系。这种知识丝丝缕缕地进入我的身体内部，提醒我——更确切地说，是唤醒我的意识，使我得以看到，我从始至终是如何构成的。

与此同时，一种同样强烈的异己感（sense of otherness）也油然而生。在观望的过程中，我深切意识到自己可怕的无知，并因此沮丧不已。即便是对坛城上的居民进行简单的列举与命名，也远远超出我的能力范围。我只能以一种支离破碎的方式认识它们的生活，以及它们之间的关系，除此以外绝无可能。我观望得越久，便越发感到没有希望完全理解坛城，把握它最基本的性质。

然而我所体会到的疏离感，并不只是对自身的无知有了更高的认识。我从内心深处认识到，在此间我是多余无用的，整个人类亦是如此。这种认识给人带来孤寂之感，我的无关紧要，令我倍觉感伤。

坛城上的生命是独立的，从中我却也体会到一种不可言喻而又极其强烈的欢乐。我是在几周前走进森林时突然领悟到这一点。当时，一只毛发啄木鸟（hairy woodpecker）[1]栖息在树干上，发出尖厉的叫声。这只鸟的他者性（otherness）使我受到强烈的触动。在人类到来之前数百万年间，它的族类便一直在这里，叽叽喳喳唱着啄木鸟之歌。它的日常经验世界中，充斥着的是树皮上的裂缝，隐藏的甲虫，还有隔壁啄木

1 —— 又名长嘴啄木鸟，拉丁名为 *Picoides villosus*。

鸟的声音：这是另一个世界，与我的世界并行不悖。在一座坛城中，存在着数百万个类似的平行世界。

不知道为什么，这股潮水般袭来的疏离感反倒令我释然了。世界并不以我或我的族类为中心。自然界的中心是随机的，人类无权决定它的位置。生命凌驾于人类之上，它指引我们将目光投射到外面。啄木鸟的飞舞，令我觉得既惭愧，又振奋不已。

于是，我继续观望。在坛城上，我既是不速之客，又是亲密成员。皎洁的月亮使森林飘浮在一片闪烁的银光下。眼睛逐渐适应了黑夜。月光下，我看见我的影子静静地落在一圈树叶之间。

# 跋

当代博物学家时常哀叹当代文化与自然界日益疏远。我认同这种抱怨，至少是部分认同。列举出20个企业商标和20种本地物种，让一年级学生来逐一辨认，他们总能指出大多数商标的名称，却几乎说不出任何物种的名字。对置身于现代文化中的大部分人来说，情况同样如此。

然而我们的哀悼并不是什么新鲜的论调。现代生态学和分类学的奠基人之一卡尔·林奈（Carl Linnaeus）在谈到他那些18世纪的同胞时，曾写道："极少有人用眼睛去看，极少有人用心去理解。由于缺乏这种观察能力和这类知识，世界蒙受了巨大的损失。"晚近得多的奥尔多·利奥波德（Aldo Leopold）有感于20世纪40年代的社会状况，如是写道："众多中间人和精巧的物质发明，使真正的现代人同土地分离开来了。他与土地没有任何有机联系……让他到土地上去消遣一天，要是这个地方不是高尔夫球场，也不是'风景区'，他会觉得无聊透顶。"看起来，杰出的博物学家始终感觉到，他们的文化岌岌可危，随时可能失去同土地的最后一丝维系。

这两位作者的言论都令我深有同感。然而我又觉得，从某些方面来说，如今我们生活的时代对博物学家来说更为理想。现代人对生命群落的兴趣，比过去数十年，甚或数世纪以来都更为普遍，也更加强烈。对生态系统命运的关注，是国内以及国际上政治对话的一部分。在不到一个人有生之年的时间内，环境运动、教育和科学领域已经飞速发展，从原先的无关紧要，直至占据显要地位。如何治愈我们与自然之间的疏离，这个问题已经变成教育改革家的流行话题。这一切现代人感兴趣的，也许都是令人欢欣鼓舞的新兴事物。在林奈和利奥波德的时代，无论大众的想象力（popular imagination）还是政府，都不会十分关注其他物种的生态学。当然，现代人的兴趣，至少有部分是由前人满不在乎遗赠给我们的生态危机促成的，不过我认为，也是因为对其他生命形式纯粹的兴趣，以及对那些生命之福祉的关注而产生的。

现代社会给博物学家带来许多阻挠和障碍，但同时也提供了一系列相当可观的辅助工具。18世纪的经典著作《塞耳彭自然史》（*Natural History of Selborne*）的作者吉尔伯特·怀特（Gilbert White）说，如果有一个图书馆可供查找准确的田野手册，有一台电脑得以搜索野花图片和青蛙的歌声，还有一个由最新的科学文献构成的数据库，他对自然界细致的观察将会更为丰富，他在思想上将不至于那么孤独，他对生态学的理解也会更加深刻。当然，他也有可能将好奇心挥霍在虚拟的网络世界中。然而这里要说的关键是，对那些对博物学有兴趣的人来说，如今我们所能得到的帮助，比以往任何时候都多得多。

正是借助这种帮助，我对森林中这座坛城进行了探索。我希望这本书会激励其他人去开启自己的探索之旅。我很幸运，能够去观看一小片过熟林。这是一种罕有的特权：在美国东部的土地上，过熟林所占的面积不到0.5%。然而，过熟林并非凝视生态世界的唯一窗口。实际上，我在观看坛城的过程中得到的回报之一，就是意识到，我们应当用自己的关注去创建奇妙的处所，而不是一味寻找有可能带给我们惊异的“原始地带”。花园，市区的树木，天空，田野，幼龄林，还有城郊成群的麻雀，无一不是坛城。近距离观看它们，正如观看一片古老的丛林一样卓有成效。

我们所有人的学习方式都各不一样，因此，如果让我来建议大家如何去观察这些坛城，或许有些自大和冒失。不过，我从经验中得出的两点看法，似乎值得与那些有雅兴一试的人分享一下。首先，是抛开任何期望。对兴奋、美感、暴力、启悟或圣境的期待，会妨碍我们进行准确细致的观察，而且会因焦躁不安而使大脑受到蒙蔽。期待只是一股帮助我们开放感官之热情的力量。

第二个建议是，借鉴冥想训练的办法，不断地让思维的注意力回到当下这一刻。我们的注意力总是散漫无序的。把注意力慢慢地拉回来，一遍遍地，从感官中搜寻各种细节：特定的声音，某个处所的氛围和气味，复杂的视觉特征。这种训练并不艰巨，但是确实需要审慎的意志行动。

人类思维的内在属性，本身就是伟大的博物学教师。我们正是从中学到，“大自然”不是一个孤立的处所。我们也是动物，是一类具有丰富生态学背景和演化语境的灵长类动物。只要我们集中注意力，我们就随时能观看身体内部的这只动物：我们对水果、肉食、糖和盐具有强烈的兴趣；我们热衷于社会等级制、宗族和网络；我们迷恋人类的皮肤、毛发与身体轮廓之美；我们还具有永无休止的好奇心和进取之心。我们中间每个人，体内都驻扎着一座层层叠叠的坛城，其复杂性与深度，毫不逊色于一片过熟林，甚至有过之而无不及。观望自身，与观望世界并不冲突。通过观察森林，我更清楚地看到了自己。

我们通过观察自身所发现的，近似于在周围世界中的发现。给生命群落中其他的部分命名，并试图去理解它们，欣赏它们，这种欲求是人性中的一部分。静静地观察富有生机的坛城，为我们重新发现和发展这种天性提供了一条途径。

# 致谢

文中提到的这座坛城，位于田纳西州的塞沃尼，坐落在南方大学的附属土地上。如果没有数代人对这片土地的关心照料，本书是不可能完成的。南方大学的同事们给我提供了一种融洽而又极具启发性的工作氛围。尤其感谢南希·伯纳（Nancy Berner）、乔恩·埃文斯（Jon Evans）、安·弗雷泽（Ann Fraser）、约翰·弗雷泽（John Fraser）、黛博拉·麦格拉斯（Deborah McGrath）、约翰·帕里沙诺（John Palisano）、吉姆·彼得斯（Jim Peters）、布兰·波特（Bran Potter）、乔治·拉姆苏尔（George Ramseur）、简·伊特曼（Jean Yeatman）、哈利·伊特曼（Harry Yeatman）和柯克·齐格勒（Kirk Zigler），他们为我解答了本书中涉及物种论题的各种问题。在有关科学的本质上，尤其是在共同讲授生态学和伦理学课程的过程中，吉姆·彼得斯（Jim Peters）提出了很多创见。与西德·布朗（Sid Brown）的交谈，促使我将个人冥思训练的体验置于一个更广泛、更连贯的语境中。杜邦图书馆（Dupont Library）杰出的工作人员和丰富的馆藏材料，使本书的撰写过程轻松而愉快。塞沃尼优秀的学生们给了我灵感，也让我对未来的生物学和博物学研究充满希望。

和当地很多博物学家一同在林中漫步，也极大地拓宽了我对本地区博物学的鉴赏视野。尤其是约瑟夫·博德利（Joseph Bordley）、桑福德·麦吉（Sanford McGee）和大卫·威瑟斯（David Withers），几年来，他们同我分享了很多独到的见解。

在几年的大学教育中，牛津大学的比尔·汉密尔顿（Bill Hamilton）、史蒂芬·卡西（Stephen Kearsey）、贝丝·冈村（Beth Okamura）和安德鲁·波米安可斯基（Andrew Pomiankowski），以及康奈尔大学的克里斯·克拉克（Chris Clark）、史蒂夫·埃姆伦（Steve Emlen）、里克·哈里森（Rick Harrison）、罗伯特·约翰斯顿（Robert Johnston）、艾米·麦丘恩（Amy McCune）、卡罗尔·麦克法登（Carol McFadden）、罗比·佩卡尔斯基（Robbi Peckarsky）、克恩·里夫（Kern Reeve）、保罗·谢尔曼（Paul Sherman）和大卫·温克勒（David Winkler）对我格外慷慨，也是我特别重要的导师。

在斯特林学院（Sterling College），一同参加自然写作研讨班（Wildbranch Writing Workshop）的同伴们帮助我成长为一位作家和博物学家。我尤其要感谢托尼·克罗斯（Tony Cross）、艾莉森·霍索恩·戴明（Alison Hawthorne Deming）、詹尼弗·萨恩（Jennifer Sahn）与霍莉·润恩·斯波尔丁（Holly Wren Spaulding）的建议，以及他们的榜样作用。

在本书的编辑过程中，约翰·加塔（John Gatta）、简·哈斯克尔（Jean Haskell）、乔治·哈斯克尔（George Haskell）和杰克·麦克雷（Jack Macrae）对初稿提出很多修改建议。“医药”一章的修改版早先经安妮·雅各布斯（Annie Jacobs）及其编辑部同仁的润色，发表在

*Whole Terrain* 杂志上。在本书成书过程中一个关键时刻，亨利·哈曼（Henry Hamman）慷慨贡献了他的时间、见解和社会关系。

艾丽丝·马特尔（Alice Martell）是一位卓越的图书代理人。从她极具洞察力的指导中，我获得了大量的支持。她出色的工作也使这个图书项目受益良多。凯文·道腾（Kevin Doughten）别具匠心的编辑工作增添了原稿的连贯性和力度。他是本书的引路人、外交大使和辩护律师，在这些方面，他的工作非常突出。

无数博物学家为我提供了丰富的思想资源，他们的科学研究加深了我对生物学的认识。我希望谨以本书向他们做出的重要成就致敬。无疑，文中的论述忽略了很多细节方面的研究，仅仅关注于坛城上那些最直接触动我内心感受，或是有助于我解释生物学观念的内容。剔除细节是一种危险的行为，尤其对于科学而言。因此，我鼓励读者们借助文后列出的参考文献以及更多其他的材料，进一步去探索本书论及的主题之丰富性。

莎拉·万斯（Sarah Vance）慷慨而富于创见地对本项目予以了大力支持。在本书完稿的过程中，她在科学方面提出的批评，在编辑方面给出的建议，以及在行动上给予的协助，不仅使本书成其为可能，而且显著提升了本书的质量。

这本书是对林中生命的一首礼赞，因此，我将从版税中拿出至少一半的资金来捐助森林保护项目。

# 参考文献

**序**

Bentley, G.E., ed. 2005. *William Blake: Selected Poems*. London:Penguin.

**1月1日——伙伴关系**

Giles, H.A., trans, and ed. 1926. *Chuang Tzŭ*. 2nd ed., reprint 1980. London:Uniwin Paperbacks.

Hale, M.E. 1983. *The Biology of Lichens*. 3rd ed. London: Edward Arnold.

Hanelt, B., and J. Janovy. 1999. "The life cycle of a horsehair worm, Gordius robustus (Nematonorpha: Gordiodida)." *Journal of Parasitology* 85: 139–41.

Hanelt, B., L.E. Grother, and J. Janovy. 2001. "Physid snails as sentinels of freshwater nematomorphs." *Journal of Parasitology* 87: 1049–53.

Nash, T.H., Ⅲ, ed. 1996. *Lichen Biology*. Cambridge: Cambridge University Press.

Puvis, W. 2000. *Lichens*. Washington, DC: Smithsonian Institution Press.

Rivera, M. C., and J. A. Lake. 2004. "The ring of life provides evidence for a genome fusion origin of eukaryotes." *Nature* 431: 152–55.

Thomas, F., A. Schmidt-Rhaesa, G. Martin, C. Manu, P. Durand, and F. Renaud. 2002. "Do hairworms (Nematomorpha) manipulate water seeking behaviour of their terrestrial hosts?" *Journal of Evolutionary Biology* 15: 356–61.

**1月17日——开普勒的礼物**

Kepler, J. 1996. *The Six-Cornered Snowflake*. 1661. Translation and commentary by C. Hardie, B. J. Mason, and L. L. Whyte. Oxford: Clarendon Press.

Libbrecht, K. G. 1999. "A Snow Crystal Primer." Pasadena: California Institute of Technology. www. its. Caltech.edu/~atomic/snowcrystals/primer/primer.htm.

Meinel, C. 1988. "Early seventeeth-century atomism: theory, epistemology, and the insufficiency of experiment." *Isis* 79: 68–103.

## 1月21日——实验

Cimprich, D. A., and T. C. Grubb. 1994. "Consequences for Carolina Chickadees of foraging with Tufted Titmice in winter." *Ecology* 75: 1615–25.

Cooper, S. J., and D. L. Swanson. 1994. "Seasonal acclimatization of thermoregulation in the Black-capped Chickadee." *Condor* 96: 638–46.

Doherty, P. E., J. B. Williams, and T. C.Grubb. 2001. "Field metabolism and water flux of Carolina Chickadees during breeding an nonbreeding seasons: A test of the 'peakodemand' and 'reallocation' hypotheses." *Condor* 103: 320–75.

Gill, F. B. 2007. Ornithology. 3rd ed. New York: W. H. Freeman.

Grubb, T. C., Jr., and V. V. Pravasudov. 1994. "Tufted Titmouse (*Baeolophus bicolor*)." The Birds of North America Online (A. Poole, ed.). Ithaca, NY: Cornell Lab of Ornithology; doi:10.2173/bna.86.

Honkavaara, J., M. Koivula, E. Korpimäki, H. Siitari, and J. Viitala. 2002. "Ultraviolet vision and foraging in terrestrial vertebrates." *Oikos* 98: 505–11.

Karasov, W. H., M. C. Brittinghanm, and S. A. Temple. 1992. "Daily energy and expenditure by Black-capped Chickadees (*Parus atricapillus*) in winter." *Auk* 109: 393–95.

Marchand, P. J. 1991. Life in the Cold. 2nd ed. Hanover, NH: University Press of New England.

Mostrom, A. M., R. L. Curry, and B. Lohr. 2002. "Carolina Chickadees (*Poecile carolinensis*)." The Birds of North America Online. Doi:10.2173/bna.636.

Norberg, R. A. 19778. "Energy content of some spiders and insects on branches of spuce (*Picea abies*) in winter: prey of certain passerine birds." *Oikos* 31: 222–29.

Pravosudov, V. V., T. C. Gubb, P. E. Doherty, C. L. Bronson, E. V. Pravosudova, and A. S. Dolby. 1999. "Social dominance and energy reserves in wintering woodland birds." *Condor* 101: 880–84.

Saarela, S., B. Klapper, and G. Heldmaier. 1995. "Daily rhythm of oxygen-consumption and thermoregulatory responses in some European winter-acclimatized or summer-acclimatized finches at different ambient-temperatures." *Journal of Comparative Physiology B: Biochemical, Systems, and Environmental Physiology 165*: 366–76.

Swanson, D. L., and E. T. Liknes. 2006. "A comparative analysis of thermogenic capacity and cold tolerance in small birds." *Journal of Experimental Biology* 209: 466–74.

Whittow, G. C., ed. 2000. *Sturkie's Avian Physiology.* 5th ed. San Diego: Academic Press.

## 1月30日——冬季植物

Fenner, M., and K. Thompson. 2005. *The Ecology of Seeds*. Cambridge: Cambridge University Press.

Lamber, H., F. S. Chapin, and T. L. Pons. 1998. *Plant Physiological Ecology.*

Berlin: Springer-Verlag.
Sakai, A., and W. Larcher. 1987. *Frost Survival of Plants: Responses and Adaptation to Freezing Stress*. Berlin: Springer-Verlag.
Taiz, L., And E. Zeiger. 2002. *Plant Physiology*. 3rd ed. Sunderland, MA: Sinauer Associates.

## 2月2日——脚印

Allen, J. A. 1987. *History of the American Bison*. Washington, DC: U.S. Department of the Interior.
Barlow, C. 2001. "Anachronistic fruits and the ghosts who haunt them." *Arnoldia* 61: 14–21.
Clarke, R. T. J., and T. Bauchop, eds. 1977. *Microbial Ecology of the Gut*. New York: Academic Press.
Delcourt, H. R., and P. A. Delcourt. 2000. "Eastearn deciduous forests." In *North American Terrestrial Vegetation*, 2nd ed., edited by M. G. Barbour and W. D. Billings, 357–95. Cambridge: Cambridge University Press.
Gill, J. L., J. W. Williams, S. T. Jackson, K. B. Lininger, and G. S. Robinson. 2009. "Pleistocene megafaunal collapse, novel plant communities, and enhanced fire regimes in North America." *Science* 326: 1100–1103.
Graham, R. W. 2003. "Pleistocene tapir from Hill Top Cave, Trigg Country, Kentucky, and a review of Plio-Pleistocene tapirs of North America and their paleoecology." In *Ice Age Cave Faunas of North America*, edited by B. W. Schubert, J. I. Mead, and R. W. Graham, 87–118. Bloomington: Indiana University Press.
Harriot, T. 1588. *A Brief and True Report of the New Found Land of Virginia*. Reprint, 1972. New York: Dover Publications.
Hicks, D. J., and B. F. Chabot. 1985. "Deciduous forest." In *Physiological Ecology of North American Plant Communities*, edited by B. F. Chabot and H. A. Mooney, 257–77. New York: Chapman and Hall.
Chapman and Hall.Hobson, P. N. ed. 1988. *The Rumen Microbial Ecosystem*. Barking, UK: Elsevier Science Publishers.
Lange, L. M. 2002. *Ice Age Mammals of North America: A Guide to the Big, the Hairy, and the Bizarre*. Missoula, MT: Mountain Press.
Martin, P. S., and R. G. Klein. 1984. *Quaternary Extinction*. Tucson: University of Arizona Press.
McDonald, H. G. 2003. "Sloth remains from North American caves and associated karst features." In *Ice Age Cave Faunas of North America*, edited by B. W. Schubert, J. I. Mead, and R. W. Graham, 1–16. Bloomington: Indiana University Press.
Salley, A. S., ed. 1911. *Narratives of Early Carolina*, 1650–1708. New York: Scribner's Sons.

## 2月16日——苔藓

Bateman, R. M., P. R. Crane, W. A. Dimichele, P. R. Kendrick, N. P. Rowe, T. Speck, and W. E. Stein. 1998. "Early evolution of land plants: phylogeny, physiology, and ecology of the primary terrestrial radiation." *Annual Review of Ecology and Systematics* 29: 263–92.

Conard, H. S. 1956. *How to Know the Mosses and Liverworts*. Dubuque, IA: W.C. Brown.Goffinet, B., and A. J. Shaw, eds. 2009. *Bryophyte Biology*. 2nd ed. Cambridge: Cambridge University Press.

Qiu, Y.-L., L. Li, B. Wang, Z. Chen, V. Knoop, M. Groth-Malonek, O. Dombrovska, J. Lee, L.kent, J. Rest, G. F. Estabrook, T. A. Hendry, D. W. Taylor, C. M. Testa, M. Ambros, B. Crandall-Stotler, R. J. Duff, M. Stech, W. Frey, D. Quandt, and C. C. Davis. 2006. "The deepest divergences in land plants inferred from phylogenomic evidence." *Proceedings of the National Academy of Science, USA* 103:15511–16.

Qiu, Y.-L., L. B. Li, B. Wang, Z. Chen, O. Dombrovska, J. J. Lee, L. Kent, R. Q. Li, R. W. Jobson, T. A. Hendry, D. W. Taylor, C. M. Testa, and M. Ambros. 2007. "A nonflowering land plant phylogeny inferred from nucleotide sequences of seven chloroplasts, mitochondrial, and nuclear genes." *International Journal of Plant Sciences* 168: 691–708.

Richardson, D. H. S. 1981. The Biology of Mosses. New York: John Wiley and Sons.

## 2月28日——蝾螈

Duellman, W. E., and L. Trueb. 1994. *Biology of Amphibians*. Baltimore: Johns Hopkins University Press.

Milanovich, J. R., W. E. Peterman, N. P. Nibbelink, and J. C. Maerz. 2010. "Projected loss of a salamander diversity hotspot as a consequence of projected global climate change." *PloS ONE* 5: e12189. doi:10.1371/journal. pone. oo12189.

Petranka, J. W. 1998. *Salamanders of the United States and Canada*. Washington, DC: Smithsonian Institution Press.

Petranka, J. W. , M. E. Eldridge, and K. E. Haley. 1993. "Effects of timber harvesting on Southern Appalachian salamanders." *Conservation Biology* 7: 363–70.

Ruben, J. A., and A. J. Boucot. 1989. "The Origin of the lungless salamanders (Amphibia: Plethodontidae)." *American Naturalist* 134: 161–69.

Stebbins, R. C., And N. W. Cohen. 1995. *A Natural History of Amphibians*. Princeton, NJ: Princeton University Press.

Vieties, D. R., M.-S. Min, and D. B. Wake. 2007. "Rapid diversification and dispersal during periods of global warming by plethodontid salamanders." *Proceedings of the National Academy of Sciences, USA* 104: 199903–7.

### 3月13日——獐耳细辛

Bennett, B. C. 2007. "Doctrine of Signature: an explanation of medicinal plant discovery or dissemination of knowledge?" *Economic Botany* 61: 246–55.

Hartman, F. 1929. *The Life and Doctrine of Jacob Boehme*. New York: Macoy.

McGrew, R. E. 1985. *Encyclopedia of Medical History*. New York: McGrew-Hill.

### 3月13日——蜗牛

Chase, R. 2002. *Behavior and Its Neural Control in Gastropod Molluscs*. Oxford: Oxford University Press.

### 3月25日——春生短命植物

Choe, J. C., and B. J. Crespi. 1997. *The Evolutionary of Social Behavior in Insects and Arachnids*. Cambridge: Cambridge University Press.

Curran, C. H. 1965. *The Families and Genera of North American Diptera*. Woodhaven, NY: Henry Tripp.

Motten, A. F. 1986. "Pollination ecology of the spring wildflower community of a temperate deciduous forest." *Ecological Monographs* 56: 21–42.

Sun, G., Q. Ji, D. L. Dilcher, S. Zheng, K. C. Nixon, and X. Wang. 2002. "Archaefructaceae, a new basal Angiosperm family." *Science* 296: 899–904.

Wilson, D. E., and S. Ruff. 1999. *The Smithsonian Book of North American Mammals*. Washington, DC: Smithsonian Institution Press.

### 4月2日——电锯

Duffy, D. C., and A. J Meier. 1992. "Do Appalachian herbaceous understories ever recover from clear-cutting?" *Conservation Biology* 6: 196–201.

Haskell, D. G., J. P. Evans, and N. W. Pelkey. 2006. "Depauperate avifauna in plantations compared to forests and exurban areas." *PloS ONE* 1: e63. doi:10.1371/journal.pone.0000063.

Meier, A. J., S. P. Bratton, and D. C. Duffy. 1995. "Possible ecological mechanisms for loss of vernal-herb diversity in logged eastern deciduous forests." *Ecological Applications* 5:935–46.

Perez-Garcia, J., B. Lippke, J. Comnick, and C. Manriquez. 2005. "An assessment of carbon pools, storage, and wood products markets substitution using life-cycle analysis results." *Wood and Fiber Science* 37: 140–48.

Prestemon, J. P., and R. C. Abt. 2002. "Timber products supply and demand." Chap.13 in *Southern Forest Resource Assessment*, edited by D. N. Wear and J. G. Greis. General Technical Report SRS-53, U.S. Department of Agriculture. Asheville, NC: Forest Service, Southern Research Station.

Scharia-Rad, M., and J. Welling. 2002. "Environmental and energy balances of wood products and substitutes." Rome: Food and Agriculture Organization of the United Nations. www.fao.org/docrep/004/y3609e/y3609e00.HTM.

Yarnell, S. 1998. *The Southern Appalachians: A History of the Landscape*. General Technical Report SRS-18, U.S. Department of Agriculture. Asheville, NC: Forest Service, Southern Research Station.

### 4月2日——花朵

Fenster, C. B., W. S. Armbruster, P. Wilson, M. R. Dudash, and J. D. Thomson. 2004. "Pollination syndromes and floral specialization." *Annual Review of Ecology, Evolution, and Systematics* 35: 375–403.

Fosket, D. E. 1994. *Plant Growth and Development: A Molecular Approach*. San Diego: Academic Press.

Snow, A. A., and T. P. Spira. 1991. "Pollen vigor and the potential for sexual selection in plants." *Nature* 352: 796–97.

Walsh, N. E., and D. Charlesworth. 1992. "Evolutionary interpretations of differences in pollen-tube growth-rates." *Quarterly Review of Biology* 67: 19–37.

### 4月8日——木质部

Ennos, R. 2001. *Trees*. Washington, DC: Smithsonian Institution Press.

Hacke, U. G., And J. S. Sperry. 2001. "Functional and ecological xylem anatomy." *Perspectives in Plant Ecology, Evolution and Systematics* 4: 97–115.

Sperry, J. S., J. R. Donnelly, and M. T. Tyree. 1988. "Seasonal occurrence of xylem embolism in sugar maple (Acer saccharum)." *American Journal of Botany* 75: 1212–18.

Tyree, M.T., and M. H. Zimmermann. 2002. *Xylem Structure and the Ascent of Sap*. 2nd ed. Berlin: Springer-Verlag.

### 4月14日——飞蛾

Smedley, S. R., and T. Eisner. 1996. "Sodium: a male moth's gift to its offspring." *Proceedings of the National Academy of Sciences, USA* 93: 809–13.

Young, M. 1997. *The National History of Moths*. London: T. And A. D. Poyser.

### 4月16日——日出的鸟

Pedrotti, F. L., L. S. Pedrotti, and L. M. Pedrotti. 2007. *Introduction to Optics*. 3rd ed. Upper Saddle River, NJ: Pearson Prentice Hall.

Wiley, R. H., and D. G. Richards. 1978. "Physical constraints of acoustic communication in the atmosphere: implications for the evolution of animal vocalizations." *Behavioral Ecology and Sociobiology* 3: 69–94.

### 4月22日——行走的种子

Beattie, A., and D. C. Culver. 1981. "The guild of myrmecochores in a herbaceous flora of West Virginia forests." *Ecology* 62: 107–15.

Cain, M. J., H. Damman, and A. Muir. 1998. "Seed dispersal and the holocene migration of woodland herbs." *Ecological Monographs* 68: 325–47.

Clark, J. S. 1998. "Why trees migrate so fast: confronting theory with dispersal biology and the paleorecord." *American Naturalist* 152: 204–24.

Ness, J. H. 2004. "Forest edges and fire ants alter the seed shadow of an ant-dispersed plant." *Oecologia* 138: 448–54.

Smith, B. H., P. D. Forman, and A. E. Boyd. 1989. "Spatial patterns of seed dispersal and predation of two myrmecochorous forest herbs." *Ecology* 70: 1649–56.

Vellend, M., Myers, J. A., Gardescu, S., and P. L. Marks. 2003. "Dispersal of Trillium seeds by deer: implications for long-distance migration of forest herbs." *Ecology* 84: 1067–72.

### 4月29日——地震

U.S. Geological Survey, Earthquake Hazards Program. " Magnitude 4.6 Alabama." http://neic.usgs.gov/neis/eq_depot/2003/eq_030429/.

### 5月7日——风

Ennos, A. R. 1997. "Wind as an ecological factors." *Trends in Ecology and Evolution* 12: 108–11.

Vogel, S. 1989. "Drag and reconfiguration of broad leaves in high winds." *Journal of Experimental Botany* 40: 941–48.

### 5月18日——植食性昆虫

Ananthakrishnan, T. N., and A. Raman. 1993. *Chemical Ecology of Phytophagous Insects*. New York: International Science Publisher.

Chown, S. L., and S. W. Nicolson. 2004. *Insect Physiological Ecology*. Oxford: Oxford University Press.

Hartley, S. E., and C. G. Jones. 2009. "Plant chemistry and herbivory, or why the world is green." In *Plant Ecology*, edited by M. J. Crawley. 2nd ed. Oxford: Blackwell Publishing.

Nation, J. L. 2008. *Insect Physiology and Biochemistry*. Boca Raton, FL: CRC Press.

Waldbauer, G. 1993. *What Good Are Bugs? Insects in the Web of Life*. Cambridge, MA: Harvard University Press.

### 5月25日——波纹

Clements, A. N. 1992. *The Biology of Mosquitoes: Development, Nutrition, and Reproduction*. London: Chapman and Hall.

Hames, R. S., K. V. Rosenberg, J. D. Lowe, S. E. Barker, and A. A. Dhondt. 2002. "Adverse effects of acid rain on the distribution of Wood Thrush *Hylocichla mustelina* in North America." *Proceedings of the National Academy of Sciences*,

*USA* 99: 11235–40.
Spielman, A., and M. D'Antonio. 2001. *Mosquito: A Natural History of Our most Persistent and Deadly Foe*. New York: Hyperion.
Whittow, G. C., ed. 2000. *Sturkie's Avian Physiology*. 5th ed. San Diego: Academic Press.

### 6月2日——探求

Klompen, H., and D. Grimaldi. 2001. "First Mesozoic record of a parasitiform mite: a larvel Argasid tick in Cretaceous amber (Acari: Ixodida: Argasidae)." *Annals of the Entomological Society of America* 94: 10–15.
Sonenshine, D. E. 1991. *Biology of Ticks*. Oxford: Oxford University Press.

### 6月10日——蕨类

Schaneider, H., E. Schuettpelz, K. M. Pryer, R. Cranfill, S. Magllon, and R. Lupia. 2004. "Ferns diversified in the shadow of angiosperms." *Nature* 428: 553–57.
Smith, A. R., K. M. Pryer, E. Shuettpelz, P. Korall, H. Schneider, and P. G. Wolf. 2006. "A classification for extent ferns." *Taxon* 55: 705–31.

### 6月20日——混乱

Haase, M., and A. Karlson. 2004. "Mate choice in a hermaphrodite: you won't score with a spermatophore." *Animal Behaviour* 67: 287–91.
Locher, R., and B. Baur. 2000. "Mating frequency and resource allocation to male and female function in the simultaneous hermaphrodite land snail *Arianta arbustorum*." *Journal of Evolutionary Biology* 13: 607–14.
Rogers, D. W., and R. Chase. 2002. "Determinants of paternity in the garden snail Helix aspersa." *Behavioral Ecology and Sociobiology* 52: 289–95.
Webster, J. P., J. I. Hoffman, and M. A. Berdoy. 2003. "Parasite infection, host resistance and mate choice: battle of the genders in a simultaneous hermaphrodite." *Proceedings of the Royal Society, Series B: Biological Sciences* 270: 1481–85.

### 7月2日——真菌

Hurst, L. D. 1996. "Why are there only two sexes?" *Proceedings of the Royal Society, Series B: Biological Sciences* 263: 415–22.
Webster, J., and R. W. S. Weber. 2007. *Introduction to Fungi*. 3rd ed. Cambridge: Cambridge University Press.
Whitfield, J. 2004. "Everything you always wanted to know about sexes." *PLOS Biology* 2(6): e183. doi:10.1371/journal.pbio.0020183.
Xu, J. 2005. "The inheritance of organelle genes and genomes: patterns and mechanisms." *Genome* 48: 951–58.
Yan, Z., and J. Xu. 2003. "Mitochondria are inherited from the MATa parent in

crosses of the basidiomycete fungus *Cryptococcus neoformans*." *Genetica* 163: 1315–25.

### 7月13日——萤火虫

Eisner, T., M. A. Goetz, D. E. Hill, S. R. Smedley, and J. Meinwald. 1997. "Firefly 'femmes fatales' acquire defensive steroids (lucibufagins) from their firefly prey." *Proceedings of the National Academy of Sciences, USA* 94: 9723–28.

### 7月27日——太阳光斑

Heinrich, B. 1996. *The Thermal Warriors: Strategies of Insect Survival*. Cambridge,.MA: Harvard University Press.

Hull, J. C. 2002. "Photosynthetic induction dynamics to sunflecks of four deciduous forest understory herbs with different phenologies." *International Journal of Plant Sciences* 163: 913–24.

Williams, W. E., H. L. Gorton, and S. M. Witiak. 2003. "Chloroplast movements in the field." *Plant Cell and Environment*: 2005–14.

### 8月1日——水蜥和郊狼

Brodie, E. D. 1968. "Investigations on the skin toxin of the Red-Spotted Newt, *Notophthalmu viridescens viridescens*." *American Mialand Natualist* 80: 276–80.

Hampton, B. 1997. *The Great American Wolf*. New York: Henry Holt and Company.

Parker, G. 1995. *Eastern Coyote: The Story of Its Success*. Halifax, Nova Scotia: Nimbus Publishing.

### 8月8日——地星

Hibbett, D. S., E. M. Pine, E. Langer, G. Langer, and M. J. Donoghue. 1997. "Evolution of gilled mushrooms and puffballs inferred from ribosomal DNA sequences." *Proceedings of the National Academy of Sciences, USA* 94: 12002–6.

### 8月26日——蝈蝈

Capinera, J. L., R. D. Scott, and T. J. Walker. 2004. *Field Guide to Grasshopper, Katydids, and Crickets of the United States*. Ithaca, NY: Cornell University Press.

Gerhardt, H. C., and F. Huber. 2002. *Acoustic Communication in Insects and Anurans*. Chicago: University of Chicago Press.

Gwynne, D. T. 2001. *Katydids and Bush-Crickets: Reproductive Behaviour and Evolution of the Tettigoniidae*. Ithaca, NY: Cornell University Press.

Rannels, s., W. Hershberger, and J. Dillon. 1998. *Songs of Crickets and Katydids of the Mid-Atlantic States*. CD audio recording. Maugansville, MD: Wil Hershberger.

### 9月21日——医药

Culpeper. N. 1653. *Culpeper's Complete Herbal*. Reprint, 1985. Secaucus, NJ: Chartwell Books.

Horn, D., T. Cathcart, T. E. Hemmerly, and D. Duhl, eds. 2005. *Wildflowers of Tennessee, the Ohio Valley, and the Southern Appalachians*. Auburn, WA: Lone Pine Publishing.

Lewis, W. H., and M. P. F. Elvin-lewis. 1977. *Medical Botany: Plants Affecting Man's Health*. New York: John Wiley and Sons.

Mann, R. D. 1985. *William Withering and Foxglove*. Lancaster, UK: MTP Press.

Moerman, D. E. 1998. *Native American Ethnobotany*. Portland, OR: Timber Press.

U.S. Fish and Wildlife Service. 2009. *General Advice for the Export of Wild and Wild-Stimulated American Ginseng* (Panax quinquefolius) *harvested in 2009 and 2010 from States with Approved CITES Export Programs*. Washington, DC: U.S. Department of the Interior.

Vanisree, M. C.-Y. Lee, S.-F. Lo, S. M. Nalawade, C. Y. Lin, and H.-S. Tsay. 2004. "Studies on the production of some important secondary metabolites from medicinal plants by plant tissue cultures." *Botanical Bulletin of Academia Sinica* 45: 1–22.

### 9月23日——毛虫

Heinrich, B. 2009. *Summer World: A Season of Bounty*. New York: Ecco.

Heinrich, B., and S. L. Collins. 1983. "Caterpillar leaf damage, and the game of hide-and-seek with birds." *Ecology* 64: 592–602.

Real, P. G., R. Iannazzi, A. C. Kamil, and B. Heinrich. 1984. "Discrimination and generalization of leaf damage by blue jays (*Cyanocitta cristata*)." *Animal Learning and Behaviour* 12: 202–8.

Stamp, N. E., and T. M. Casey, eds. 1993. *Caterpillars: Ecological and Evolutionary Constraints on Foraging*. London: Chapman and Hall.

Wagner, D. L. 2005. *Caterpillars of Eastern North America: A Guide to Identification and Natural History*. Princeton, NJ: Princeton University Press.

### 9月23日——秃鹫

Blount, J. D., D. C. Houston, A. P. Moller and J. Wright. 2003. "Do individual branches of immune defence correlate? A comparative case study of scavenging and non-scavenging birds." *Oikos* 102: 340–50.

Devault, T. L., O. E. Rhodes, Jr., And J. A. Shivik. 2003. "Scavenging by vertebrates: behavioral, ecological, and evolutionary perspectives on an important energy transfer pathway in terrestrial ecosystems." *Oikos* 102: 225–34.

Kelly, N. E., D. W. Sparks, T. L. Devault, and O. E. Rhodes, Jr. 2007. "Diet of Black and Turkey Vultures in a forested landscape." *Wilson Journal of*

*Ornithology* 119: 267–70.

Kirk, D. A., and M. J. Mossman.1998. "Turkey Vulture (*Cathartes aura*)," The Birds of North America Online (A. Poole, ed.). Ithaca, NY: Cornell Lab of Ornithology. doi:10.2713/bna.339.

Markandya, A., T. Taylor, A. Longo, M. N.Murty, S. Murty, and K. Dhavala. 2008. "Counting teh cost of vulture decline-An appraisal of the human health and other benefits of vultures in India." *Ecological Economics* 67: 194–204.

Powers, W. *The science of Smell*. Iowa State University Extension. www.extension.iastate.edu/Publications/PM1963a.pdf.

## 9月26日——迁徙的鸟

Evans Ogden, L. J., and B. J. Stutchbury. 1994. "Hooded Warbler (*Wilsonia citrina*)," The Birds of North America Online (A. Poole, ed.). Ithaca, NY: Cornell Lab of Ornithology. doi:10.2713/bna.110.

Hughes, J. M. 1999. "Yellow-Billed Cuckoo (*Coccyzus americanus*)," The Birds of North America Online (A. Poole, ed.). Ithaca, NY: Cornell Lab of Ornithology. doi:10.2713/bna.418.

Rimmer, C. C., and K. P. McFarland. 1998. "Tennessee Warbler (*Vermivora peregrina*)," The Birds of North America Online. doi:10.2713/bna.350.

## 10月5日——预警波浪

Agrawal, A. A. 2000. "Communication between plants: this time it's real." *Trends in Ecology and Evolution* 15: 446.

Caro, T. M., L. Lombardo, A. W. Goldizen, and M. Kelly. 1995. "Tail-flagging and other antipredator signals in white-tailed deer: new data and synthesis." *Behavioral Ecology* 6: 442–50.

Cotton, S. 2001. "Methyl jasmonate." www.chm.bris. ac.uk/motm/jasmine/jasminev.htm.

Farmer, E. E., and C. A. Ryan. 1990. "Interplant communication: airborne methyl jasmonate induces synthesis of proteinase inhibitots in plant leaves." *Proceedings of the National Academy of Sciences, USA* 87: 7713–16.

FitzGibbon, C. D., and J. H. Fanshawe. 1988. "Stotting in Thomson's gazelles: and honest signal of condition." *Behavioral Ecology and Sociobiology* 23: 69–74.

Maloof, J. 2006. "Breathe." *Conservation in Practice* 7: 5–6.

## 10月14日——翅果

Green, D. S. 1980. "The Terminal velocity and dispersal of spinning samaras." *American Journal of Botany* 67: 1218–24.

Horn, H. S., R. Nathan and S. R. Kaplan. 2001. "Long-distance dispersal of tree seeds by wind." *Ecological Research* 16: 877–85.

Lentink, D., W. B. Dickson, J. L. Van Leewen, and M. H. Dickinson. 2009. "Leading-edge vortices elevate lift of autorotating plant seeds." *Science* 324: 1428–40.

Sipe, T. W., and A. R. Linnerooth. 1995. "Intraspecific variation in samara morphology and flight behaviour in *Acer saccharinum* (*Aceraceae*)." *American Journal of Botany* 82: 1412–19.

## 10 月 29 日——面容

Darwin, C. 1872. *The Expression of the Emotions in Man and Animals*. Reprint, 1965. Chiocago: University of Chicago Press.

Lorenz, K. 1971. *Studies in Animal and Human Behaviour*. Translated by R. Martin. Cambridge, MA: Harvard University Press.

Randall, J. A. 2001. "Evolution and function of drumming as communication in mammals." *American Zoologist* 41: 1143–56.

Todorov, A., C. P. Said, A. D. Engell, and N. N. Oosterhof. 2008. "Understanding evaluation of faces on social dimensions." *Trends in Cognitive Sciences* 12: 455–60.

## 11 月 5 日——光线

Caine, N. G., D. Osorio, and N. I. Mundy. 2009. "A foraging advantage for dichromatic marmosets (*Callithrix geoffroyi*) at low light intensity." *Biology Letter* 6: 36–38.

Craig, C. L., R. S. Seber, and G. D. Bernard. 1996. "Evolution of predator-prey systems: Spider foraging plasticity in response to the visual ecology of prey." *American Naturalist* 147: 205–29.

Endler, J. A. 2006. "Disruptive and cryptic coloration." *Proceedings of the Royal Society, Series B: Biological Science* 273: 2425–26.1997. "Light, behavior, and conservation of forest dwelling organisms." In *Behavioral Approaches to Conservation in the Wild*, edited by J. R. Clemmons and R. Buchholz, 329–55. Cambridge: Cambridge University Press.

King, R. B., S. Hauff, and J. B. Philips. 1994. "Physiological color change in the green treefrog: Responses to Background brightness and temperature." *Copeia* 1994: 42232.

Merilaita, S., and J. Lind. 2005. "Background-matching and disruptive coloration, and the evolution of cryptic coloration." *Proceedings of the Royal Society, Series B: Biological Sciences* 272: 665–70.

Mollon, J.D., J. K. Bowmaker, and G. H. Jacobs. 1984. "Variations of color-vision in a New World primate can be explained by polymorphism of retinal photopigments." *Proceedings of the Royal Society, Series B: Biological Sciences* 222: 372–99.

Morgan, M. J., A. Adam, and J. D. Mollon. 1992. "Dichromats detect colour-camouflaged objects that are not detected by trichromats." *Proceedings of the Royal Society, Series B: Biological Sciences* 248: 291–95.

Schaefer, H. M., and N. Stobbe. 2006. "Disruptive coloration provides camouflage independent of background matching." *Proceedings of the Royal Society, Series B: Biological Sciences* 273: 2427–32.

Stevens, M., I. C. Cuthill, A. M. M. Winsor, and H. J. Walker. 2006. "Disruptive contrast in animal camouflage." *Proceedings of the Royal Society, Series B: Biological Sciences* 273: 2433–38.

## 11月15日——纹腹鹰

Bildstein, K. L., and K. Meyer. 2000. "Sharp-shinned Hawk (*Accipiter striatus*)," The Birds of North America Online (A. Poole, ed.). Ithaca, NY: Cornell Lab of Ornithology. doi:10.2173/bna.482.

Hughes, N. M., H. S. Neufeld, and K. O. Burkey. 2005. "Functional role of anthocyanins in high-light winter leaves of the evergreen herb Galax urceolata." *New Phytologist* 168: 575–87.

Lin, E. 2005. *Production and Processing of Small Seeds for Birds*. Agricultural and Food Engineering Technical Report 1, Rome: Food and Agriculture Organization of the United Nations.

Marden, J. H. 1987. "Maximum lift production during takeoff in flying animals." *Journal of Experimental Biology* 130: 235–38.

Zhang, J., G. Harbottle, C. Wang, and Z. Kong. 1999. "Oldest playable musical instruments found in Jiahu early Neolithic site in China." *Nature* 401: 366–68.

## 11月21日——嫩枝

Canadell, J. G., C. Le Quere, M. R. Raupach, C. B. Field, E. T. Buitenhuis, P. Ciais, T. J. Conway, N. P. Gillett, R. A. Houghton, and G. Marland. 2007. "Contributions to accelerating atmospheric $CO_2$ growth from economic activity, carbon intensity, and efficiency of natural sinks." *Proceedings of the National Academy of Sciences, USA* 104: 18866–70.

Dixon R. K., A. M. Solomon, S. Brown, R. A. Houghton, M. C. Trexier, and J. Wisnieski. 1994. "Carbon pools and flux of global forest ecosystems." *Science* 263: 185–90.

Hopkins, W. G. 1999. *Introduction to Plant Physiology*. $2^{nd}$ ed. New York: John Wiley and Sons.

Howard, J. L. 2004. *Ailanthus altissima*. In: Fire Effects Information System. U. S. Department of Agriculture, Forest Service, Rocky Mountain Research Station. www.fs.fed.us/database/feis/plant/tree/ailat/all.html.

Innes, R. J. 2009. *Paulownia tomentosa*. In: Fire Effects Information System. www.fs.fed.us/database/feis/plant/tree/pautom/all.html.

Solomon, S., D. Qin, M. Manning, Z. Chen, M. Marquis, K. B, Averyt, M. Tignor, and H. L. Miller (eds.). 2007. *Contribution of Working Group I to the Fourth Assessment Report of the Intergovernmental Panel on Climate Change*. Cambridge: Cambridge University Press.Woodbury, P. B., J. E. Smith, and L.

S. Heath. 2007. "Carbon sequestration in the U.S. Forest sector from 1999 to 2010." *Forest Ecology and Management* 241: 14–27.

### 12 月 3 日——落叶堆

Coleman, D. C., and D. A. Crossley, Jr. 1996. *Fundamentals of Soil Ecology*. San Diego: Academic Press.

Crawford, J. W., J. A. Harris, K. Ritz, and I. M. Young. 2005. "Towards an evolutionary ecology of life in soil." *Trends in Ecology and Evolution* 20: 81–87.

Horton, T. R., and T. D. Bruns. 2001. "The molecular revolution in ectomycorrhizal ecology: peeking into the black-box." *Molecular Ecology* 10: 1855–71.

Wolfe, D. W. 2001. *Tales from the Underground: A Natural History of Subterranean Life*. Reading, MA:Perseus Publishing.

### 12 月 6 日——地下动物世界

Budd, G. E., and M. J. Telford. 2009. "The Origin and evolution of arthropods." *Nature* 457: 812–17.

Hopkin, S. P. 1997. *Biology of the Springtails (Insecta: Collembola)*. Oxford: Oxford University Press.

Regier, J. C., J. W. Schultz, A. Zwich, A. Hussey, B. Hall, R. Wetzer, J. W. Martin, and C. W. Cunningham. 2010. "Arthropod relationships revealed by phylogenomic analysis of nuclear protein-coding sequences." *Nature* 463: 1079–83.

Ruppert, E. E., R. S. Fox, and R. D. Barnes. 2004. Invertebrate Zoology: *A Functional Evolutionary Approach*. 7th ed. Belmont, CA: Brooks/Cole-Thomson Learning.

### 12 月 26 日——树梢

Weiss, R. 2003. "Administration opens Alaska's Tongass forest to logging." *The Washington Post,* December 24, page A16.

### 12 月 31 日——观望

Bender, D. J., E. M. Bayne, and R. M. Brigham. 1996. "Lunar condition influences coyote (*Canis latrans*) howling." *American Midland Naturalist* 136: 413–17.

Gess, E. M., and R. L. Ruff. 1998. "Howling by coyotes (*Canis latrans*): variation among social classes, seasons, and pack sizes." *Canadian Journal of Zoology* 76: 1037–43.

### 跋

Davis, M. B., ed. 1996. *Eastern Old-Growth Forest: Prospects for Rediscovery and Recovery*. Washington, DC: Island Press.

Leopold, A. 1949. *A Sand County Almanac, and Sketches Here and There*. New

York: Oxford University Press.
Linnaeus, C. [1707–1788], quoted as epigram in Nicholas Culpeper, *The English Physician*, edited by E. Sibly. Reprint, 1800. London: Satcherd.
White, G. 1788–89. *The Natural History of Selbourne*, edited by R. Mabey. Reprint, 1977. London: Penguin Books.

# 译后记

如果有人以为博物学自19世纪之后便已销声匿迹，而博物学家只是业已灭绝的化石级生物，戴维·乔治·哈斯凯尔会告诉他：事实绝非如此。恰恰相反，博物学家不但接受了自然选择和演化论，而且在现代文明的空气和土壤中茁壮成长，悠游自在。

博物学家是一个个体特征各异的类群，正如博物学是一门相当广泛的学问。普林尼时代，博物学家以“虫鱼草木之名”为宫廷里的小王子启蒙；斯多亚学派的博物学者假借自然事物以讽喻世人，中世纪继承并发扬了这一传统；近代以降，波澜壮阔的地理大发现，海外贸易和殖民扩张，让博物学家在远征的舰船上赢得一席之地：整个17、18世纪，博物学家一面为新兴的帝国经济寻找新的契机，一面忙着搜罗材料为古老的自然神学大厦添砖加瓦；19世纪中后期，当工业革命的推进促使人类文明的触须急速伸向自然界中各个角落时，博物学家开始将目光转向荒野，从中寻找救治“现代文明病”的良方妙药。在不同的历史时期，博物学家占据着不同的“生态栖位”。万变不离其宗的是：这是一群以观察、记录和描述自然事物为己任，并且乐在其中的人。

然而，当对外扩张已经到达世界的尽头、发现新物种的可能性日渐减少，荒野和原生态自然也成了一种奢侈时，博物学家的使命是否已经终结？发现的乐趣该从何处去寻觅？而当现代生物学要求以冷静客观的科学态度看待研究对象时，新生代的博物学家又该如何处理那些让他们显得“多愁善感”的情感共鸣？作为新生代博物学家的作品，《看不见的森林》对此做出了回答。

《看不见的森林》是一部怎样的作品呢？从内容上来说，它是一位美国生物学教授开授的生态学课程，也是一部翔实的物候观测笔记；从形式上来说，它更像一部科教纪录片，由一帧帧流动的、色彩鲜艳的画面构成；而从文学的角度来说，它是丛林版的《所罗门王的指环》，也是写给成年人看的《少年哥伦布》。尽管哈斯凯尔像以往的博物学家一样，选择了一个相对“远离人类文明”的场所，即美国田纳西州一片老龄林中的方寸之地，但是他也告诉我们，在现代文明的进程中，能找到这么一块安详宁静的“圣地”固然是幸事，如若不然，也不妨碍博物学观察。

首先，博物学的圣地不在别处，就在眼前和足下。出于对东方哲学的热爱，哈斯凯尔主张“反求诸己”，以静观和冥思的方式来取代对外扩张的、掠夺式的发现之旅。当我们将搜寻的目光从远处收回来，聚焦于微小的空间，用新的视角、新的知识来重新考量庸常见惯的凡俗之物，便能从中窥视到一种神圣而耐人寻味的色彩。这正是“坛城”的魅力所在。事实上，无论是哈斯凯尔位于美国田纳西州老龄林中的方圆之地，还是梭罗的瓦尔登湖、约翰·缪尔的约塞米蒂峡谷、吉尔伯特·怀特的塞耳彭，乃至区区在下每日饭后散步的小区花园，都是一座“坛城”。

其次，“原生态的自然”只是一种理想。完全不受人类干扰的“圣地”并不存在。人类自以为会主宰自然的进程和命运，也是一种自大和傲慢的表现：人类或许高估了自己的力量。对人类来说，自然既不是慈爱的“母亲”，也不是脆弱的、亟需人类保护的婴儿。自然像岩石一样冷峻，在宏大的地质时间中依照自身的演化规律安然前行；它又像花朵一样稍纵即逝，在博物学家欣喜的目光中焕发出艳丽的光芒。人类在自然界中不过是一粒尘埃。人类之所以能认识自然，是因为“一粒沙中也能见到世界”。中国哲学家王阳明说：“你未看此花时，此花与汝同归于寂；你来看此花时，则此花颜色一时明白起来。”当博物学家开始采取内省的方式来体察自然时，自然界更多地成了人类精神活动的外化，而不是与人类社会截然分离的被观察者。哈斯凯尔主张仅作为观察者，而不是参与者来看待森林以及林中生灵的生活，作为一种纲领性质的生态学研究指南是值得称道的；然而能否完全做到，则大可商榷。

毋庸置疑，现代生物学研究模式与传统的博物学思维方式，人类文化的强大作用与个人的情感倾向，这两种张力始终困扰着新生代的博物学家。哈斯凯尔在林中无意间碰到了三只小浣熊，陡然间产生“抱起一只浣熊，挠挠它的下巴”的冲动。他为此感到羞愧不安，并承认这有违生物学家应有的行为规则。因此，紧接着他又从“科学”的角度对这种油然而生的情感冲动进行了分析。人类的生物学特征，以及人类与其他生灵共同的演化之路，都决定了我们对其他生物的特定感情。虽然后天接受的文化教育左右着我们的思考方式，但是个人的情感倾向依然强烈，尤其是在我们重新回到森林，与其他物种正面相遇的一刹那。

哈斯凯尔对自然和生活的热爱溢于言表，事实上这正是本书的亮点之一。在翻译中我常能体会到一种情感上的共鸣。翻译此书，于我来说本身也是一种愉快的学习。我很高兴与志同道合的读者一同学习书中的生物学知识，以及独特的自然主义写作方式。由于《看不见的森林》涉及的背景知识广泛，个人学识有限，译文中错谬之处在所难免，恳请方家指正。

本书翻译得到国家社科基金重大项目《西方博物学文化与公众生态意识关系研究》（批准号13&ZD067）资助，特此致谢。感谢刘华杰老师一如既往的支持与帮助。还要感谢我的小女儿王霑，让我在耐心等待她降临的日子里，一面翻译这部有趣的著作，一面时常放下手头的活计，到户外去寻找我的坛城，静观那里的莺飞燕舞，花开花谢。

熊姣

2013年12月于中科院自然科学史研究所

全球森林——树能拯救我们的40种方式
戴安娜·贝雷斯福德-克勒格尔 著　李盎然 译　周玮 校

地球上的性——动物繁殖那些事
朱尔斯·霍华德 著　韩宁　金箍儿 译

彩虹尘埃——与那些蝴蝶相遇
彼得·马伦 著　罗心宇 译

千里走海湾
约翰·缪尔 著　侯文蕙 译

了不起的动物乐团
伯尼·克劳斯 著　卢超 译

餐桌植物简史——蔬果、谷物和香料的栽培与演变
约翰·沃伦 著　陈莹婷 译

树木之歌
戴维·乔治·哈斯凯尔 著　朱诗逸 译　林强　孙才真 审校

刺猬、狐狸与博士的印痕——弥合科学与人文学科间的裂隙
斯蒂芬·杰·古尔德 著　杨莎 译

剥开鸟蛋的秘密
蒂姆·伯克黑德 著　朱磊　胡运彪 译

绝境——滨鹬与鲎的史诗旅程
黛博拉·克莱默 著　施雨洁 译　杨子悠 校

神奇的花园——探寻植物的食色及其他
露丝·卡辛格 著　陈阳　侯畅 译

种子的自我修养
尼古拉斯·哈伯德 著　阿黛 译

流浪猫战争——萌宠杀手的生态影响
彼得·P.马拉 克里斯·桑泰拉 著　周玮 译

死亡区域——野生动物出没的地方
菲利普·林伯里 著　陈宇飞　吴倩 译

达芬奇的贝壳山和沃尔姆斯会议
斯蒂芬·杰·古尔德 著　傅强 张锋 译

---

新生命史——生命起源和演化的革命性解读
彼得·沃德 乔·克什维克 著　李虎 王春艳 译

---

蕨类植物的秘密生活
罗宾·C.莫兰 著　武玉东 蒋蕾 译

---

图提拉——一座新西兰羊场的故事
赫伯特·格思里－史密斯 著　许修棋 译

---

野性与温情——动物父母的自我修养
珍妮弗·L.沃多琳 著　李玉珊 译

---

吉尔伯特·怀特传——《塞耳彭博物志》背后的故事
理查德·梅比 著　余梦婷 译

---

稀有地球——为什么复杂生命在宇宙中如此罕见
彼得·沃德 唐纳德·布朗利 著　刘夙 译

---

寻找金丝雀树——关于一位科学家、一株柏树和一个不断变化的世界的故事
劳伦·E.奥克斯 著　李可欣 译

---

寻鲸记
菲利普·霍尔 著　傅临春 译

---

众神的怪兽——在历史和思想丛林里的食人动物
大卫·奎曼 著　刘炎林 译

---

人类为何奔跑——那些动物教会我的跑步和生活之道
贝恩德·海因里希 著　王金 译

---

寻径林间——关于蘑菇和悲伤
龙·利特·伍恩 著　傅力 译

---

编结茅香——来自印第安文明的古老智慧与植物的启迪
罗宾·沃尔·基默尔 著　侯畅 译

---

魔豆——大豆在美国的崛起
马修·罗思 著　刘夙 译

荒野之声——地球音乐的繁盛与寂灭
戴维·乔治·哈斯凯尔 著　熊姣 译

昔日的世界——地质学家眼中的美洲大陆
约翰·麦克菲 著　王清晨 译

寂静的石头——喜马拉雅科考随笔
乔治·夏勒 著　姚雪霏 陈翀 译

血缘——尼安德特人的生死、爱恨与艺术
丽贝卡·莱格·赛克斯 著　李小涛 译

**图书在版编目(CIP)数据**

看不见的森林:林中自然笔记:珍藏本/(美)哈斯凯尔著;熊姣译.—北京:商务印书馆,2015(2023.6重印)
(自然文库)
ISBN 978-7-100-11097-6

Ⅰ.①看… Ⅱ.①哈…②熊… Ⅲ.①森林—普及读物
Ⅳ.①S7-49

中国版本图书馆CIP数据核字(2015)第045695号



自然文库
**看不见的森林:林中自然笔记**
(珍藏本)
〔美〕哈斯凯尔 著
熊姣 译

商 务 印 书 馆 出 版
(北京王府井大街36号 邮政编码100710)
商 务 印 书 馆 发 行
北 京 冠 中 印 刷 厂 印 刷
ISBN 978-7-100-11097-6

2015年6月第1版 开本710×1000 1/16
2023年6月北京第5次印刷 印张21
定价:96.00元